Web前端技术丛书

新时期的
Node.js入门

李锴 著

清华大学出版社
北京

内 容 简 介

Node.js 是一门开源的、为 Web 而生的语言,具有高并发、异步等特点,并且拥有一个十分活跃的开发者社区。与 Ruby、Python 等语言相比,Node.js 更年轻、更易于没有经验的人上手使用,因此很快在世界各地的开发者中收获了一大批拥趸。在国内,Node.js 在许多企业中获得了广泛应用,并取得了一系列的应用成果。然而,随着技术的不断更新、ECMAScript2015 等新标准纷纷确定,现有的中文书籍就变得有些过时。本书立足于新的技术潮流,介绍了一系列全新的语言特性和标准,以便让读者在学习基础知识的同时紧跟新技术的发展。

本书分为 8 章 6 个附录,讲解了 Node.js 的各种基础特性,使读者快速入门,同时结合语言最新的发展趋势,让读者能够紧跟技术潮流。本书围绕 Node.js 在 Web 站点开发和爬虫系统中的应用展开,对 Node.js 在大型项目中的定位与应用做了详细的说明。

本书可用于 Node.js 入门,适合未接触过 Node 的读者以及在校的学生阅读,也适合作为高等院校和培训学校相关专业的师生教学参考。

图书在版编目(CIP)数据

新时期的 Node.js 入门 / 李锴著. —北京:清华大学出版社,2018
(Web 前端技术丛书)
ISBN 978-7-302-48780-7

I. ①新… II. ①李… III. ①JAVA 语言—程序设计 IV. ①TP312.8

中国版本图书馆 CIP 数据核字(2017)第 272827 号

责任编辑:夏毓彦
封面设计:王　翔
责任校对:闫秀华
责任印制:刘祎淼

出版发行:清华大学出版社
　　　　网　　　址:http://www.tup.com.cn,http://www.wqbook.com
　　　　地　　　址:北京清华大学学研大厦 A 座　　　邮　　编:100084
　　　　社 总 机:010-62770175　　　　　　　　　邮　　购:010-62786544
　　　　投稿与读者服务:010-62776969,c-service@tup.tsinghua.edu.cn
　　　　质量反馈:010-62772015,zhiliang@tup.tsinghua.edu.cn

印 装 者:三河市铭诚印务有限公司
经　　销:全国新华书店
开　　本:190mm×260mm　　　印　张:18.5　　　字　数:474 千字
版　　次:2018 年 1 月第 1 版　　　　　　　　印　次:2018 年 1 月第 1 次印刷
印　　数:1~3000
定　　价:49.00 元

产品编号:075003-01

前　言

国内 Node 的开发者很多都读过朴灵写的《深入浅出 Node.js》（以下简称《深入浅出》）一书，笔者也不例外，笔者在 2014 年初第一次接触 Node，最初读的几本书就包含了这本《深入浅出》，该书出版于 2013 年 12 月，距今已经差不多有 4 年的时间了。

对于一门高速发展的语言来说，4 年算得上很长的时间了。4 年前 Node 的版本号还在0.10.x，而时至今日，已经迎来 v8.0.0 的最新版本了。

Node 项目始于 2009 年，2013 年恰好处在当今（2017 年）和 2009 年的中间节点，一门语言在诞生之初的发展总是最快的，到了现在，Node 逐渐地变得稳定下来。

但即使这样，这 4 年中也发生了不少大事件：Node 从分裂又走向了统一，ES2015 标准的推出等。

那么 4 年后的今天，Node 有了哪些改变呢？

一方面，基本的概念几乎没有改变，底层的 libuv 和事件循环还是原来的样子，主要模块的 API 也没什么大的变化。

另一方面，变动最多的大概是语法了，ECMAScript 沉寂数年之后，终于推出了重量级的新版本 ES2015，并且计划每年发布一个新版本。

换个角度来说，如果现在有一份使用 Node 最新版本写的代码，拿给还在使用 0.10 的开发者看，最大可能是对里面各种奇怪的关键字和语法感到疑惑。这本身就说明了 Node 发生了如此大的变动。

在笔者看来，Node 的发展进入了平台期，这意味着在一段时间内，Node 将维持现有的模样，或许会增加或修改一些语法，底层的 V8 也可能做一些大幅度的改进，但代码的基本结构不会有大的变动。

Node 的发展大致分为几个阶段：

- 第一个阶段：从诞生到分裂，大致 5 年的时间。
- 第二个阶段：从与 io.js 合并到 ES2015 标准正式落地，只有不到半年的时间。
- 第三个阶段：从 v6.0.0 全面支持 ES2015 至今，Node 较大的更新都是围绕着新的 ECMA201x 标准展开的。

所有的新与旧都是相对的，虽然在目前来看，本书记述的内容还算是比较新的，无论是ES201x 的使用，还是 Koa2 框架的介绍，都属于同类书中较少涉及的领域，但要是再过几年的时间，本书的内容也会变得过时。

本书定位

关于本书的定位，笔者着实费了很大的脑筋，出版社老师建议我写一本入门书，当我知道的时候其实内心是很犹豫的：一方面，Node 的入门书籍市面上已经很多了，随便翻开一本，不论是里面的内容还是章节编排都大同小异；另一方面，入门书反而是最难写出水平的，因为作者们大多已经有了相关领域的编程经验，那样就很难站在入门者的角度来进行写作。

经过考虑之后，我决定写一本《新时期的 Node.js 入门》，一方面能够让本书立足于最新的技术潮流，另一方面对于 ES201X 又或者是 Koa2 来说，它们诞生的时间不长，笔者也不敢说自己对这些新的技术和标准已经有了丰富的编程经验（之前使用最多的还是 ES5 语法和 Express），正好也能站在一个入门者的角度来审视这些新技术。

本书的定位是一本新时期的 Node 入门书，关于“新”在哪里？一方面是内容的“新”，新的标准已经出现，怎么能够停滞不前！ES2015 带来了不少新的语言特性，它让之前需要花不少工夫才能解决的问题变得轻而易举。另一方面，本书不想重复介绍同类书籍已经反复介绍的内容，例如 Express 框架的使用，在市面上翻开任意一本 Node 的入门书籍，都会不厌其烦地向读者教授 Express 的各种用法，作为代替，本书推荐了 Koa 这一框架作为入门介绍，它更贴近新标准。

除了“如何使用”之外，本书还会兼顾 Node 底层的原理，读者大可在第一遍时跳过这些内容，当对 Node 有了一个大概的掌握后，会自然而然地想去了解其背后的原理。

关于本书内容

本书不是一本 ES2015 或者更新标准的说明书，也不想让内容停留在介绍各种模块的 API 罗列上。

第 1 章讲解 Node 的运行机制，主要是底层的一些实现和通用的原理，可能需要一些操作系统的知识。

第 2 章介绍了通用的模块和使用方法，是真正的入门章节。

第 3 章专注于新的 ECMAScript 标准以及 Node 对其的支持。

第 4 章主要介绍如何更好地组织和书写异步代码，采用循序渐进的方式介绍了各种解决方案的优劣之处。

第 5 章使用 Koa2 框架来开发一个 Web 应用，涉及 Web 开发的各方面，例如路由处理、Session、页面渲染、数据存储等。

第 6 章介绍了如何使用 Node 来开发一个爬虫系统。

第 7 章介绍常用的测试方法以及调试 Node 应用的技巧。

第 8 章介绍了 Node 中错误处理的相关知识。

附录 A 介绍进程、线程和协程的概念，属于拓展的背景知识。

附录 B Lua 语言简介，Lua 几乎可以认为是某些概念的最佳实现，例如协程。

附录 C 从零开发了一个玩具式的 Web 框架，可以认为是对 Koa 的一个简单模仿，对于初学者来说，这应该是一个理解 Node Web 原理的好方法。

附录 D MongoDB 和 Redis 简介。

附录 E 使用 Docker 来实现虚拟化。

附录 F 介绍了使用 npm 来进行包管理的一些小技巧。

本书的每个章节都是环环相扣的，每一章讲述的内容都多多少少地被其他章节使用到，建议读者循序渐进地阅读（第 1 章可以放到最后）。

循序渐进不仅仅体现在章节安排上，在系统的实现上也是如此，以第 6 章爬虫的开发为例，从糟糕的代码设计开始，一步步地进行改进，最后达到比较完善的状态。

那些糟糕的代码大部分都是在笔者还是初学者时写的，笔者很庆幸自己还能留着这些代码，它们不仅见证了笔者本人对 Node 的认识过程，也见证了 Node 的发展历史。

关于本书中的代码

所有的源代码都可以在 https://github.com/Yuki-Minakami/BookExample 上找到，它们都经过了充分的测试。

本书中，除了 Node 编写的示例代码外，还会穿插一些其他语言（例如 Java）的代码，这是为了通过和其他语言的对比让读者更好地理解 Node 中的特性。

笔者使用的电脑环境为 Mac OSX 10.11，本书中出现的代码绝大多数都是平台无关的，有一些代码在 Windows 环境下运行会出现问题或者不能在 Windows 下运行，本书也做了相应的标注和提示。读者在阅读本书的时候，也建议打开自己的电脑，第一时间把代码写在文本编辑器或者 IDE 中。

本书面向的读者

就像标题所说的，本书是一本入门书，适合在校的学生以及未接触过 Node 的读者阅读。如果读者有其他语言（例如 Java）的编程经验，那么读起来可能会轻松一些，如果有使用 JavaScript 的经验就再好不过了。

如何学习 Node

学习一门编程语言的最好办法，就是将其运用在实际的项目当中，但对于大多数开发者，尤其是自己目前的工作与 Node 无关时，想找到合适的项目并不容易，大多数人做的还只是非常简单的个人项目，例如一个 TODO List，复杂一点的比如一个博客网站，这些都算不上什么复杂的项目，从里面得到的经验也少得可怜。

那些能处理高并发、拥有各种多进程架构的项目不是每个人都有机会做，那么到哪里去找有一些难度的 Node 项目练手呢？

那就只能把目光投向 GitHub 了，使用 GitHub 的搜索功能来寻找一些企业级的 Node 应用，如果感兴趣的话就试着提交代码，为开源项目贡献代码通常是一个不错的加分项。

虽然有点王婆卖瓜，但笔者认为本书第 7 章的项目还是有一定的复杂度的，针对多进程和分布式的扩展还有很大的想象空间，读者可以借助 GitHub 参与到共同开发上来。

名称约定

为了便于区分，JavaScript 在本书中特指对 ECMAScript 的实现，除非特别注明，那么它代表了 ES5 的标准，并且同时适用于浏览器 JavaScript 和 Node。当有些代码和概念特指在浏览器端运行的 JavaScript 时，我们一律使用"前端 JavaScript"来称呼。

当使用 ECMAScript 这一称谓（例如 ES2017）时，大多数是谈论标准内容，不涉及具体的实现。

纠错

笔者毕竟能力有限，在出版本书的时候可能有没有注意到的错误，例如代码运行出错、概念上的不正确等，如果读者有相关的发现，请以"××章××小结代码/内容错误"为标题发邮件至笔者的邮箱 likaiboy_2012@126.com。

致谢

首先要特别感谢的是出版社的夏毓彦编辑，是他让我有机会梳理迄今为止对 Node 的心得，然后得以出版。

另一方面还要感谢我的母亲，当我第一次将自己准备写书的想法告诉她时，不出意外地，她开始怀疑起我的水平来，"就你还想出书？可不要误人子弟啊"。

正是这句话，不断提醒我对内容进行反复修改和验证。因为我意识到这和平时的博客文章不同，是更加严肃，并且对错误的容忍更低的作品。虽然她没有编程相关的经验，但我还是准备将第一本样书送给她，希望她能够阅读。

著者
2017 年 12 月

目　录

第 1 章
◀ 基础知识 ▶

——太阳底下没有新鲜事

本章主要介绍一些基本概念和 Node 的内部机制，如果读者对这部分暂时不感兴趣（事实上没人一开始就对这些概念感兴趣），可以先跳过这部分直接阅读第 2 章的内容。等对 Node 的使用有了大致了解之后，再回来看本章也不迟。

关于本章的内容，翻开任何一本经典的操作系统的教材都可以找到比本章更加全面和权威的描述（你可能有那么一瞬间后悔在学校没有认真掌握相关的知识，但这没关系，笔者也是这样），本章只负责介绍一些基础的概念，这有助于加深对 Node 的理解。

1.1　Node 是什么

在讨论所有 Node 相关的问题之前，我们必须要明确一个问题，Node 是什么？

这看起来是一个再简单不过的问题，但如果不看答案（官网描述）直接回答起来却不是很容易，刚接触的开发者可能会认为 Node 就是 JavaScript（笔者当初也是这么想的），这种看法并不准确。

1.1.1　Node 与 JavaScript

回过头来看官网的定义：

```
Node.js® is a JavaScript runtime built on Chrome's V8 JavaScript engine.
```

Node 是一个 JavaScript（严格来说是 ECMAScript）运行时（runtime），所谓的 runtime 直译过来就是运行时组件，读者可以将其想象成一种编程语言的运行环境。这个运行环境包括了运行代码需要的编译器（解释器）以及操作系统的底层支持等。

对一门编程语言来说，相对于语法本身，更重要的是编译器（解释器）将如何对待这些语法。Node 底层使用 C++实现，语法则是遵循 ECMAScript 规范，如果创始人愿意，完全可以将 Node 创造成一个新的 Ruby 或者 Python 运行时，只不过名字大概就要改成 Node.rb 或者 Node.py 了。

这里有个扩展问题，编程语言是什么？

编程语言是一种抽象的规范，拿 C++来说，真正的 C++其实是厚厚的一摞文档，上面规定了每一个语法细节以及每一个有效输入对应的输出值。而开发者平时所使用的 C++，例如 Visual C++，是 C++的一种实现。就好像数学概念里的正方形一样，我们找不到一个抽象的，纯粹的"正方形"，我们平时能看到的都是正方形的物体。

为什么是 JavaScript

Ryan Dahl 选择了 JavaScript 和 V8，前者提供了灵活的语法，后者为前者的运行提供了足够高的效率和实现，例如非阻塞 IO 和事件驱动等。

关于 Node.js 的历史，可以参考朴灵的文章《Node.js 与 io.js 那些事儿》，读者可上网自行搜索。

1.1.2   runtime 和 VM

1. runtime

最出名的 runtime 应该是 VC++，微软出品的这套应用程序组件可以使开发者编写的 C/C++语言程序在其中运行。VC++本身对 C++还做了一些扩展，用来开发 Windows 程序，例如 MFC 等。

VC++可以编译和执行用户编写的 C/C++代码，而开发者不考虑这背后到底是怎样实现的。站在开发者的角度来说，一个 X 语言的 runtime 表示开发者可以在这个 runtime 上运行 X 语言编写的代码，那么将这个概念扩大一些，Chrome 也是一个 JavaScript 运行时，它靠背后的 JavaScript 引擎来运行 JavaScript 代码。

runtime 可能会对编程语言做一些扩展，例如 Node 中的 fs 模块和 Buffer 类型就是对 ECMAScript 的扩展，此外，runtime 也不一定支持语言规范定义的全部特性。

如果没有 runtime 的支持，语言规范就和废纸无异。例如截至当前的时间点（2017 年 5 月），ES2015 中的 import 语句还没有被任何浏览器或者 Node 支持（不考虑 babel 等转换工具），那么 import 语句就仅仅是一个纸面特性而已。

反过来讲，就算一个特性没有体现在标准里，而大多数的运行时都支持它，也可以变成事实上的规范，例如 JavaScript（ES6 之前）的__proto__属性。

因此当我们谈论一门语言，往往是在谈论它的实现，再具体一点，就是指其运行时实现。例如下面的代码，我们无法分辨这是一段 Node 代码或是 JavaScript 代码，虽然它们都能产生相同的输出。

```
var name = "Lear";
function greet(name){
    console.log("I am",name);
}
greet(name);
```

如果一门 X 语言实现了 ECMAScript 规范，那么上面也可能是 X 语言的代码。

2. VM

VM 的概念比较广泛，通常可以认为是在硬件和二进制文件的中间层。

C++编译好的二进制文件可以直接被操作系统调用，而对 Java 而言，编译好的字节码是交给虚拟机来运行的，这样的好处是对开发者屏蔽了操作系统之间的差异，对于不同操作系统环境的具体处理交给了虚拟机来完成，从这个角度来看，VM 是对不同计算机系统的一种抽象。

1.2 Node 的内部机制

本节的内容会涉及一些操作系统的概念，在开始之前，这里有一些前提，记住这些前提会能让你更好地理解本节的内容：

- 在任务完成之前，CPU 在任何情况下都不会暂停或者停止执行，CPU 如何执行和同步或是异步、阻塞或者非阻塞都没有必然关系。
- 操作系统始终保证CPU 处在运行状态，这是通过系统调度来实现的，具体一点就是通过在不同进程/线程间切换实现的。

1.2.1 何为回调

1. 回调的定义

一个回调是指通过函数参数的参数传递到其他代码的，某段可执行代码的引用。

说得通俗一点，就是将一个函数作为参数传递给另一个函数，并且作为参数的函数可以被执行，其本质上是一个高阶函数。在数学和计算机科学中，高阶函数是至少满足下列一个条件的函数：

- 接受一个或多个函数作为输入。
- 输出一个函数。

JavaScript 中一个很常见的例子就是 map 方法，该方法接受一个函数作为参数，依次作用于的数组的每一个元素。

```javascript
[1,2,3].map(function(value){
    console.log(value);
})
```

可以用如图 1-1 所示来描述回调的过程。

图 1-1

回调方法和主线程处于同一层级，假设主线程发起了一个底层的系统调用，那么操作系统转而去执行这个系统调用，当调用结束后，又回到主线程上调用其后的方法，这也是为什么其会被称为回调（call then back）。

关于回调函数在何时执行并没有具体的要求，回调函数的调用既可以是同步的（例如 map 方法），也可以是异步的（例如 setTimeout 方法中的匿名函数）。

2. 异步过程中的回调

单线程运行的语言在设计时要考虑这样的问题：如果遇到一个耗时的操作，例如磁盘 IO，要不要等待操作完成了再执行下一步操作？

有的语言选择了在完成之前继续等待，例如 PHP。

Node 选择另一种方式，当遇到 IO 操作时，Node 代码在发起一个调用后继续向下执行，IO 操作完成后，再执行对应的回调函数（异步），虽然代码运行在单线程环境下，但依靠异步+回调的方式，也能实现对高并发的支持。

代码 1.1　回调函数示意

```
var fs = require("fs");
var callback = function(err,data){
    if(err) return;
    console.log(data.toString());
}
fs.readFile("foo.txt",callback);
```

代码 1.1 中的 callback 方法即为一个简单的回调方法。readFile 发起一个系统调用，随后执行结束，当系统调用完成后，再通过回调函数获得文件的内容。

1.2.2　同步/异步和阻塞/非阻塞

1. 同步与异步

同步和异步描述的是进程/线程的调用方式。

同步调用指的是进程/线程发起调用后，一直等待调用返回后才继续执行下一步操作，这并不代表 CPU 在这段时间内也会一直等待，操作系统多半会切换到另一个进程/线程上去，等到调用返回后再切换回原来的进程/线程。

异步就相反，发起调用后，进程/线程继续向下执行，当调用返回后，通过某种手段来通知调用者。

注意：同步和异步中的"调用返回"，是指内核进程将数据复制到调用进程（Linux 环境下）。

我们常常说 JavaScript 是一门异步的语言，但 ECMAScript 里并没有关于异步的规范，JavaScript 的异步更多是依靠浏览器 runtime 内部其他线程来实现，并非 JavaScript 本身的功能，是浏览器提供的支持让 JavaScript 看起来像是一个异步的语言。

2. 阻塞与非阻塞

阻塞与非阻塞的概念是针对 IO 状态而言的，关注程序在等待 IO 调用返回这段时间的状态。

关于 Node 中的 IO，这里依然借用官网的说法：

Node.js uses an event-driven, non-blocking I/O model that makes it lightweight and efficient.

需要注意的是，Node 也没有使用 asynchronous（异步）之类的词汇，而是使用了 non-blocking（非阻塞）这样的描述。

阻塞/非阻塞和同步/异步完全是两组概念，它们之间没有任何的必然联系。很多人认为，阻塞=同步，非阻塞=异步，这种观念是不正确的。我们下面介绍的 IO 编程模型中，除了纯粹的 AIO 之外，阻塞和非阻塞 IO 都是同步的。

在介绍 IO 编程模型之前，先回答两个问题。

（1）什么是 IO 操作

输入/输出（I/O）是在内存和外部设备（如磁盘、终端和网络）之间复制数据的过程。

在实践中 IO 操作几乎无处不在，因为大多数程序都要产生输出结果才有意义（往往是输出到磁盘或者屏幕），除非你只在内存中计算一个斐波那契数列而且不采取其他任何操作。

在 Node 中，IO 特指 Node 程序在 Libuv 支持下与系统磁盘和网络交互的过程。

（2）IO 调用的结果怎么返回给调用的进程/线程

通过内核进程复制给调用进程，在 Linux 下，用户进程没办法直接访问内核空间，通常是内核调用 copy_to_user 方法来传递数据的，大致的流程就是 IO 的数据会先被内核空间读取，然后内核将数据复制给用户进程。还有一种零复制技术，大致是内核进程和用户进程共享一块内存地址，这避免了内存的复制，读者可自行搜索相关内容。

3. IO 编程模型

编程模型是指操作系统在处理 IO 时所采用的方式，这通常是为了解决 IO 速度比较慢的问题而诞生的。

一般来说，编程模型有以下几种：

- blocking I/O
- non-blocking I/O
- I/O multiplexing（select and poll）
- signal driven I/O（SIGIO）
- asynchronous I/O（the POSIX aio_functions）

上面的 5 种模型中，signal driven I/O 模型不常用，我们主要讨论其他 4 种，它们均特指 Linux 下的 IO 模型。

（1）阻塞 IO（blocking I/O）

对于 IO 来说，通常可以分为两个阶段，准备数据和返回结果，阻塞型 IO 在进程发出一个系统调用请求之后，进程就一直等待上述两个阶段完成，等待拿到返回结果之后再重新运行。

（2）非阻塞 IO（nonblocking I/O）

和上面的过程相似，不同之处是当进程发起一个调用后，如果数据还没有就绪，就会马上返回一个结果告诉进程现在还没有就绪，和阻塞 IO 的区别是用户进程会不断查询内核状态。这个过程依旧是同步的。

（3）IO multiplexing/Event Driven

这种 IO 通常也被称为事件驱动 IO，同样是以轮询的方式来查询内核的执行状态，和非阻塞 IO 的区别是一个进程可能会管理多个 IO 请求，当某个 IO 调用有了结果之后，就返回对应的结果。

注意：select 和 poll 都是 IO 复用的机制 ，另外 Node 使用 epoll（改进后的 poll），这里不再详细介绍。

（4）Asynchronous I/O

异步 IO 的概念读者应该很熟悉了，和前面的模型相比，当进程发出调用后，内核会立刻返回结果，进程会继续做其他的事情，直到操作系统返回数据，给用户进程发送一个信号。注意，异步 IO 并没有涉及任何关于回调函数的概念，此外，这里的异步 IO 只存在于 Linux 系统下。

读者可能会感到好奇，那么既然如此，为什么在官网上 Node 没有标榜自己是异步 IO，而是写成非阻塞 IO 呢？

很简单，因为非阻塞是实打实的，而 Node 中的"异步 I/O"是依靠 Libuv 模拟出来的。我们会在下一节介绍。

用一句话来概括阻塞/非阻塞和同步/异步：

同步调用会造成调用进程的 IO 阻塞,异步调用不会造成调用进程的 IO 阻塞(引用自《Unix 网络编程》第三版 6.2)。

1.2.3　单线程和多线程

其他语言（例如 Java、C++等）都有多线程的语言特性，即开发者可以派生出多个线程来协同工作，在这种情况下，用户的代码是运行在多线程环境下的。

Node 并没有提供多线程的支持，这代表用户编写的代码只能运行在当前线程中，用于运行代码的事件循环也是单线程运行的。开发者无法在一个独立进程中增加新的线程，但是可以派生出多个进程来达到并行完成工作的目的。

另一方面，Node 的底层实现并非是单线程的，libuv 会通过类似线程池的实现来模拟不同操作系统下的异步调用，这对开发者来说是不可见的。

Libuv 中的多线程

开发者编写的代码运行在单线程环境中，这句话是没错的，但如果说整个 Node 都是依靠单线程运行的，那就不正确了，因为 libuv 中是有线程池的概念存在的。

Libuv 是一个跨平台的异步 IO 库，它结合了 UNIX 下的 libev 和 Windows 下的 IOCP 的特性，最早由 Node 的作者开发，专门为 Node 提供多平台下的异步 IO 支持。libuv 本身是由 C/C++语言实现的，Node 中的非阻塞 IO 以及事件循环的底层机制，都是由 libuv 来实现的。

图 1-2 讲述了 libuv 的架构。

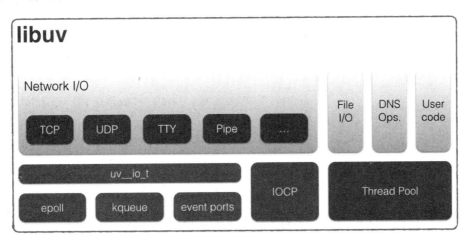

图 1-2

在 Windows 环境下，libuv 直接使用 Windows 的 IOCP（I/O Completion Port）来实现异步 IO。在非 Windows 环境下，libuv 使用多线程来模拟异步 IO。

Node 的异步调用是由 libuv 来支持的，以 readFile 为例，读取文件的系统调用是由 libuv 来完成的，Node 只负责调用 libuv 的接口，等数据返回后再执行对应的回调方法。

1.2.4　并行和并发

并行（Parallel）与并发（Concurrent）是两个很常见的概念，两者虽然中文译名相似，但实质上差别很大。

在介绍下面的内容之前，有必要对这两概念进行解释，下面是一个简单的比喻：

我们假设业务场景是排队取火车票。

并发是假设有两对人排队，但只有一个取票机，为了公平起见，先由队列一排头的人上前取票，再由队列二的一个人上前取票，两个队列都在向前移动。

并行同样是两队人排队取票，不同的是开放了两个取票机，那么两个队列可以同时向前移动，速度是一个窗口的两倍以上（避免了一个窗口在两个队列间切换）。

并发和并行对应了两种需求，一个是希望计算机做更多的事（处理多个队列），另一个是希望计算机能更快地完成任务（让队列以更快的速度向前移动）。

如图 1-3 所示给出了并发和并行，以及顺序程序（即串行程序）之间的关系与区别（该图引用自《深入理解计算机系统》12.6 的图 12-30）。

图 1-3

Node 中的并发

单线程支持高并发，通常都是依靠异步+事件驱动（循环）来实现的，异步使得代码在面临多个请求时不会发生阻塞，事件循环提供了 IO 调用结束后调用回调函数的能力。

Java 可以依靠多线程实现并发，Node 本身不支持开发者书写多线程的代码，事件循环也是单线程运行的，但是通过异步和事件驱动能够很好地实现并发。

有一句话非常出名："除了你的代码，一切都是并行的"，网络上很多文章都会提到这句话。但稍微思考一下，就会发现这句话里的"并行"值得深究。我们稍后会继续介绍，在那之前，先来看事件循环相关的内容。

1.3 事件循环（Event loop）

关于 Event loop 网络上已经有了很多的介绍，不少开发者即使已经有了 JavaScript 编程的经验，却仍然不能很好地理解事件循环的概念。不过通俗地来讲，事件循环就是一个程序启动期间运行的死循环，没有任何特别之处。

Node 代码虽然运行在单线程中，但仍然能支持高并发，就是依靠事件循环实现的。

1.3.1 事件与循环

首先我们要回答两个问题：

● 什么是事件
● 什么在循环

1. 事件

在可交互的用户页面上，用户会产生一系列的事件，包括单击按钮、拖动元素等，这些事件会按照顺序被加载到一个队列中去。除了页面事件之外，还有一些例如 Ajax 执行成功、文件读取完毕等事件。

2. 循环

在 GUI 程序中，代码本身就处在一个循环的包裹中，例如用 Java Swing 开发桌面程序，就要启动一个 JFrame，还要调用 run 方法，而 run 方法内部就包括了一个循环，该循环位于主线程上。

这个循环通常对开发者来说是不可见的，只有当开发者单击了窗体的关闭按钮，该循环才会结束。当用户单击了页面上的按钮或者进行其他操作时，就会产生相应的事件，这些事件会被加入到一个队列中，然后主循环会逐个处理它们。

JavaScript 也是一样，用户在前台不断产生事件，背后的循环（由浏览器实现）会逐个地处理他们。

而 JavaScript 是单线程的，为了避免一个过于耗时的操作阻塞了其他操作的执行，就要通过异步加回调的方式解决问题。

以 Ajax 请求为例，当 JavaScript 执行到对应的代码时，就为这句代码注册了一个事件，在发出请求后该语句就执行完毕了，后续的操作会交给回调函数来处理。

此时，浏览器背后的循环正在不断遍历事件队列，在 Ajax 操作完成之前，事件队列里还是空的（并不是发出请求这一动作被加入事件队列，而是请求完成这一事件才会加入队列）。

如果 Ajax 操作完成了，这个队列中就会增加一个事件，随后被循环遍历到，如果这个事件绑定了一个回调方法，那么循环就会去调用这个方法。

1.3.2　Node 中的事件循环

Node 中的事件循环比起浏览器中的 JavaScript 还是有一些区别的，各个浏览器在底层的实现上可能有些细微的出入；而 Node 只有一种实现，相对起来就少了一些理解上的麻烦。

首先要明确的是，事件循环同样运行在单线程环境下，JavaScript 的事件循环是依靠浏览器实现的，而 Node 作为另一种运行时，事件循环由底层的 libuv 实现。

下面如图 1-4 所示描述了 Node 中事件循环的具体流程。

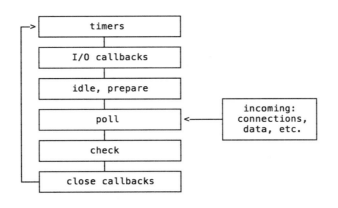

图 1-4

上面的图例中，将事件循环分成了 6 个不同的阶段，其中每个阶段都维护着一个回调函数的队列，在不同的阶段，事件循环会处理不同类型的事件，其代表的含义分别为：

- Timers：用来处理 setTimeOut() 和 setInterval() 的回调。
- I/O callbacks：大多数的回调方法在这个阶段执行，除了 timers、close 和 setImmediate 事件的回调（所谓的“大多数”，我们会在后面解释）。
- idle, prepare：仅仅在内部使用，我们不管它。

- Poll: 轮询,不断检查有没有新的 IO 事件,事件循环可能会在这里阻塞(也会在后面介绍)。
- Check: 处理 setImmediate()事件的回调。
- close callbacks: 处理一些 close 相关的事件,例如 socket.on('close', ...)。

注意:我们上面使用"阶段"(Phase)来描述事件循环,它并没有任何特别之处,本质上就是不同方法的顺序调用,用代码描述一下大约就是这种结构:

```
while(true){
    //......
    uv__run_timers();

    uv__run_pending(loop)

    uv__run_idle();

    uv__io_poll();

    uv__run_check();

    uv__run_closing_handles();
    //.......
}
```

上面代码中的每一个方法即代表一个"阶段"。

假设事件循环现在进入了某个阶段(即开始执行上面其中一个方法),即使在这期间有其他队列中的事件就绪,也会先将当前阶段队列里的全部回调方法执行完毕后,再进入到下个阶段,结合代码这也是易于理解的。

接下来我们针对每个阶段进行详细说明。

1. timers

从名字就可以看出来,这个阶段主要用来处理定时器相关的回调,当一个定时器超时后,一个事件就会加入到队列中,事件循环会跳转至这个阶段执行对应的回调函数。

定时器的回调会在触发后尽可能早(as early as they can)地被调用,这表示实际的延时可能会比定时器规定的时间要长。

如果事件循环,此时正在执行一个比较耗时的 callback,例如处理一个比较耗时的循环,那么定时器的回调只能等当前回调执行结束了才能被执行,即被阻塞。事实上,timers 阶段的执行受到 poll 阶段控制。

2. IO callbacks 阶段

官方文档对这个阶段的描述为除了 timers、setImmediate,以及 close 操作之外的大多数的回调方法都位于这个阶段执行。事实上从源码来看,该阶段只是用来执行 pending callback,例如一个 TCP socket 执行出现了错误,在一些*nix 系统下可能希望稍后再处理这里的错误,那么这个回调就会放在 IO callback 阶段来执行。

一些常见的回调，例如 fs.readFile 的回调是放在 poll 阶段来执行的。

3. poll 阶段

poll 阶段的主要任务是等待新的事件出现（该阶段使用 epoll 来获取新的事件），如果没有，事件循环可能会在此阻塞（关于是否在 poll 阶段阻塞以及阻塞多长时间，libuv 有一些复杂的判定方法，这里不作深究，如果读者有兴趣，可以参考 libuv 源码文件 src/unix/core.c 下的 uv_run 方法，该方法是事件循环的核心方法）。

这些事件对应的回调方法可能位于 timers 阶段（如果定义了定时器），也可能是 check 阶段（设置了 setImmediate 方法）。

Poll 阶段主要有两个步骤如下：

（1）如果有到期的定时器，那么就执行定时器的回调方法。

（2）处理 poll 阶段对应的事件队列（以下简称 poll 队列）里的事件。

当事件循环到达 poll 阶段时，如果这时没有要处理的定时器的回调方法，则会进行下面的判断：

（1）如果 poll 队列不为空，则事件循环会按照顺序遍历执行队列中的回调函数，这个过程是同步的。

（2）如果 poll 队列为空，会接着进行如下判断：

● 如果当前代码定义了 setImmediate 方法，事件循环会离开 poll 阶段，然后进入 check 阶段去执行 setImmediate 方法定义的回调方法。

● 如果当前代码没有定义 setImmediate 方法，那么事件循环可能会进入等待状态，并等待新的事件出现，这也是该阶段为什么会被命名为 poll（轮询）的原因。此外，还会不断检查是否有相关的定时器超时，如果有，就会跳转到 timers 阶段，然后执行对应的回调。

4. check 阶段

setImmediate 是一个特殊的定时器方法，它占据了事件循环的一个阶段，整个 check 阶段就是为 setImmediate 方法而设置的。

一般情况下，当事件循环到达 poll 阶段后，就会检查当前代码是否调用了 setImmediate，但如果一个回调函数是被 setImmediate 方法调用的，事件循环就会跳出 poll 阶段进而进入 check 阶段。

5. close 阶段

如果一个 socket 或者一个句柄被关闭，那么就会产生一个 close 事件，该事件会被加入到对应的队列中。close 阶段执行完毕后，本轮事件循环结束，循环进入到下一轮。

看完了上面的描述，我们明白了 Node 中的事件循环是分阶段处理的，对于每一阶段来说，处理事件队列中的事件就是执行对应的回调方法，每一阶段的事件循环都对应着不同的队列。

在 Nodc 中，事件队列不止一个，定时器相关的事件和磁盘 IO 产生的事件需要不同的处理方式，如果把所有的事件都放到一个队列里，势必要增加许多类似 switch/case 的代码；那样的话倒不如将不同类型的事件归类到不同的事件队列里，然后一层层地遍历下来，如果当中出现了新的事件，就进行相应的处理。

为了更好地理解 Node 中的事件循环，以一段代码为例来配合说明：

```
var fs = require('fs');

var timeoutScheduled = Date.now();

setTimeout(function () {
    var delay = Date.now() - timeoutScheduled;
    console.log(delay + "ms have passed since I was scheduled");
}, 100);

// 假设读取文件需要 95ms
fs.readFile('/path/to/file', function(err,data){
    var startCallback = Date.now();
    // 使用 while 循环阻塞 10ms
    while (Date.now() - startCallback < 10) {
        ; // do nothing
    }
});
```

上面代码改编自官方文档中的一个例子，讲述事件循环不同过程的处理步骤。这段代码的逻辑很简单，包含了 readfile 和 timer 两个异步操作。

我们来观察这段代码的执行过程，代码开始运行后，事件循环也开始运作了。

首先检查 timers，然而 timers 对应的事件队列目前还为空（100ms 后才会有事件产生），事件循环向后执行到了 poll 阶段，到目前为止还没有事件出现，由于代码中没有定义 setImmediate 操作， 事件循环便在此一直等待新的事件出现。

直到 95ms 后（假设 readFile 耗费的时间为 95ms，实际上可能比这个时间长或短一些），readFile 读取文件完毕，产生了一个事件，加入到了 poll 这一队列中，此时事件循环将该队列中的事件取出，准备执行之后的 callback（此时 err 和 data 的值已经就绪），readFile 的回调方法什么都没做，只是暂停了 10ms。

事件循环本身也被阻塞 10ms，按照通常的思维，95ms+10ms=105ms>100ms，timers 队列中的事件已经就绪，应该先执行对应的回调方法才是，然而由于事件循环也是单线程运行的，因此也会停止 10ms，如果 readFile 的回调函数中包含了一个死循环，那么整个事件循环都会被阻塞，setTimeout 的回调永远不会执行。

readFile 的回调完成后，事件循环切换到 timers 阶段，接着取出 timers 队列中的事件执行对应的回调方法。

如果读者想了解更多关于事件循环的内容，也可以参考 libuv 文档中针对事件循环不同阶段的处理方式（http://docs.libuv.org/en/v1.x/design.html#the-i-o-loop）。

讲完了事件循环，我们回过头来看 1.2 节最后的那句话。

"除了你的代码，一切都是并行的"

【注】笔者花了很长时间来找这句话的出处，唯一能确定的是它并非来自官方文档的描述，可能性比较高的两个来源是：
http://blog.mixu.net/2011/02/01/understanding-the-node-js-event-loop/
http://debuggable.com/posts/understanding-node-js:4bd98440-45e4-4a9a-8ef7-0f7ecbdd56cb
其中第 2 篇文章的时间更早。

试着回答几个问题：

- 如果存在并行，那么应该位于 Node 的哪个层面？
- 是事件循环提供了并行的能力吗？
- 如果你的计算机只有一个单核的 CPU（暂先不考虑超线程技术，即在一个 CPU 上同时执行两个线程），还能做到并行吗？

第三个问题是最容易答的，当你只有一个单核 CPU 时，就算把代码写出花来也不能获得真正的并行。

第二个问题，事件循环运行在单线程环境中，这表示一个时刻只能处理一个事件，没法提供并行支持。

那么回到第一个问题，如果真的存在并行，那么只能存在于 libuv 的线程池中，实现的并行为线程级别的并行（需要多核 CPU）。

1.3.3　process.nextTick

process.nextTick 的意思就是定义出一个异步动作，并且让这个动作在事件循环当前阶段结束后执行。

例如下面的代码，将打印 first 的操作放在 nextTick 的回调中执行，最后先打印出 next，再打印 first。

```
process.nextTick(function(){
   console.log('first');
});
console.log('next');
//next
//first
```

process.nextTick 其实并不是事件循环的一部分，但它的回调方法也是由事件循环调用的，该方法定义的回调方法会被加入到名为 nextTickQueue 的队列中。在事件循环的任何阶段，如果 nextTickQueue 不为空，都会在当前阶段操作结束后优先执行 nextTickQueue 中的回调函数，当 nextTickQueue 中的回调方法被执行完毕后，事件循环才会继续向下执行。

Node 限制了 nextTickQueue 的大小，如果递归调用了 process.nextTick，那么当 nextTickQueue 达到最大限制后会抛出一个错误，我们可以写一段代码来证实这一点。

```
function recurse(i){
   while(i<9999)
   {
      process.nextTick(recurse(i++));
```

```
    }
}
recurse(0);
```

运行上面的代码，马上就会出现：

```
RangeError: Maximum call stack size exceeded
```

的错误。

既然 nextTickQueue 也是一个队列，那么先被加入队列的回调会先执行，我们可以定义多个 process.nextTick，然后观察他们的执行顺序：

```
process.nextTick(function(){
    console.log('first');
});
process.nextTick(function(){
    console.log('second');
});
console.log('next');
//依次输出 next first second
```

和其他回调函数一样，nextTick 定义的回调也是由事件循环执行的，如果 nextTick 的回调方法中出现了阻塞操作，后面的要执行的回调同样会被阻塞。

```
process.nextTick(function(){
    console.log('first');
    //由于死循环的存在，之后的事件被阻塞
    while(true){}
});
process.nextTick(function(){
    console.log('second');
});
console.log('next');
//依次打印 next first，不会打印 second
```

1. nextTick 与 setImmediate

setImmediate 方法不属于 ECMAScript 标准，而是 Node 提出的新方法，它同样将一个回调函数加入到事件队列中，不同于 setTimeout 和 setInterval，setImmediate 并不接受一个时间作为参数，setImmediate 的事件会在当前事件循环的结尾触发，对应的回调方法会在当前事件循环末尾（check 阶段）执行。

setImmediate 方法和 process.nextTick 方法很相似，二者经常被拿来放在一起比较，由于 process.nextTick 会在当前操作完成后立刻执行，因此总会在 setImmediate 之前执行。

关于这两个方法有个笑话：nextTick 和 setImmediate 的行为和名称含义是反过来的。

```
setImmediate(function(arg) {
    console.log("executing immediate",arg);
}, 'so immediate');
process.nextTick(function(){
    console.log("next Tick");
});
```

上面的代码总是会输出：

```
next Tick
executing immediate: so immediate
```

此外，当有递归的异步操作时只能使用 setImmediate，不能使用 process.nextTick，前面已经展示过了递归调用 nextTick 会出现的错误，下面使用 setImmediate 来试试看：

```
function recurse(i,end){
if(i>end)
{
    console.log('Done!');
}
else
{
    console.log(i);
    setImmediate(recurse,i+1,end);
}
}
recurse(0,99999999);
```

完全没问题！这是因为 setImmediate 不会生成 call stack。

2. setImmediate 和 setTimeout

通过上面的内容，我们已经知道了 setImmediate 方法会在 poll 阶段结束后执行，而 setTimeout 会在规定的时间到期后执行，由于无法预测执行代码时事件循环当前处于哪个阶段，因此当代码中同时存在这两个方法时，回调函数的执行顺序不是固定的。

```
setTimeout(function () {
    console.log('timeout');
},0);

setImmediate(function () {
    console.log('immediate');
});
```

但如果将二者放在一个 IO 操作的 callback 中，则永远是 setImmediate 先执行：

```
require("fs").readFile("foo.txt",function(){
    setTimeout(function () {
        console.log('timeout');
    },0);

    setImmediate(function () {
        console.log('immediate');
    });
})
```

这是因为 readFile 的回调执行时，事件循环位于 poll 阶段，因此事件循环会先进入 check 阶段执行 setImmediate 的回调，然后再进入 timers 阶段执行 setTimeout 的回调。

1.4 总结

本章的重点在于 Node 的一些底层机制，核心内容就是 Node 的事件循环，事件循环涉及的概念很多，就算看官方文档也容易出现一头雾水的情况，如果读者有时间的话，最好能结合 libuv 的源码进行阅读。

为了进行详细说明又增加了一些操作系统底层的内容，就像本章开头所说的，所有内容都可以在任意一本经典的操作系统书籍（本章主要参考了《深入理解计算机系统》和《Unix 网络编程》）上找到相应的内容。

如果你真正明白了本章所讲的内容，那么就来试着回答下面的问题：

- 什么是运行时？举一个例子。
- 什么是回调？回调与异步调用有必然联系吗？
- 什么是事件？
- 并行与并发有什么区别和联系。
- 同步和异步，阻塞和非阻塞的区别。
- 如何理解"除了代码，一切都是并行的"?这句话是否绝对正确？
- 简述事件循环的运行过程。
- nextTick 的原理是什么，和 setImmaite 有什么区别?

1.5 参考资源

《深入理解计算机系统》chapter10, chapter 12

《Unix 网络编程》chapter 6

http://www.infoq.com/cn/articles/node-js-and-io-js

https://nodejs.org/en/docs/guides/event-loop-timers-and-nexttick/

http://docs.libuv.org/en/v1.x/design.html

https://github.com/libuv/libuv/blob/v1.x/src/unix/core.c

https://github.com/nodejs/node/blob/master/src/node.cc

https://cnodejs.org/topic/57d68794cb6f605d360105bf

第 2 章
◀ 常用模块 ▶

2.1 Module

2.1.1 JavaScript 的模块规范

JavaScript 对模块规范的强调恰恰是其缺陷的体现，这主要是由历史原因造成的。在其他常见编程语言例如 Java、C++中，模块规范从未被如此刻意强调过，也没有分化出像 JavaScript 这般多样的标准。

目前流行的 JavaScript 模块规范有两种，分别是 CommonJS 和 AMD，我们首先对这两者做一个简单的介绍。

1. CommonJS

CommonJS 的目标很远大，它的愿景是将来 JavaScript 不仅仅会运行在浏览器内部，而是作为一门独立的编程语言在各种领域发挥作用，为此需要一种通用的模块规范。

CommonJS 将每个文件都看作一个模块，模块内部定义的变量都是私有的，无法被其他模块使用，除非使用预定义的方法将内部的变量暴露出来（通过 exports 和 require 关键字来实现），CommonJS 最为出名的实现就是 Node.js。

CommonJS 一个显著的特点就是模块的加载是同步的，就目前来说，受限于宽带速度，并不适用于浏览器中的 JavaScript。

2. AMD

AMD 是 Asynchronous Module Definition 的缩写，意思就是"异步模块定义"。它采用异步方式加载模块，模块的加载不影响它后面语句的运行。依赖这个模块的代码定义在一个回调函数中，等到加载完成之后，这个回调函数才会运行。目前在前端流行的 RequireJS 就是 AMD 规范的一种实现。

此外，ES6 中也提出了一种模块机制，我们会在第 3 章介绍。

2.1.2　require 及其运行机制

我们已经提到了 Node 遵循 CommonJS 来规范，也就是使用 require 关键字来加载模块，下面是一个简单的例子：

代码 2.1　定义一个简单的模块

```
//person.js
var person = {
    talk:function(){
        console.log("I am talking......");
    },
    listen:function(){
        console.log("I am listening......");
    }
    //More Funcs . . . . . . .
}
module.exports = person;
```

这样就实现了一个自定义模块，该模块提供了一个接口（person），然后使用 module.exports 将该接口暴露给外部使用，外部的代码想要使用 person.js 中的方法，需要使用 require 关键字引入该接口。

```
var person = require("./person.js");
person.talk();
```

注意：在引入自定义模块时省略相对路径 "./" 会导致错误。

如果一个模块包含了许多方法而开发者只用到其中的一小部分，可以只导入模块的一部分属性。

以上面的代码为例，如果只需要引入 talk 方法，那么代码可以写成：

```
var talk = require("./person").talk;
talk();
```

require 关键字并不依赖于 exports，我们也可以加载一个没有暴露任何方法的模块，这相当于直接执行一个模块内部的代码，通常没什么意义。

1. 重复引入

在 C++ 中，通常使用#IFNDEF 等关键字来避免头文件的重复引入，在 Node 中无须关心这个问题，因为 Node 默认先从缓存中加载模块，一个模块被第一次加载后，就会在缓存中维持一个副本，如果遇到重复加载的模块会直接提取缓存中的副本，也就是说在任何情况下每个模块都只在缓存中有一个实例。

关于 Node 中的模块机制，面试官可能问你一些很常见的问题，例如：

为什么在 Node.js 中，require() 加载模块是同步而非异步？

如果回答因为遵守了 CommonJS 标准所以是同步加载，就有点耍滑头了。

由于没有标准答案，完全可以回答这是出于程序员的直觉，一个作为公共依赖的模块，自然要一步加载到位。

另一方面，由于模块的个数往往有限，且 Node 会自动缓存已经加载的模块，再加上访问的都是本地文件，产生的 IO 开销几乎可以忽略。

再有，Node 程序运行在服务器端，很少遇到需要频繁重启服务的情况，那么就算在服务启动时在加载上花点时间（几秒）也没有什么影响。

2. require 的缓存策略

Node 会自动缓存经过 require 引入的文件，使得下次再引入不需要经过文件系统而是直接从缓存中读取。这种缓存是基于文件路径定位的，这表示即使有两个完全相同的文件，但它们位于不同的路径下，也会在缓存中维持两份。例如我们可以用下面的代码查看目前在缓存中的文件：

```
var person = require("./module");
console.log(require.cache);
```

控制台输出如下（暂时忽略 require.js 本身的缓存）：

```
'/Users/likai/Desktop/workspace/Web/BookExample/chapter2/module/module.js':
 Module {
   id:
'/Users/likai/Desktop/workspace/Web/BookExample/chapter2/module/module.js',
   exports: { listen: [Function: listen], talk: [Function: talk] },
   parent:
    Module {
      id: '.',
      exports: {},
      parent: null,
      filename:
'/Users/likai/Desktop/workspace/Web/BookExample/chapter2/module/require.js',
      loaded: false,
      children: [Object],
      paths: [Object] },
   filename:
'/Users/likai/Desktop/workspace/Web/BookExample/chapter2/module/module.js',
   loaded: true,
   children: [],
   paths:

[ '/Users/likai/Desktop/workspace/Web/BookExample/chapter2/module/node_modules
',
      '/Users/likai/Desktop/workspace/Web/BookExample/chapter2/node_modules',
      '/Users/likai/Desktop/workspace/Web/BookExample/node_modules',
      '/Users/likai/Desktop/workspace/Web/node_modules',
      '/Users/likai/Desktop/workspace/node_modules',
      '/Users/likai/Desktop/node_modules',
      '/Users/likai/node_modules',
      '/Users/node_modules',
      '/node_modules' ] } }
```

上面输出的是 module.js 在缓存中的信息，我们可以在里面找到很多有用的信息，例如 path 表示的是模块引入时 Node 的查找路径，即从当前目录下的 node_modules 开始，一直到磁盘根目录为止。

2.1.3 require 的隐患

当调用 require 加载一个模块时，模块内部的代码都会被调用，有时候这可能会带来隐藏的 bug。例如下面的例子：

```
//module.js
function test(){
    setInterval(function(){
        console.log("test");
    },1000)
}
test();

module.exports = test;

//run.js
var test = require("./module.js");
```

run.js 除了加载一个模块之外没有进行任何操作，试着运行一下会发现会每隔一秒输出 test 字符串，同时 run.js 进程不会退出。

加载一个模块相当于执行模块内部的代码，在 module.js 中由于设置了一个不间断的定时器，导致 run.js 也会一直运行下去。

上面是一个极端的例子，设想一种情景，当你调用某个别人已经编写完成的模块时，明明所有的调用都已经结束，但调用者进程无论如何都不会退出，这很可能是被调用的模块内部有一个隐蔽的循环或者一个一直打开的数据库连接，这个问题在开发过程中可能不会被注意到或者不会被触发，如果真正到了生产环境，这种情况可能导致严重的内存泄露。

这一方面告诉我们要对引用未知的模块保持警惕，即使那个模块是你自己写的；另一方面也揭示了测试的重要性。

2.1.4 模块化与作用域

既然已经提到了模块化，我们就来谈谈作用域的问题，主要关注点在 this 上。

Node 和 JavaScript 中的 this 指向有一些区别，其中 Node 控制台和脚本文件的策略也不一样。对于浏览器中的 JavaScript 来说，无论是在脚本或者是 Chrome 控制台中，其 this 的指向和行为都是一致的；而 Node 则不是这样。我们会分别进行介绍。

1. 控制台中的 this

首先是全局的 this，分别在 Node Repl 和 Chrome 控制台中运行：

```
console.log(this);
//Chrome 输出 Window {stop: function, open: function, alert: function, confirm:
function…}
```

```
//Node 输出 global 对象
```

可以看出，在 Node Repl 环境中，全局的 this 指向 global 对象。

继续运行下面的代码：

```
var a = 10;
console.log(this.a);
//Chrome 输出 10
//Node Repl 输出 10
```

在 Node 控制台中，全局变量会被挂载到 global 下。

2. 脚本中的 this

我们新建一个名为 this.js 的文件，在文件中添加如下代码：

```
console.log(this);//{}
```

运行 node test.js，打印出的结果是一个空对象。

然后是下面的代码：

```
var a = 10;
console.log(this.a);//undefined
console.log(global.a); //undefined
```

仍然全都是 undefined，说明第一行代码定义的变量 a 并没有挂载在全局的 this 或者 global 对象。

然而如果声明变量时不使用 var 或者 let 关键字，例如下面的代码：

```
a = 10;
console.log(global.a); //10
```

却可以正常打印出结果。

那么在 Node 脚本文件中定义的全局 this 又指向了什么呢？答案是 module.exports。

```
this.a = 10;
console.log(module.exports);//10
```

总结一下，在 Node repl 环境中控制台的全局 this 和 global 可以看作是同一对象，而在脚本文件中，二者并不等价。

3. Node 中的作用域种类

看完了上面的内容，接下来对 Node 中的各种作用域做一个总结。以下讨论的作用域内容仅限于脚本文件。

（1）全局作用域

如果一个变量没有用 var、let 或者 const 之类的关键字修饰，那么它就是属于全局作用域，定义在全局作用域上的变量可以通过 global 对象访问到。

例如前面的例子：

```
a = 10;
console.log(global.a); //10
```

变量 a 位于全局作用域中，即使是在不同的文件中也能访问到变量 a。

（2）模块作用域

在代码文件顶层（不在任何方法，对象中）使用 var、let 或者 const 修饰的变量都位于模块作用域中，不同模块作用域之间的作用域是隔离的。

模块作用域中的 this 指向 module.exports 中，例如前面提到的：

```
this.a = 10;
console.log(module.exports);//10
```

我们在前面提到 Node Repl 和脚本文件执行会有不同的结果，这是因为 Node 会将所有的脚本文件包装成下面的这种形式。

```
(function (exports, require, module, __filename, __dirname) {
    //用户自定义的代码
});
```

（3）函数作用域

这个大家就很熟悉了，不再介绍。

（4）块级作用域

ES2015 中引入的 let 关键字提供了块级作用域的支持，我们会在下一章介绍。

2.2 Buffer

Buffer 是 Node 特有（区别于浏览器 JavaScript）的数据类型，主要用来处理二进制数据，在前端 JavaScript 中，和二进制数据打交道的机会比较少（ES2015 增加了 ArrayBuffer 类型，用来操作二进制数据流，Node 也可以使用该类型，我们会在下一章介绍）。而 Node 在进行 Web 开发时经常需要和前端进行数据通信，二进制数据流十分常见（例如传输一张 gif 图片），因此 Node 除了 String 外，还内置了 Buffer 这一数据类型，它是 Node 作为运行时对 JavaScript 做的扩展。

Buffer 属于固有（built-in）类型，因此无须使用 require 进行引入。

在文件操作和网络操作中，如果不显式声明编码格式，其返回数据的默认类型就是 Buffer。例如下面读取文件的例子，如果不指定编码格式，得到的结果就是 Buffer 字符串。

代码 2.2　读取一个文件并打印内容

```
var fs = require("fs");
fs.readFile("foo.txt",function(err,results){
    console.log(results);
    //<Buffer 48 65 6c 6c 6f 20 57 6f 72 6c 64> (Hello Node)
})
```

上面的代码中，最后打印出的是十六进制的数据，由于纯二进制格式太长而且难以阅读，Buffer 通常表现为十六进制的字符串。

2.2.1　Buffer 的构建与转换

可以使用 Buffer 类直接初始化一个 Buffer 对象，参数可以是由二进制数据组成的数组。

```
var buffer=new Buffer([0x48,0x65,0x6c,0x6c,0x6f,0x20,0x4e,0x6f,0x64 ,0x65]);
// Hello Node
```

如果想由字符串来得到一个 Buffer，同样可以调用构造函数来实现，例如：

```
var buffer = new Buffer("Hello Node");
console.log(buffer);//<Buffer 48 65 6c 6c 6f 20 4e 6f 64 65>
```

注意：在最新的 Node API 中，Buffer()方法被标记为 Deprecated，表示已经不推荐使用，因为这个方法在某些情况下可能不安全（参考 https://github.com/nodejs/node/issues/4660），并且会在将来的版本中将其移除。

目前推荐的是使用 Buffer.from 方法来初始化一个 Buffer 对象，上面的代码可以改写为如下形式。

代码 2.3　使用 Buffer.from 来初始化一个 Buffer

```
var buffer=Buffer.from([0x48,0x65,0x6c,0x6c,0x6f,0x20,0x4e,0x6f,0x64,0x65]);
//"Hello Node"
var buffer = Buffer.from("Hello Node");
console.log(buffer);//<Buffer 48 65 6c 6c 6f 20 4e 6f 64 65>
```

如果想把一个 Buffer 对象转成字符串形式，需要使用 toString 方法，调用格式为：

```
buffer.toString([encoding],[start],[end])
encoding – 目标编码格式
start - 开始位置
end - 结束位置
```

Buffer 支持的编码类型种类有限，只有以下 6 种：

- ASCII
- Base64
- Binary
- Hex
- UTF-8
- UTF-16LE/UCS-2

不过也已经覆盖了最常用的编码类型。Buffer 还提供了 isEncoding 方法来判断是否支持转换为目标编码格式。

例如，如果我们想把上一节表示"Hello Node"的 Buffer 对象转换为字符串，那么可以调用：

```
//只转换前 5 个字符，输出 "Hello"
console.log(buffer.toString("utf-8",0,5));
```

如果 toString 在调用时不包含任何参数，那么就会默认采用 UTF-8 编码，并转换整个 Buffer 对象。

2.2.2　Buffer 的拼接

在中国古代，有一种诗被称作回文诗，我们先来看一个例子，如图 2-1 所示。

图 2-1

这首诗是北宋秦观所作，如果不清楚如何断句，就无法得到正确的诗，正确的断句：

赏花归去马如飞

去马如飞酒力微

酒力微醒时已暮

醒时已暮赏花归

Buffer 一个常见的使用场景是用来处理 HTTP 的 post 请求，随便在网络上搜索，都能看到类似如下的代码。

代码 2.4　使用+=来拼接 Buffer

```
var body = '';
req.setEncoding('utf8');
req.on('data', function(chunk){
  body += chunk;
});
req.on('end', function(){
});
```

上面的代码使用+=来拼接上传的数据流，这个过程包含了一个隐式的编码转换。

body+=chunk 相当于 body+= chunk.toString()，当上传字符全都是英文的时候固然没关系，但如果字符串中包含中文或者其他语言，由于 toString 方法默认使用 utf-8 编码，这时就有可能出现乱码，就像回文诗不按照格式断句，只会得到几个不通顺的句子一样。

举个例子，我们先构造一个中文的字符串，并将其另存为 test.txt。

八百标兵奔北坡，北坡炮兵并排跑，炮兵怕把标兵碰，标兵怕碰炮兵炮。

然后我们写一段代码来尝试一下：

```
var rs = require("fs").createReadStream('test.txt', {highWaterMark: 10});

var data = '';
rs.on("data", function (chunk){
    data += chunk;
});
rs.on("end", function () {
    console.log(data);
});
```

highWaterMark

正如其字面意思最高水位线，它表示内部缓冲区最多能容纳的字节数，如果超过这个大小，就停止读取资源文件，默认值是 64KB。

假设文件大小为 100KB，那么在默认情况下，系统就会每次从文件里读取 64KB 大小的数据，随后触发 data 事件；chunk 的大小即为 highWaterMark 的大小；然后接着读取 36KB 大小的文件，再次触发 data 事件；随后文件读取结束，触发 end 事件。

如果 highWaterMark 设置得很小，那么就会发生多次系统调用，这会对性能造成影响。

由于我们要读取的目标文件很短，因此只设置了 10 个字节位 highWaterMark。

试着运行上面的代码，得到下面的输出：

八百标���奔北��，北坡炮兵并���跑，��兵怕把标兵碰���标兵��碰炮兵炮。

可以看到输出中产生了乱码，我们知道 utf-8 中一个汉字占三个字节，那么我们将 highwatermark 设置为 10 后，每三个字之后都会有一个字被截断，因此在调用 toString 方法的时候出现了乱码。读者也可以将每个 chunk 的内容打印出来看看，这里不再介绍（朴灵写的《深入浅出 Node.js》一书中用一个章节讨论这个问题，建议读者阅读一下）。

目前上面的代码已经被舍弃，官方的推荐做法是使用 push 方法来拼接 Buffer，上面的代码可改写成下面形式：

代码 2.5　使用数组来拼接 Buffer

```
var data = [];
rs.on('data', function(chunk){
  data.push(chunk);
});
rs.on('end', function(){
    var buf = Buffer.concat(data);
    console.log(buf.toString());
});
```

上面的代码在拼接过程中不会有隐式的编码转换，首先将 Buffer 放到数组里面，等待传输完成后再进行转换，这样就不会出现乱码了。

2.3 File System

File System 是 Node 中使用最为频繁的模块之一，该模块提供了读写文件的能力，是借助于底层的 linuv 的 C++ API 来实现的。如果读者关注其底层实现，可以阅读相关的源码。

我们知道，浏览器中的 JavaScript 没有读写本地文件系统的能力（忽略 IE 中的 ActiveX），而 Node 作为服务器编程语言，文件系统 API 是必需的，File System 模块包含了数十个用于文件操作的 API，大多提供同步和异步两种版本。

关于 File System 本身并没有什么特别值得关注的地方，本节也仅仅是罗列了一些常用的 API，虽然开发者可以随时随地查阅在线 API 文档，但有些内容还是需要牢记在心。

下面列出了 File System 大部分 API（只保留了异步版本的）：

- fs.access(path[, mode], callback)
- fs.appendFile(file,data[,options], callback)
- fs.chmod(path, mode, callback)
- fs.chown(path, uid, gid, callback)
- fs.close(fd, callback)
- fs.fchmod(fd, mode, callback)
- fs.fchown(fd, uid, gid, callback)
- fs.fdatasync(fd, callback)
- fs.fstat(fd, callback)
- fs.fsync(fd, callback)
- fs.ftruncate(fd, len, callback)
- fs.futimes(fd, atime, mtime, callback)
- fs.link(existingPath, newPath, callback)
- fs.lstat(path, callback)
- fs.mkdir(path[, mode], callback)
- fs.open(path, flags[, mode], callback)
- fs.read(fd, buffer, offset, length, position, callback)
- fs.readdir(path[, options], callback)
- fs.readFile(file[, options], callback)
- fs.readlink(path[, options], callback)
- fs.rename(oldPath,newPath,callback)
- fs.rmdir(path, callback)
- fs.stat(path, callback)
- fs.symlink(target,path[, type], callback)

- fs.truncate(path, len, callback)
- fs.unlink(path, callback)
- fs.unwatchFile(filename[, listener])
- fs.utimes(path, atime, mtime, callback)
- fs.watch(filename[, options][, listener])
- fs.watchFile(filename[,options], listener)
- fs.write(fd, buffer, offset, length[, position], callback)
- fs.write(fd, data[, position[, encoding]], callback)
- fs.writeFile(file,data[,options], callback)

下面介绍几个常用的 API。

1. readFile

该方法的声明如下：

```
fs.readFile(file[, options], callback)#
Added in: v0.1.29
file <String> | <Buffer> | <Integer> filename or file descriptor
options <Object> | <String>
encoding <String> | <Null> default = null
flag <String> default = 'r'
callback <Function>
```

readFile 方法用来异步读取文本文件中的内容，例如：

```
fs.readFile('foo.txt', function(err, data){
    if (err) throw err;
    console.log(data);
});
```

readFile 会将一个文件的全部内容都读到内存中，适用于体积较小的文本文件；如果你有一个数百 MB 大小的文件需要读取，建议不要使用 readFile 而是选择 stream。readFile 读出的数据需要在回调方法中获取，而 readFileSync 直接返回文本数据内容。

```
var fs= require("fs");
var data = fs.readFileSync("foo.txt",{encoding:"UTF-8"});
console.log(data);
```

如果不指定 readFile 的 encoding 配置，readFile 会直接返回类似下面的 Buffer 格式；如果希望得到的是字符串形式，还需要调用 toString 方法进行转换：

```
<Buffer 48 65 6c 6c 6f 20 4e 6f 64 65 21>
```

2. writeFile

该方法的声明如下：

```
fs.writeFile(file, data[, options], callback)
```

```
file <String> | <Buffer> | <Integer> filename or file descriptor
data <String> | <Buffer>
options <Object> | <String>
encoding <String> | <Null> default = 'utf8'
mode <Integer> default = 0o666
flag <String> default = 'w'
callback <Function>
```

在 WriteFile 的第一个参数为文件名，如果不存在，则会尝试创建它（默认的 flag 为 w）。

```
fs.writeFile("foo.txt","Hello Node",{flag:"a", encoding:"UTF-8"},
function(err){
    if(err){
        console.log(err);
        return;
    }
    console.log("success");
});
```

3. fs.stat(path, callback)

stat 方法通常用来获取文件的状态。

通常开发者可以在调用 open()、read()，或者 write 方法之前调用 fs.stat 方法，用来判断该文件是否存在。

代码 2.6　使用 stat 获取文件状态

```
var fs = require("fs");
fs.stat("foo.txt",function(err,result){
    if(err){
        console.log(err);
        return;
    }
    console.log(result);
});
```

如果文件存在，result 就会返回文件的状态信息，例如下面的输出结果：

```
{ dev: 16777220,
  mode: 33188,
  nlink : 1,
  uid : 501,
  gid : 20,
  rdev : 0,
  blksize : 4096,
  ino : 53803684,
  size : 11,
  blocks : 8,
  atime : 2017-02-18T02:27:14.000Z,
  mtime : 2017-02-18T02:27:14.000Z,
  ctime : 2017-02-18T02:27:14.000Z,
  birthtime : 2017-02-18T02:27:14.000Z }
```

如果文件不存在，则会出现 Error: ENOENT: no such file or directory 的错误。

和 fs.fstat 的区别

如果阅读 Nodejs 文档，发现 File System 模块还有一个 fstat 方法，其声明格式为：

```
fs.fstat(fd, callback)
```

这两个方法在功能上是等价的，唯一的区别是 fstat 方法第一个参数是文件描述符，格式为 Integer，因此 fstat 方法通常搭配 open 方法使用，因为 open 方法返回的结果就是一个文件描述符。

```
fs.open("foo.txt",'a',function(err,fd){
    if(err){
        console.log(err);
        return;
    }
    console.log(fd);
    fs.fstat(fd,function(err,result){
        if(err){
            console.log(err);
            return;
        }
        console.log(result);
    })
})
```

这段代码和 fs.stat 所示例代码在功能上等价。

下面是一个例子——获取目录下的所有文件名，这是一个常见的需求，实现这个功能只需要 fs.readdir 以及 fs.stat 两个 API，readdir 用于获取目录下的所有文件或者子目录，stat 用来判断具体每条记录是文件还是子目录，如果是子目录，则递归调用整个方法。

代码 2.7　获取目录下所有的文件名

```
var fs = require("fs");
function getAllFileFromPath(path) {
    fs.readdir(path, function (err, res) {
        for (var subPath of res) {
            //这里使用了同步方法而非异步
            var statObj = fs.statSync(path + "/" + subPath);
            if (statObj.isDirectory()) {//判断是否为目录
                console.log("Dir:", subPath);
                //如果是文件夹，递归获取子目录中的文件列表
                getAllFileFromPath(path + "/" + subPath)
            } else {
                console.log("File:", subPath);
            }
        }
    })
}
getAllFileFromPath(__dirname);
```

目标文件目录结构如图 2-2 所示。

图 2-2

在循环获取文件信息的时候，为了避免嵌套层数过多而使用了 fs.statSync 而不是 fs.stat，如果使用 fs.stat，需要将后续的代码放到回调函数中。

2.4 HTTP 服务

HTTP 模块是 Node 的核心模块，主要提供了一系列用于网络传输的 API，这些 API 大都位于比较底层的位置，可以让开发者自由地控制整个 HTTP 传输过程。

在 HTTP 模块中，Node 定义了一些顶级的类、属性以及方法，如下所示：

```
Class: http.Agent
Class: http.ClientRequest
Class: http.Server
Class: http.ServerResponse
Class: http.IncomingMessage
http.METHODS
http.STATUS_CODES
http.createClient([port][, host])
http.createServer([requestListener])
http.get(options[, callback])
http.globalAgent
http.request(options[, callback])
```

每个类下面又定义了一些方法和事件，接下来我们会就其中常用的部分加以说明。

2.4.1 创建 HTTP 服务器

通常使用 createServer 方法创建 HTTP 服务器，下面是一个最简单的例子。

代码 2.8　创建一个简单的 HTTP 服务器

```
var http = require("http")
var server = http.createServer(function(req,res){
    res.writeHead(200, {'Content-Type': 'text/plain'});
    res.end("Hello Node!")
```

```
});

server.listen(3000);
```

上面的代码中，使用 createServer 方法创建了一个简单的 HTTP 服务器，该方法返回一个 http.server 类的实例，createServer 方法包含了一个匿名的回调函数，该函数有两个参数 req 和 res，它们是 InComingMessage 和 ServerResponse 的实例。分别表示 HTTP 的 request 和 response 对象，服务器创建完成后，Node 进程开始循环监听 3000 端口（由 listen 方法实现）。

当浏览器访问 localhost:3000 时，Node 返回"Hello Node"字符串。

http.server 类定义了一系列的事件，在上面的代码中，HTTP 请求会触发 connection 和 request 事件，将上面的代码稍微改造。

代码 2.9　监听来自客户端的事件

```
var http = require("http")
var server = http.createServer(function(req,res){
    res.writeHead(200, {'Content-Type': 'text/plain'});
    res.end("Hello Node!")
});
server.on("connection",function(req,res){
    console.log("connected");
})
server.on("request",function(req,res){
    console.log("request");
});
server.listen(3000);
```

当访问 http://localhost:3000/时，控制台输出如下：

```
connected
request
request
```

程序打印出两个 request，代表触发了两次 request 事件（其中一个是 favicon.ico 的请求）。

下面的代码是一个简单的静态文件服务器，只支持文本文件，可以通过浏览器来查看服务器端的文件内容。

代码 2.10　一个简单的静态文件服务器

```
var http = require("http");
var fs = require("fs");
var server = http.createServer(function(req,res){
    if(req.url=="/"){
        //如果访问路径是 localhost:3000,则显示文件列表
        var fileList = fs.readdirSync("./");
        res.writeHead(200,{"Content-type":"text/plain"});
        //将数组转换为字符串返回
        res.end(fileList.toString());
    }
    else{
```

```
        var path = req.url;
        //在路径字符串前加.表示当前目录,避免在*nix系统下访问"/"文件夹
        fs.readFile("."+path,function(err,data){
            if(err){
                //如果该文件不存在, 返回异常
                res.end("Internal Error")
                throw err;
            }
            res.writeHead(200,{"Content-type":"text/plain"})
            res.end(data);
        })
    }
})
var port = 3000;
server.listen(port);
console.log("Listening on 3000");

//处理异常
process.on("uncaughtException",function(){
    console.log("got error");
})
```

2.4.2 处理 HTTP 请求

如图 2-3 所示,这是一个标准的 HTTP 报文格式。

请求方法(Get/Post/Put...)	空格	URL	空格	协议版本	\r\n
header1		Value1			\r\n
header2		Value2			\r\n
......		......			\r\n
\r\n					
body					

图 2-3

1. method,URL 和 header

当处理 HTTP 请求时,最先做的事就是获取请求的 URL、method 等信息。

Node 将相关的信息都封装在一个对象(前面代码中的 req)中,该对象是 IncomingMessage 的实例。

以获取 method 和 URL 为例:

```
var method = req.method;
var url = req.url;
```

对于 HTTP 请求来说，method 的值通常是 get、post、put、delete、update 5 个关键字之一，以 get 和 post 最为常见，URL 的值为除去网站服务器地址之外的完整值。

例如请求：

```
http://example.com/index.html?name=Lear
```

那么 URL 的值即为 index.html?name=Lear。

2. header

http header 通常为以下的形式：

```
{
  'content-length': '123',
  'content-type': 'text/plain',
  'connection': 'keep-alive',
  'host': 'mysite.com',
  'accept': '*/*'
}
```

可以使用 Chrome 控制台来查看具体信息，以 localhost:3000 的请求为例，HTTP header 形式如下：

```
Accept:text/html,application/xhtml+xml,application/xml; q=0.9, image/webp,
*/*;q=0.8
Accept-Encoding:gzip, deflate, sdch, br
Accept-Language:zh-CN,zh;q=0.8,en;q=0.6,ja;q=0.4
Cache-Control:max-age=0
Connection:keep-alive
Host:localhost:3000
Upgrade-Insecure-Requests:1
User-Agent:Mozilla/5.0 (Macintosh; Intel Mac OS X 10_10_5) AppleWebKit/537.36
(KHTML, like Gecko) Chrome/56.0.2924.87 Safari/537.36
```

Node 获取 HTTP header 信息也很简单，header 是一个 JSON 对象，可以对属性名进行单独索引：

```
var headers = req.headesr;
var userAgent = headers['user-agent'];
```

3. request body

Node 使用 stream 来处理 HTTP 的请求体，这个 stream 注册了 data 和 end 两个事件。下面的这段代码通常获取完整的 HTTP 内容体，在 Buffer 的一节我们已经提到过了。

```
var body = [];
request.on('data', function(chunk) {
  body.push(chunk);
}).on('end', function() {
  body = Buffer.concat(body).toString();
});
```

目前我们还没有提到 response 对象，该对象是 ServerResponse 的一个实例，并且实现了一个 writableStream，我们接下来会对其进行介绍。

2.4.3　Response 对象

1. 设置 statusCode

状态码的设置在 Web 开发中常常被忽略，在 Node 中如果开发者不手动设置，那么状态码的值会默认为 200。

但 200 并不适用所有场景，另一个常用的状态码是 404，表示服务器没有对应的资源。

Web 开发中如果遇到非法的路径访问，通常会返回一个 404 not found 的页面，但实际上，即使开发者返回一个 200 的状态码，也能将对应的页面返回，因此状态码的设置通常是一种最佳实践，而非强制的编码规范。

2. 设置 response header

通过 setHeader 方法可以设置 response 的头部信息。

代码 2.11　设置响应头

```
response.setHeader('Content-Type', 'application/json');
response.setHeader('X-Powered-By', 'bacon');
```

setHeader 方法只能设置 response header 单个属性的内容，如果想要一次性设置所有的响应头和状态码，可以使用 writeHead 方法。

response.writeHead

writeHead 方法用于定义 HTTP 相应头，包括状态码等一系列属性，下面的例子我们会同时设置状态码和多个 header 字段。

```
response.writeHead(200, {
    'Content-Length': Buffer.byteLength(body),
    'Content-Type': 'text/plain' });
```

调用该方法后，服务器向客户端发送 HTTP 响应头，后面通常会跟着调用 res.write 等方法，响应头不可重复发送。

有时开发者并不会显式调用该方法，当调用 end 方法时也会调用 writeHead 方法，此时 statusCode 会自动设置成 200。

3. response body

response 对象是一个 writableStream 实例，可以直接调用 write 方法进行写入，写入完成后，再调用 end 方法将该 stream 发送到客户端。

```
response.write('<html>');
response.write('<body>');
response.write('<h1>Hello, World!</h1>');
response.write('</body>');
```

```
response.write('</html>');
response.end();
```

不过这样会显得有些烦琐，也可以直接将 response body 作为 end 方法的参数进行返回。

```
response.end('<html><body><h1>Hello, World!</h1></body></html>');
```

4. response.end

end 方法在每个 HTTP 请求的最后都会被调用，当客户端的请求完成之后，开发者应该调用该方法来结束 HTTP 请求。通常情况下，如果不调用 end 方法，用户最直观的感受通常是浏览器（以 Chrome 为例）位于地址栏左边的叉号　×　会一直存在，表示该请求尚未完成。

同样的，end 方法支持一个字符串或者 buffer 作为参数，可以指定在 HTTP 请求的最后返回的数据，该数据会在浏览器页面上显示出来；如果定义了回调方法，那么会在 end 返回后调用。

```
res.end("Hello Node",function(){
    console.log("http cycle end");
})
```

2.4.4　上传数据

从概念上来说，本节的内容和上一节有重合之处，但数据上传相关的操作比较复杂，因此单独抽出为一节内容进行介绍。

在实际的业务开发中，用户除了接收数据外，往往还有上传数据的需求，例如提交表单、上传文件等。

在上面的代码中我们只处理了头部信息，头部信息之外的内容（body 部分）需要开发者自行解析，否则这部分内容就会被 Node 程序丢弃。

在传统的 Web 开发中，最常用的 HTTP 请求只有 get 和 post 两种。get 请求的报文内容很简单，只有请求行和请求头部；post 请求由于要上传数据，因此需要包含请求体的内容，有两个相关的属性经常被用到，分别是 content-type 和 content-length。

对于 Node 而言，可以通过 req.method 属性来判断请求方法的类型。

```
var http = require("http");
var server = http.createServer(function(req,res){
    if(req.method == "get"){
        // TODO
    }
    if(req.method == "post"){
        // TODO
    }
})
```

1. 提交表单

表单的提交是 post 请求最常用的情景之一。

```
<form action="/login" method="post" id="form1">
```

```
<input type="text" name="username" id="username"/>
<br/>
<input type="password" name="password" id="password"/>
<br/>
<input type="submit" name="submit" id="submit"/>
</form>
```

上面的 HTML 代码定义了一个简单的 form 表单，单击 submit 按钮后会将整个表单提交到"/login"路径下。

下面是 Node 的服务端代码：

代码 2.12　server 端的代码

```
var http = require("http");
var fs = require("fs");
var server = http.createServer(function(req,res){
    if(req.url == "/login") {
        //将 req.method 进行区分
        switch (req.method) {
            case "GET" :
                //使用流来加载 login.html
                fs.createReadStream("login.html").pipe(res);
                break;
            case "POST" :
                dealPost(req,res);//自定义的处理方法
                break;
            default :
                console.log("other request");//其他的请求类型
        }
    }else{
        res.writeHead(302, {
            'Location': '/login'
        });
        res.end();//将所有的 URL 访问都转到/login 路径
    }
})
server.listen(3000);
```

如果不使用 Express 之类的 Web 框架，Node 实现的服务器代码通常都是上面这种结构，获取请求的 URL 之后，再针对不同的 HTTP method 进行处理，缺点就是要写很多条件控制语句。

当用户在浏览器输入用户名、密码并提交后，浏览器向 localhost:3000/login 发起 post 请求，我们可以将头部信息打印出来。

```
{ host: 'localhost:3000',
  connection: 'keep-alive',
  'content-length': '39',
  'cache-control': 'max-age=0',
  origin: 'http://localhost:3000',
  'upgrade-insecure-requests': '1',
```

```
 'user-agent': 'Mozilla/5.0 (Macintosh; Intel Mac OS X 10_10_5) AppleWebKit/537.36
(KHTML, like Gecko) Chrome/56.0.2924.87 Safari/537.36',
 'content-type': 'application/x-www-form-urlencoded',
 accept:
'text/html,application/xhtml+xml,application/xml;q=0.9,image/webp,*/*;q=0.8',
 referer: 'http://localhost:3000/login',
 'accept-encoding': 'gzip, deflate, br',
 'accept-language': 'zh-CN,zh;q=0.8,en;q=0.6,ja;q=0.4' }
```

可以看出，如果是以表单形式提交数据，请求头中的 content-type 为 application/x-www-
form-urlencoded。

报文主体中的内容是通过数据流的形式来传输的，可以通过监听流事件的方式来获取数据，这一点在 buffer 一节已经介绍过了，读者可以参考代码 2.4。

将表单中的 body 内容打印出来如下所示：

```
username=Lear&password=admin&submit=submit
```

解析这样的字符串十分容易，读者可以自行实现这样的方法，也可以使用一些第三方模块来实现。

2. 使用 post 上传文件

首先要构造一个用于上传文件的表单。

```
<form action="/upload" method="post" enctype="multipart/form-data">
   <input type="file" name="file"/>
   <br/>
   <input type="submit" name="submit" value="submit"/>
</form>
```

和只有字段值的表单不同的是，上传文件的表单要设置 enctype="multipart/form-data"属性，同样地，文件上传时的 header 信息也有所不同：

```
Content-Length:2979004
Content-Type:multipart/form-data
boundary=----WebKitFormBoundaryzArF0gKpAs2nGFfW
```

服务器处理上传文件通常基于 stream 来实现，这里使用的是比较流行的第三方库 formidable。formidable 模块已经有些年头了，由于社区喜新厌旧的天性，模块版本更新可能不够及时，我们在第 5 章会进一步介绍。

下面是封装的一个处理上传文件的方法。

代码 2.13　服务器处理上传文件

```
function dealUpload(req,res){
   var form = new formidable.IncomingForm();//创建 formidable.IncomingForm 对象
   form.keepExtensions = true;//保持原有的扩展名
   form.uploadDir = __dirname;//上传目录为当前目录
   form.parse(req,function(err,fields,files){
      if(err){throw err;}
```

```
        console.log(fields);// { submit: 'submit' }
        console.log(files);
        res.writeHead(200, {"content-type": 'text/plain'});
        res.end('upload finished');
    })
}
```

在回调方法中的 files 字段，将其打印出来：

```
{ file:
  File {
    //........
    size: 2978715,
    path: '~ /chapter2/http/upload_fca7af0640873ee931d0e012135a17bb.m4a',
    name: 'video.m4a',
    type: 'audio/x-m4a',
    hash: null,
    lastModifiedDate: 2017-03-05T03:25:05.454Z,
    _writeStream:
    WriteStream {
        //..........省略一些属性
      path: '~/chapter2/http/upload_fca7af0640873ee931d0e012135a17bb.m4a',
      fd: null,
      flags: 'w',
      mode: 438,
      start: undefined,
      autoClose: true,
      pos: undefined,
      bytesWritten: 2978715,
      closed: true } } }
```

如果想要获取 files 对象中一些属性，例如 name，type 的值，可以通过：

```
files.file.name
```

来获取，上面表达式的 file 字段即为 form 表单的 name 属性。

可以看出 formidable 是调用 writeStream 进行文件写入的，同样的，该模块还支持多个文件同时上传，读者可以自行实现。

2.4.5　HTTP 客户端服务

HTTP 模块除了能在服务端处理客户端请求之外，还可以作为客户端向服务器发起请求，例如通过 http.get 发起 get 请求，通过 post 方法上传文件等。这也是 Node 也能做出像 electron 那样的桌面软件的基础。

http.get 的声明如下：

```
http.get(options[, callback])#
options <Object>
callback <Function>
Returns: <http.ClientRequest>
```

代码 2.14　发起一个 get 请求

```
var http = require("http");
http.get("http://blockchain.info/ticker",function(res){
    var statusCode = res.statusCode;
    if(statusCode = 200){
        var result = "";
        res.on("data",function(data){
            result+=data;
        })
        res.on("end",function(){
            console.log(result.toString());
        });
        res.on("error",function(e){
            console.log(e.message);
        })
    }
})
```

上面这段代码向 http://blockchain.info/ticker 发起了一个 get 请求。用来获得比特币当前的价格信息，该请求返回的结果如下：

```
{
  "USD" : {"15m" : 1275.67, "last" : 1275.67, "buy" : 1275.67, "sell" : 1277.19,
"symbol" : "$"} ,
  "ISK" : {"15m":137557.19, "last":137557.19, "buy":137557.19, "sell":137721.1,
"symbol" : "kr"} ,
  "HKD" : {"15m" : 9902.83, "last" : 9902.83, "buy" : 9902.83, "sell" : 9914.63,
"symbol" : "$"} ,
    . . . . . . . . . . . . . . . . . . . . . . . . . . . . . . . . . . . . . . . .
  "RUB" : {"15m" : 74828.21, "last" : 74828.21, "buy" : 74828.21, "sell" : 74917.37,
"symbol" : "RUB"}
}
```

2.4.6　创建代理服务器

代理服务器相当于在客户端和目标服务器之间建立了一个中转，所有的访问和流量都经过这个服务器进行中转，代理服务器在实际中运用十分广泛，例如，如果本地机器不能直接访问目标服务器，那么就在可以连通两端的机器上搭建一个代理服务器，就能通过间接的方式访问目标服务器了。

在本节中，我们会在本地搭建一个简单的代理服务器。

代码 2.15　代理服务器的例子

```
var http = require("http");
var url = require("url");

http.createServer(function(req,res){
    var url = req.url.substring(1,req.url.length);//去掉最前面的'/'

    var proxyRequest = http.request(url,function(pres){
```

39

```
        res.writeHead(pres.statusCode,pres.headers);
        pres.on('data',function (data) {
            res.write(data);
        });
        pres.on('end',function () {
            res.end();
        });9……
    });

    req.on('data',function(data){
        proxyRequest.write(data);
    });

    req.on('end',function(){
        proxyRequest.end();
    });
```

```
}).listen(8080);
```

在上面的例子中，我们在本地创建了一个 HTTP 服务器，请求经由 localhost:8080 进行转发，请求的 URL 也要改成形如 localhost:8080/google.com 的格式，也可以用一些其他配置省略掉开头的 localhost:8080。

代理服务器可以有很多应用领域，例如使用它来缓存文件或者，很多企业都会使用代理服务器来过滤掉一些广告和垃圾网站的 URL，或者限制员工使用公司网络访问社交网站。有的企业访问 npm 下载第三方模块也需要配置代理。

一些常用的屏蔽广告的浏览器插件大都也是依靠本地启动代理服务器来实现广告过滤的。

关于反向代理

如果一个代理服务器可以代理外部的访问来访问内部网络时，这种代理方式就被称为反向代理。

CDN 就是一个反向代理的例子，如果一个网站购买了 CDN 服务，那么当有来自外部（客户端）的请求时，并没有直接访问服务器的内容，而是访问距离用户最近的 CDN 节点。对于服务器来说，CDN 就起到了反向代理的功能。

2.5 TCP 服务

如果开发者大多数时间都在进行 Web 站点的开发，那么 TCP 服务和 HTTP 服务相比出场率并不高，但 HTTP 仅仅是应用层协议的一种，除了 HTTP 之外，应用层还有一些比较常用的协议，例如 FTP、SMTCP、Telnet 等。

TCP 服务不是我们介绍的重点，这一节会简单介绍使用 Node 创建 TCP 服务的方法，以及一个应用的例子。

2.5.1　TCP 和 Socket

大多数开发者都知道网络服务需要 Socket 编程，也都清楚 TCP 协议是用来传输数据的，TCP 协议和 Socket 又有哪些区别呢？

Socket 是对 TCP 协议的一种封装方式，Socket 本身并不是协议，而是一个编程接口，在这个接口上定义了一些基础的方法，例如 accept、listen、write 等，如果一种编程语言实现了 socket 接口，那么它就可以通过 socket 接口预定义的方法来解析使用 TCP 协议传输的数据流。（socket 并不是专门为 TCP 协议设计的，在设计之初就期望能兼容多种传输层协议。）

2.5.2　创建 TCP 服务器

在 Node 中有三种 Socket，分别对应实现 TCP、UDP 以及 UNIX Socket，与这些相关的代码都位于 Net 模块中（UNIX Socket 即 UNIX Domain Socket，和面向网络的 TCP、UDP 不同，主要用于本地系统的进程间通信）。

Net 模块和 HTTP 模块的结构很相似，包含了 Server 类、Socket 类以及一些预定义的方法，下面的代码会创建一个 TCP Server。

代码 2.16　创建一个 TCP 服务器

```
var net = require('net');
var server = net.createServer(function(c) {
   console.log('client connected');
   c.on('end', function() {
      console.log('client disconnected');
   });
   c.write('hello\r\n');
   c.pipe(c);
});
server.on('error', function(err) {
   throw err;
});
server.listen(8124, function() {
   console.log('server bound');
});
```

上面的代码中，如果服务器收到了一个连接请求，就会返回一个 Hello 字符串，虽然该 server 监听了 8124 端口，但如果在浏览器里打开 localhost:8124 的方式来访问，就会出现 GET http://localhost:8124/ net::ERR_INVALID_HTTP_RESPONSE 的错误。原因也很简单，一个 TCP 服务器不会返回符合 HTTP 协议标准的响应，为了验证这个服务器，可以使用 telnet 命令，打开控制台输入：

```
telnet localhost 8124
```

控制台随之输出：

```
Trying ::1...
Connected to localhost.
Escape character is '^]'.
```

```
hello
```

这表明 TCP 服务正常启动了。

如果不想使用命令行，也可以在代码中使用 connect 或者 createConnection 方法来连接到一个 TCP 服务器，二者没有任何区别。

代码 2.17　TCP 客户端

```
const net = require('net');
const client = net.connect({port: 8124}, function(){
  // 'connect' listener
  console.log('connected to server!');
  client.write('world!\r\n');
});
client.on('data', function(data){
  console.log(data.toString());
  client.end();
});
client.on('end', function(){
  console.log('disconnected from server');
});
```

2.6　更安全的传输方式——SSL

如果读者只是想开发个人使用的小网站，那么这一节的内容就显得有些无关紧要。然而对于企业网站，使用更加安全的数据传输是必要的，使用单纯的 HTTP 连接，所有的内容都以明文传输，这种方式是极不安全，就连通常被认为安全的"Post"操作，其安全性也无法保证。

因此我们才需要更安全的 HTTPS（HTTP+SSL），下面的图片（如图 2-4 所示）描述了 SSL 在网络通信中的位置。

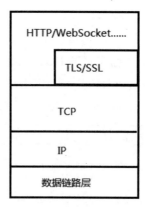

图 2-4

2.6.1 什么是 SSL

SSL（Secure Sockets Layer，安全套接层）协议及其继任者 TLS（Transport Layer Security，传输层安全）协议是为网络通信提供安全及数据完整性的一种安全协议。TLS 与 SSL 在传输层对网络连接进行加密。SSL 的一大优势在于它独立于上层协议，和 HTTP 结合即为 HTTPS，和 WebSocket 结合即为 WSS。

SSL 协议是由网景公司于 1994 年推出，其目的是为网络通信提供可靠的加密方式，这一协议于 1999 年被 IETF（Internet Engineering Task Force）标准化，标准名称为 TLS。

通常认为 SSL 和 TLS 指代同一个标准，两者之间的差异极小。

2.6.2 SSL 原理

不同的 SSL 握手过程存在差异，分为以下三种：

- 只验证服务器
- 验证服务器和客户端
- 恢复原有会话

我们在这里只介绍第一种，下面是其建立连接的过程。

（1）客户端发送 Client Hello 消息，该消息包括 SSL 版本信息、一个随机数（假设它是 random1）、一个 session id（用来避免后续请求的握手）和浏览器支持的密码套件（cipher suite）。

cipher suite 的内容和它的含义一样，它是一个由加密算法名称组成的字符串，包括了以下 4 种用途的加密算法：

- 密钥交换算法：常用的有 RSA、PSK 等。
- 数据加密算法：常用的例如 AES 256、RC4 等。
- 报文认证信息码（MAC）算法：常用的例如 MD5、SHA 等。
- 伪随机数(PRF)算法。

例如下面这个字符串就是一个 cipher suite：

```
TLS_ECDHE_RSA_WITH_AES_128_GCM_SHA256
```

其中各项的含义如下：

- ECDHE_RSA：密钥交换算法。
- AES_128_GCM：数据加密算法。
- SHA256：MAC 算法。

伪随机数则是借助 MAC 算法实现的。

（2）服务器确定本次通信使用的 SSL 版本和其他信息，发送 Server Hello 给客户端，里面的内容包括服务器支持的 SSL 版本、一个伪随机数 （random2）以及服务器的 cipher suite 等信息。

（3）服务器发送 CA 证书给客户端。

（4）服务器发送 Server Hello done。

（5）客户端验证服务器证书的合法性后（Certificate Verify），利用证书中的公钥加密 premaster secret （一个在对称加密密钥生成中的 46 字节的随机数字和消息认证代码）作为 Client Key Exchange 的消息发送给服务器。

（6）SSL 客户端发送 Change Cipher Spec 消息，该消息属于 SSL 密码变化协议。

（7）客户端计算历史消息的 hash 值，然后使用服务器公钥加密后发送给服务器，服务器进行同样的操作，然后两个值结果相同表示密钥交换成功。

（8）服务器发送 Change Cipher Spec 消息。

（9）服务器计算历史消息的 hash 值，通过交换后的密钥加密，将其作为 finished 消息发送给客户端，客户端利用交换后的密钥解密，如果和本地历史消息相同就证明服务器身份。握手结束。

密钥交换的步骤

不管加密数据使用的是对称亦或是非对称算法，客户端和服务器都需要交换密钥，在对称加密的情况下，客户端需要将解密的密钥发送给服务器；非对称加密的情况下，则是要把自己的私钥发送给对方。

密钥交换有很多不同的算法，比较常见的是 RSA 算法，它是一种非对称式加密算法。

一个密钥交换通常分为 Certificate Verify 以及 Client Key Exchange 两个步骤，我们这里以 RSA 算法为例来讲述这两个步骤。

（1）Certificate Verify

客户端收到服务端传来的证书后，先验证该证书的合法性，验证通过后取出证书中的服务端公钥，再生成一个随机数 Random3，再用服务端公钥加密 Random3 生成 PreMaster Key。

（2）Client Key Exchange

上面客户端根据服务器传来的公钥生成了 PreMaster Key，Client Key Exchange 就将这个 Key 传给服务端，服务端再用自己的私钥解出这个 PreMaster Key，得到客户端生成的 Random3。再加上前面生成的 Random1 和 Random2，至此，客户端和服务端都拥有 Random1 + Random2 + Random3。

两边再根据同样的算法就可以生成一份密钥，握手结束后的应用层数据都是使用这个密钥进行对称加密。

使用三个随机数的原因是因为使用多个随机数来生成密钥不容易被暴力破解出来。

2.6.3 对称加密与非对称加密

对称密钥加密，又称私钥加密或会话密钥加密算法，即信息的发送方和接收方使用同一个密钥去加密和解密数据。它的最大优势是加/解密速度快，适合于对大数据量进行加密，但密钥管理困难。

非对称密钥加密系统，又称公钥密钥加密。它需要使用不同的密钥来分别完成加密和解密操作，一个公开发布，即公开密钥，另一个由用户自己保存，即私用密钥。信息发送者用公开密钥去加密，而信息接收者则用私用密钥去解密。公钥机制灵活，但加密和解密速度却比对称密钥加密慢得多。

2.6.4　关于 CA

假设两个同学在课堂上传纸条，由于纸条的传递要经过好几个同学，他们不希望纸条的内容被其他同学知晓，于是他们打算采用非对称加密的方法，他们互相定义了一种加密和解密的方法，各自的加密内容只有自己的解密密码（私钥）才能解开。那么在传输信息之前，双方需要交换自己的加密方法（公钥）。

然而在第一次交换加密方法的纸条传递时，中间一名负责传递的同学看穿了他们的套路，把双方交换的公钥都换成了自己伪造的公钥，那么就可以轻松地使用自己的私钥读取他们之间的通信内容，这种做法就属于中间人攻击。

CA（Certification Authority，证书授权），通常表示一个第三方组织，专门用来验证服务器证书的准确性的。打个比方，也就是在上面交换公钥的时候，如果传纸条的双方约定好，要另一个他们都信得过的人（例如班主任）来验证双方的公钥无误，那么就可以放心地传纸条了。

一个 CA 文件包含的内容包括用户信息、CA 签发机构信息、用户公钥、有效日期、CA 签发机构签名（CA 签发机构用私钥签名，用于将用户信息+用户公钥等信息进行签名确保内容的真实性）、CA 签发机构的公钥（用于让用户验证签发证书是否是 CA 签发机构签发的）

CA 证书需要 CA 机构来颁发，通常申请这么一个证书往往要花不少时间和精力，那么一些小企业通常会自己担任 CA 机构，即自己给自己网站的公钥签名，这是一种既当裁判又当运动员的方法，也是我们接下来的做法。

2.6.5　创建 HTTPS 服务

HTTPS 即 HTTP + SSL，目前国内的主流网站都在进行或者已经完成了 HTTPS 升级。

在使用前，我们需要创建公钥、私钥以及证书，这一切都可以通过 openSSL 这一工具来完成。Mac OSX 自带了 OpenSSL，在 Windows 和一些 Linux 发行版上需要自行下载安装。

为了得到签名证书，服务器需要先生成一个后缀为 CSR（Certificate Signing Request）的文件。

下面的命令展示了服务器创建公钥、私钥以及证书的流程：

```
openssl genrsa -out server-key.pem 1024 //创建服务器私钥
openssl req -new -key server.pem -out server-csr.pem //创建 csr 文件
openssl x509 -req -in server-csr.pem -signkey server.pem -out server-cert.pem//
签发服务器私钥
```

客户端的创建同理。

值得一提的是，在创建 CSR 文件的过程中，OpenSSL 会提示用户输入一些配置信息，唯一需要注意的是 common Name 选项，如果开发者是在本地工作，那么就直接输入 localhost

即可，其他的选项都可以留空。

下面是一个配置的例子，如图 2-5 所示。

```
You are about to be asked to enter information that will be incorporated
into your certificate request.
What you are about to enter is what is called a Distinguished Name or a DN.
There are quite a few fields but you can leave some blank
For some fields there will be a default value,
If you enter '.', the field will be left blank.
-----
Country Name (2 letter code) [AU]:
State or Province Name (full name) [Some-State]:
Locality Name (eg, city) []:
Organization Name (eg, company) [Internet Widgits Pty Ltd]:
Organizational Unit Name (eg, section) []:
Common Name (e.g. server FQDN or YOUR name) []:localhost
Email Address []:

Please enter the following 'extra' attributes
to be sent with your certificate request
A challenge password []:
An optional company name []:
```

图 2-5

创建好公钥和私钥之后，就可以开始创建使用 SSL 加密的服务器了。

代码 2.18　创建 HTTPS 服务器

```
var fs = require('fs');
var https = require('https');

var options = {
    key:fs.readFileSync('server.pem'),
    cert :fs.readFileSync('server-cert.pem'),
    ca : [fs.readFile('client-cert.pem')]
}

var server = https.createServer(options,function(req,res){
    var authorized = req.socket.authorized ? 'authorized' : 'unauthorized';
    res.writeHead(200);
    res.write('Welcome');
    res.end();
})

server.listen(3001);
```

打开浏览器访问 https://locahost:3001，注意一定要是 HTTPS，因为我们只启动了 HTTPS 服务器，如果读者此时在使用最新的 Chrome 浏览器，那么浏览器会首先展示一个警告页面。如图 2-6 所示。

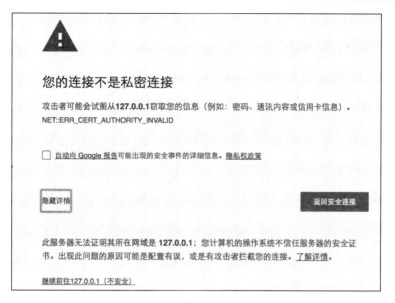

图 2-6

如果我们选择继续访问，仍然能正常地看到服务器的返回信息，区别是在地址栏的最左边出现不安全的提醒，如图 2-7 所示。

图 2-7

这是我们的证书没有经过正规的 CA 机构颁发的原因。

此外，服务器的控制台会打印 unauthorized。

如果使用 request 方法请求这个服务器，同样要带上客户端的私钥。

```
var fs = require('fs');
var https = require('https');

var options = {
    key:fs.readFileSync('client.pem'), //加载公钥
    cert :fs.readFileSync('client-cert.pem'), //加载私钥
    ca : [fs.readFile('server-cert.pem')],//加载服务器证书
    hostname:os.hostname(),
    port:3001,
    path:'/',
    method:'GET'
}

var req = https.request(options,function(req,res){
    res.on('data',function(data){
        process.stdout.write(data);
    })
});
req.end();
```

```
req.on('error',function(err){
    console.log(err);
})
```

加载了客户端证书之后，服务器会打印出 authorized。

如果开发者想要获得由第三方组织颁发的证书，那么可以考虑使用 letsencrypt.org 这一网站提供的免费服务，步骤十分简单，它是由 ISRG（Internet Security Research Group，互联网安全研究小组）提供的服务，得到了国外很多知名 IT 公司和机构的支持，读者可自行探索。

HTTPS 的缺点

HTTPS 的缺点在于比普通的 HTTP 连接要慢，普通的 HTTP 只需要三次握手就能建立 TCP 连接，而 HTTPS 还要加上额外的 SSL 验证过程，在一定时间上拖慢了打开页面的速度，这也是为什么 HTTPS 在早期没有普及开来的原因。

随着带宽的增加，SSL 带来的时间损失相对没那么大了，尤其是国内，为了加强安全性和避免运营商流量劫持，各大网站都开始了 HTTPS 的升级。

2.7 WebSocket

WebSocket 可以看作是 HTTP 协议的升级版，它同样是基于 TCP 协议的应用层协议，主要是为了弥补 HTTP 协议的无持久化和无状态等缺陷而诞生的。

WebSocket 提供了客户端和服务器之间全双工的通信机制。

2.7.1 保持通话

当客户端发起一个请求时，客户端和服务器之间首先需要建立 TCP 连接，然后才能使用更高层的 HTTP 协议来解析数据。

HTTP 是非持久化的，当用户发起一个 request，服务器会随之返回一个 response，那么这个 HTTP 连接就结束了，TCP 连接也随之关闭。如果客户端想要继续访问服务器的内容，还需要重新建立 TCP 连接。对于连续的请求来说，这样会在 TCP 握手上浪费不少时间。

为了改进这一问题，浏览器在请求头里增加了 Connection: Keep-Alive 这一字段，当服务器收到带有这一头部的请求时会保持 TCP 连接不断开，同时也会在 response 中增加这一字段，这样浏览器和服务器之间只要建立一次 TCP 连接就可以进行多次 HTTP 通信。

在 HTTP 1.1 版本中，Connection: Keep-Alive 被加入到标准之中，同时所有的连接都会被默认保持，除非手动指定 Connection: Close。此外，为了避免无限制的长连接，服务器也会设置一个 timeout 属性，用来指定该连接最长可以保持时间。

keep-alive 的最大优点在于其避免了多次的 TCP 握手带来的性能浪费；但还是有一些缺陷，其本质上还是使用 HTTP 进行通信，对于协议本身没有什么改进。

2.7.2　为什么要有 WebSocket

假设我们要开发一个新闻类网站，该网站会一直将最新的新闻推送到页面上而不需要用户进行刷新操作，在 WebSocket 之前的 HTTP 协议中，服务器无法主动向客户端推送数据，对于这种情况有两种解决方案。

（1）客户端每隔几秒就发起 Ajax 请求，如果返回不为空，就将内容展示在页面上。

（2）使用长轮询，服务器收到客户端的请求后，如没有新的内容，就保持阻塞，当新内容产生后再发送 response 给客户端。

这两种做法的缺点都很明显。第一种可能客户端发送了很多请求才能得到一个新内容，第二种则是在服务器获得新内容前都无法关闭 socket，会占用很多系统资源。

WebSocket 可以实现浏览器与服务器的全双工通信，它和传统的 jsonp、comet 等解决方案不同，不必浏览器发送请求后再由服务器返回消息，而是可以由服务器主动发起向浏览器的数据传输。

WebSocket 的请求头和 HTTP 很相似，下面是一个 WebSocket header 和服务器的 response。

```
GET / HTTP/1.1
Upgrade: websocket  //升级为 WebSocket 连接
Connection: Upgrade
Host: example.com
Origin: http://example.com
Sec-WebSocket-Key: sN9cRrP/n9NdMgdcy2VJFQ== //随即生成的 base64 字符串
Sec-WebSocket-Version: 13
```

服务器返回以下消息：

```
HTTP/1.1 101 Switching Protocols
Upgrade: websocket
Connection: Upgrade
Sec-WebSocket-Accept: fFBooB7FAkLlXgRSz0BT3v4hq5s=
Sec-WebSocket-Location: ws://example.com/
```

在请求头中，Connection 字段必须设置成 Upgrade，表示客户端希望连接升级。

Upgrade 字段必须设置 WebSocket，表示希望升级到 WebSocket 协议。

Sec-WebSocket-Key 是随机的字符串，服务器端会用这些数据来构造出一个 SHA-1 的信息摘要。服务器会给这个随机的字符串再加上一个特殊字符串"258EAFA5-E914-47DA-95CA-C5AB0DC85B11"，然后计算 SHA-1 摘要，之后进行 BASE-64 编码，将结果作为 Sec-WebSocket-Accept 头的值返回给客户端。

"258EAFA5-E914-47DA-95CA-C5AB0DC85B11"这一字符串是一个 GUID，其本身并没有特别的含义，选择这个字符串的原因只是这个字符串不大可能被 WebSocket 之外的协议用到（协议本身描述如下：which is unlikely to be used by network endpoints that do not understand the WebSocket Protocol）。

Sec-WebSocket-Version 表示支持的 WebSocket 版本。RFC6455 要求使用的版本是 13，之前草案的版本均应当被弃用。

Origin 字段是可选的，通常用来表示在浏览器中发起此 WebSocket 连接所在的页面，类似于 Referer。但是，与 Referer 不同的是，Origin 只包含了协议和主机名称。

其他一些定义在 HTTP 协议中的字段，如 Cookie 等，也可以在 WebSocket 中使用。

2.7.3　WebSocket 与 Node

在 NPM 中有很多支持 WebSocket 的第三方模块，这里使用 WS 这一第三方模块。

下面是一个简单的例子。

代码 2.19　JavaScript 连接 WebScoket

```
<script type="text/JavaScript">
    var ws=new WebSocket("ws://localhost:3004");
    ws.onopen = function(){
        ws.send("hello");
    }
    ws.onmessage = function(msg){
        console.log(msg.data);
    }
</script>
```

代码 2.20　Node 实现的 WebSocket 服务器

```
var WebSocketServer = require('ws').Server
  , wss = new WebSocketServer({port:3004});
wss.on('connection', function(ws) {
    ws.on('message', function(message) {
        console.log('received:%s', message);
    });
    ws.send('I am a message sent from a ws server');
});
```

在 Node 里，比较出名的 WebSocket 模块还有 Socket.IO，常被拿来做在线的聊天或者推送服务。读者有兴趣可以自行了解。

2.8　Stream

Stream 模块为 Node 操作流式数据提供了支持。

Stream 的思想最早见于早期的 UNIX，在 UNIX 中使用 "|" 符号会创建一个匿名管道，其本质上也是一个 Stream，用于两个程序（或者是设备）之间的数据传输。

2.8.1　Stream 的种类

要使用 Node 的 stream 模块，需要增加引用：

```
var stream = require('stream');
```

在 Nodejs 中，一共有四种基础的 stream 类型：

- **Readable**：可读流(for example fs.createReadStream())。
- **Writable**：可写流(for example fs.createWriteStream())。
- **Duplex**：既可读，又可写(for example net.Socket)。
- **Transform**：操作写入的数据，然后读取结果，通常用于输入数据和输出数据不要求匹配的场景，例如 zlib.createDeflate()。

我们重点介绍 Readable 和 Writable 这两种 stream。

1. Readable Stream

Readable Stream 定义的方法和事件如下所示：

- Event: 'close'
- Event: 'data'
- Event: 'end'
- Event: 'error'
- Event: 'readable'
- readable.isPaused()
- readable.pause()
- readable.pipe(destination[, options])
- readable.read([size])
- readable.resume()
- readable.setEncoding(encoding)
- readable.unpipe([destination])
- readable.unshift(chunk)
- readable.wrap(stream)

代码 2.21　Readable stream 的例子

```
var stream = require("stream");
var fs = require("fs");
var readStream = fs.createReadStream("./test.txt","utf-8");
readStream.on("data",function(data){
    console.log(data);
});
readStream.on("close",function(){
    console.log("closed");
});
readStream.on("error",function(){
    console.log("error");
});
```

2. Writeable Stream

Writeable Stream 主要使用 write 方法来写入数据，API 列表如下文所示：

```
Event : 'close'
Event : 'drain'
Event : 'error'
Event : 'finish'
Event : 'unpipe'
writable.cork()
writable.end([chunk][, encoding][, callback])
writable.setDefaultEncoding(encoding)
writable.uncork()
writable.write(chunk[, encoding][, callback])
```

write 方法同样是异步的，假设我们创建一个可读流读取一个较大的文件，再调用 pipe 方法将数据通过一个可写流写入另一个位置。如果读取的速度大于写入的速度，那么 Node 将会在内存中缓存这些数据。

当然缓冲区也是有大小限制的（state.highWatermark），当达到阈值后，write 方法会返回 false，可读流也进入暂停状态，当 writeable stream 将缓冲区清空之后，会触发 drain 事件，上游的 readable 重新开始读取数据。

另一个比较重要的是 pipe 方法，其声明如下：

```
readable.pipe(destination[, options])
destination <stream.Writable> The destination for writing data
options <Object> Pipe options
end <Boolean> End the writer when the reader ends. Defaults to true.
```

pipe 方法相当于在可读流和可写流之间架起了桥梁，使得数据可以通过管道由可读流进入可写流。下面是使用 pipe 方法改写的静态文件服务器。

代码 2.22　使用 pipe 改写的静态文件服务器

```
var stream = require("stream");
var http = require("http");
var fs = require("fs");
var server = http.createServer(function(req,res){
    if(req.url=="/"){
        var fileList = fs.readdirSync("./");
        res.writeHead(200,{"Content-type":"text/plain"});
        res.end(fileList.toString());
    }
    else{
        var path = "."+req.url;
        var readStream = fs.createReadStream(path).pipe(res);
    }
})
var port = 3000;
server.listen(port);
console.log("Listening on 3000");
```

```
//处理异常
process.on("uncaughtException",function(){
console.log("got error");

})
```

pipe 方法接收一个 writable 对象，当 readable 对象调用 pipe 方法时，会在内部调用 writable 对象的 write 方法进行写入。

2.8.2　ReadLine

ReadLine 是一个 Node 原生模块，该模块比较不起眼，提供了按行读取 Stream 中数据的功能。

下面是 ReadLine 模块的监听事件及方法：

- Event : 'close'
- Event : 'line'
- Event : 'pause'
- Event : 'resume'
- Event : 'SIGCONT'
- Event : 'SIGINT'
- Event : 'SIGTSTP'
- rl.close()
- rl.pause()
- rl.prompt([preserveCursor])
- rl.question(query, callback)
- rl.resume()
- rl.setPrompt(prompt)
- rl.write(data[, key])

该模块通常用来和 stream 搭配使用，但因为在实际项目中通常会定制自己的 stream 或者自定义读取方法，导致该模块的地位有些尴尬。下面是 readLine 的一个例子。

代码 2.23　使用 readLine 模块读取文件

```
var readline = require("readline");
var  fs  = require("fs");
var rl = readline.createInterface({
   input:fs.createReadStream("foo.txt")
});

rl.on("line", function(data){
   console.log(data);
});
```

```
rl.on("close",function(){
    console.log("cloesd");
})
```

readLine 并没有提供形如 new readline()形式的构造方法，而是使用 createInterface 方法初始化了一个 rl 对象。

想象下有如下场景，一个可读流中包含了很多条独立的信息需要逐条处理，这可能是一个消息队列，这时使用 readline 模块就比较方便。

2.8.3　自定义 Stream

在实际开发中，如果想要使用流式 API，而原生的 Stream 又不能满足需求时，可以考虑实现自己的 Stream 类，常用的方法是继承原生的 Stream 类，然后做一些扩展。

下面我们拿 Readable Stream 为例来说明如何实现一个自定义的 Stream。

```
var Readable = require('stream').Readable
var util = require('util')

util.inherits(MyReadable, Readable)

function MyReadable(array) {
    //如果objectMode设置成false在消耗数据时会转换为buffer
    Readable.call(this,{objectMode:true});
    this.array = array;
}

MyReadable.prototype._read = function() {
    if(this.array.length){
        this.push(this.array.shift());
    }else{
        this.push(null);
    }
}
```

上面的代码实现了名为 MyReadable 的类，它继承自 Readable 类，并且接受一个数组作为参数。

想要继承 Readable 类，就要在自定义的类内部实现_read 方法，该方法内部使用 push 方法往可读流添加数据。

当我们给可读流对象注册 data 事件后，可读流会在 nextTick 中调用_read 方法，并触发第一次 data 事件（读者可能会认为可读流开始读取是在调用构造函数之后，但此时 data 事件还未注册，可能会捕获不到最初的事件，因此可读流开始产生数据的操作是放在 nextTick 中的）。

当有消费者从 readable 中取数据时会自动调用该方法。在上面的例子里我们在_read 方法里调用了 push 方法，该方法用来向可读流中填充数据，下面是一个消费者的例子：

```
const array = ['a','b','c','d','e'];
const read = new MyReadable(array);
```

```
read.on("data",function(data){
    //如果 MyReadable 设置了{objectMode:true}，这里的 data 即为 buffer 类型
    console.log(data);
})
read.on("end",function(){
    console.log("end");
})
```

每次触发 data 事件时都会得到相应的数组元素，当数组为空时，_read 方法会被调用。即：

```
this.push(null):
```

如果 end 事件被触发，则代表读取完毕。

2.9　Events

Node 的 Events 模块只定义了一个类，就是 EventEmitter（以下简称 Event），这个类在很多 Node 本身以及第三方模块中大量使用，通常是用作基类被继承。

在前面的内容里我们已经接触了很多关于事件处理的概念了，在 Node 中，事件的应用遍及代码的每一个角落。

2.9.1　事件和监听器

Node 程序中的对象会产生一系列的事件，它们被称为事件触发器（event emitter），例如一个 HTTP Server 会在每次有新连接时触发一个事件，一个 Readable Stream 会在文件打开时触发一个事件等。

所有能触发事件的对象都是 EventEmitter 类的实例。EventEmitter 定义了 on 方法，该方法的声明如下：

```
emitter.on(eventName, listener)
eventName <String> | <Symbol> The name of the event.
listener <Function> The callback function
```

下面是一个事件注册和触发事件的例子。

代码 2.24　注册一个事件并触发它

```
var eventEmitter = require("events");
var myEmitter = new eventEmitter();
myEmitter.on("begin",function(){
    console.log("begin");
})
myEmitter.emit("begin");
```

上面的代码中，首先初始化了一个 EventEmitter 实例，然后注册了一个名为 begin 的事件，之后调用 emit 方法触发了这一事件。

用户可以注册多个同名的事件，在上面的例子中，如果注册两个名为 begin 的事件，那么它们都会被触发。

如果想获取当前的 emitter 一共注册了哪些事件，可以使用 eventNames 方法。

```
console.log(myEmitter.eventNames());
```

该方法会输出包括全部事件名称的数组。

就算注册了两个同名的 event，输出结果也只有一个，说明该方法的结果集并不包含重复结果。

注意：在 Node v6.x 及之前的版本中，event 模块可以通过：

```
var eventEmitter = process.eventEmitter
```

引入，在新的版本中这种写法已经被废弃并会抛出一个异常，只能统一由 require 进行引入，有时能在一些旧版本的第三方模块中还能看到。

2.9.2 处理 error 事件

由于 Node 代码运行在单线程环境中，那么运行时出现的任何错误都有可能导致整个进程退出。利用事件机制可以实现简单的错误处理功能。

当 Node 程序出现错误的时候，通常会触发一个错误事件，如果代码中没有注册相应的处理方法，会导致 Node 进程崩溃退出。例如：

```
myEmitter.emit("error",new Error("crash!"));
```

上面的代码主动抛出了一个 error，相当于：

```
throw new Error("crash")
```

Node 程序会打印出整个错误栈：

```
/Users/likai/.nvm/versions/node/v6.9.4/bin/node --debug-brk=58958 --nolazy
error.js
Debugger listening on [::]:58958
events.js:160
      throw er; // Unhandled 'error' event
      ^
Error: crash!
 At Object.<anonymous>
(/Users/likai/Desktop/workpace/BookExample/chapter2/process/error.js:19:24)
    at Module._compile (module.js:570:32)
    at Object.Module._extensions.js (module.js:579:10)
    at Module.load (module.js:487:32)
    at tryModuleLoad (module.js:446:12)
    at Function.Module._load (module.js:438:3)
    at Timeout.Module.runMain [as _onTimeout] (module.js:604:10)
    at ontimeout (timers.js:365:14)
    at tryOnTimeout (timers.js:237:5)
    at Timer.listOnTimeout (timers.js:207:5)
```

如果我们不想因为抛出一个 error 而使进程退出，那么可以让 uncaughtException 事件作为最后一道防线来捕获异常。

代码 2.25　使用 uncaughtException 事件捕获异常

```
var eventEmitter = require("events");
var myEmitter = new eventEmitter();
process.on("uncaughtException",function(){
    console.log("got error");
})
throw new Error("Error occurred")
```

这种错误处理的方式虽然可以捕获异常，避免了进程的退出，但不值得提倡，我们会在错误处理一章详细介绍相关的内容。

Event 模块还有一些其他的 API，这里不再一一介绍。

2.9.3　继承 Events 模块

在实际的开发中，通常不会直接使用 Event 模块来进行事件处理，而是选择将其作为基类进行继承的方式来使用 Event，在 Node 的内部实现中，凡是提供了事件机制的模块，都会在内部继承 Event 模块。

以 fs 模块为例，下面是其源码中的一部分：

```
function FSWatcher() {
    EventEmitter.call(this);
    //.....
}
util.inherits(FSWatcher, EventEmitter); // util.inherits 是用来继承的方法
```

可以看出 fs 模块通过 util.inherit 方法继承了 Event 模块。

假设我们要用 Node 来开发一个网页上的音乐播放器应用，关于播放和暂停的处理，就可以考虑通过继承 events 模块来实现。

```
var util = require("util");
var event = require("events");

function Player(){
    event.call(this);
}

util.inherits(Player,event);

var player = new Player();

player.on('pause',function(){
    console.log("paused");
})

player.on('play',function(){
```

```
    console.log("playing");
});

player.emit("play");
```

另一种场景，假设我们想要利用原生的数组来模拟一个消息队列，该队列会在新增消息和弹出消息时触发对应的事件，也可以考虑继承 Events 模块。

详细的内容可以参考第 6 章。

2.10 多进程服务

2.10.1 child_process 模块

我们现在已经知道了 Node 是单线程运行的，这表示潜在的错误有可能导致线程崩溃，然后进程也会随着退出，无法做到企业追求的稳定性；另一方面，单进程也无法充分多核 CPU，这是对硬件本身的浪费。Node 社区本身也意识到了这一问题，于是从 0.1 版本就提供了 child_process 模块，用来提供多进程的支持。

child_process 模块中包括了很多创建子进程的方法，包括 fork、spawn、exec、execFile 等等。它们的定义如下：

- child_process.exec(command[, options][, callback])
- child_process.spawn(command[, args][, options])
- child_process.fork(modulePath[, args][, options])
- child_process.execFile(file[, args][, options][,callback])

在这 4 个 API 中以 spawn 最为基础，因为其他三个 API 或多或少都是借助 spawn 实现的。

2.10.2 spawn

spawn 方法的声明格式如下：

```
child_process.spawn(command[, args][, options])
```

spawn 方法会使用指定的 command 来生成一个新进程，执行完对应的 command 后子进程会自动退出。

该命令返回一个 child_process 对象，这代表开发者可以通过监听事件来获得命令执行的结果。

代码 2.26 使用 spwan 来执行 ls 命令

```
var spawn = require('child_process').spawn;
var ls = spawn('ls',['-lh', '/usr']);
```

```
ls.stdout.on('data', function(data) {
    console.log("stdout:", data.toString());
});

ls.stderr.on('data', function(data) {
    console.log("stderr:", data.toString());
});

ls.on('close', function(code) {
    console.log("child process exited with code",code);
});
```

其中 spawn 的第一个参数虽然是 command，但实际接收的却是一个 file，代码 2.25 可以在 Linux 或者 Mac OSX 上运行，这是由于 ls 命令也是以可执行文件形式存在的。

类似的，在 Windows 系统下我们可以试着使用 dir 命令来实现功能类似的代码：

```
var child_process = require("child_process");
var ls = child_process.spawn("dir");
ls.stdout.on("data",function(data){
    console.log(data.toString());
})
```

然而在 Windows 下执行上面代码会出现形如 Error: spawn dir ENOENT 的错误。

原因就在于 spawn 实际接收的是一个文件名而非命令，正确的代码如下：

```
var child_process = require("child_process");
var ls = child_process.spawn("powershell",["dir"]);
ls.stdout.on("data",function(data){
    console.log(data.toString());
})
```

这个问题的原因与操作系统本身有关，在 Linux 中，一般都是文件，命令行的命令也不例外，例如 ls 命令是一个名为 ls 的可执行文件；而在 Windows 中并没有名为 dir 的可执行文件，需要通过 cmd 或者 powershell 之类的工具提供执行环境。

2.10.3　fork

在 Linux 环境下，创建一个新进程的本质是复制一个当前的进程，当用户调用 fork 后，操作系统会先为这个新进程分配空间，然后将父进程的数据原样复制一份过去，父进程和子进程只有少数值不同，例如进程标识符（PID）。

对于 Node 来说，父进程和子进程都有独立的内存空间和独立的 V8 实例，它们和父进程唯一的联系是用来进程间通信的 IPC Channel。

此外，Node 中 fork 和 POSIX 系统调用的不同之处在于 Node 中的 fork 并不会复制父进程。

Node 中的 fork 是上面提到的 spawn 的一种特例，前面也提到了 Node 中的 fork 并不会复制当前进程。多数情况下，fork 接收的第一个参数是一个文件名，使用 fork("xx.js")相当于在命令行下调用 node xx.js，并且父进程和子进程之间可以通过 process.send 方法来进行通信。

示例代码如下：

代码 2.27　master.js——调用 fork 来创建一个子进程

```
var child_process = require("child_process");
var worker = child_process.fork("worker.js",["args1"]);
worker.on("exit",function(){
    console.log("child process exit");
});
worker.send({hello:"child"});
worker.on("message",function(msg){
    console.log("from child",msg);
})
```

代码 2.28　worker.js 代码

```
var begin = process.argv[2];
console.log("I am worker "+begin);
process.on("message",function(msg){
    console.log("from parent ",msg);
    process.exit();
});
process.send({hello:"parent"})
```

fork 内部会通过 spawn 调用 process.executePath，即 Node 的可执行文件地址（例如 /Users/likai/.nvm/versions/node/v6.9.4/bin/node）来生成一个 Node 实例，然后再用这个实例来执行 fork 方法的 modulePath 参数。

2.10.4　exec 和 execFile

如果我们开发一种系统，那么对于不同的模块可能会用到不同的技术来实现，例如 Web 服务器使用 Node，然后再使用 Java 的消息队列提供发布订阅服务，这种情况下通常使用进程间通信的方式来实现。

但有时开发者不希望使用这么复杂的方式，或者要调用的干脆是一个黑盒系统，即无法通过修改源码来进行来实现进程间通信，这时候往往采用折中的方式，例如通过 shell 来调用目标服务，然后再拿到对应的输出。

笔者曾经做过一个项目，后台用一个 Spark 集群来进行数据的分析，然后将结果绘成图表展示给用户，当时一种备选方案就是采用 B/S 架构并使用 Node 来做 Web 服务器，当用户单击页面上的元素时，Node 将其转换为 Spark 集群中的命令，这个过程就是使用 Node 调用 Shell 来完成的。

1. Shell 简介

Shell 其实很简单，在控制台输入 cd ~/desktop，然后回车，这就是最简单的 shell 命令，把这行命令写在文本里就是一个 shell 脚本。

例如：

```
#!bin/bash
spark-submit test.jar para1 para2......
```

在 Linux 或者 Mac OSX 下可以使用命令：

```
sh test.sh
```

来执行这个脚本，效果跟直接输入命令：

```
spark-submit test.jar para1 para2......
```

是一样的。

2. execFile 方法

child_process 提供了一个 execFile 方法，它的声明如下：

```
child_process.execFile(file, args, options, callback)
```

说明：

- file {String} 要运行的程序的文件名
- args {Array} 字符串参数列表
- options {Object}
  - cwd {String} 子进程的当前工作目录
  - env {Object} 环境变量键值对
  - encoding {String} 编码（默认为 'utf8'）
  - timeout {Number} 超时（默认为 0）
  - maxBuffer {Number} 缓冲区大小（默认为 200*1024）
  - killSignal {String} 结束信号（默认为 'SIGTERM'）
- callback {Function} 进程结束时回调并带上输出
  - error {Error}
  - stdout {Buffer}
  - stderr {Buffer}
  - 返回：ChildProcess 对象

可以看出，execfile 和 spawn 在形式上的主要区别在于 execfile 提供了一个回调函数，通过这个回调函数可以获得子进程的标准输出/错误流。

使用 shell 进行跨进程调用长久以来被认为是不稳定的，这大概源于人们对控制台不友好的交互体验的恐惧（输入命令后，很可能长时间看不到一个输出，尽管后台可能在一直运算，但在用户看来和死机无异）。

在 Linux 下执行 exec 命令后，原有进程会被替换成新的进程，进而失去对新进程的控制，这代表着新进程的状态也没办法获取了，此外还有 shell 本身运行出现错误，或者因为各种原因出现长时间卡顿甚至失去响应等情况。

Node.js 提供了比较好的解决方案，timeout 解决了长时间卡顿的问题，stdout 和 stderr 则提供了标准输出和错误输出，使得子进程的状态可以被获取。

2.10.5 各方法之间的比较

1. spawn 和 execfile

为了更好地说明，我们先写一段简单的 C 语言代码，并将其命名为 example.c：

```
#include <stdio.h>
int main(){
    printf("%s","Hello World!");
    return 5;
}
```

使用 gcc 编译该文件：

```
gcc example.c -o example
```

生成名为 example 的可执行文件，然后将这个可执行文件放到系统环境变量中（编辑 ~/.bash_profile），然后打开控制台，输入 example，看到最后输出"Hello World"。

确保这个可执行文件在任意路径下都能访问。

我们分别用 spawn 和 execfile 来调用 example 文件。

首先是 spawn。

代码 2.29　使用 spwan 来调用

```
var spawn = require('child_process').spawn;
var ls = spawn('example');

ls.stdout.on('data', function(data) {
    console.log("stdout:", data.toString());
});

ls.stderr.on('data', function(data) {
    console.log("stderr:", data.toString());
});

ls.on('close', function(code) {
    console.log("child process exited with code", code);
});
```

程序输出：

```
stdout: Hello World!
child process exited with code 5
```

程序正确打印出了 Hello World，此外还可以看到 example 最后的 return 5 会被作为子进程结束的 code 被返回。

然后是 execfile。

代码 2.30　使用 execFile 来调用

```
const exec = require('child_process').exec;
const child = exec('example', (error, stdout, stderr) => {
    if (error) {
        throw error;
    }
    console.log(stdout);
});
```

同样打印出 Hello World，可见除了调用形式不同，二者相差不大。

2. execFile 和 spawn

在子进程的信息交互方面，spawn 使用了流式处理的方式，当子进程产生数据时，主进程可以通过监听事件来获取消息；而 exec 是将所有返回的信息放在 stdout 里面一次性返回的，也就是该方法的 maxBuffer 参数，当子进程的输出超过这个大小时，会产生一个错误。

此外，spawn 有一个名为 shell 的参数，下面是该参数在文档中的定义：

```
shell <Boolean> | <String> If true, runs command inside of a shell. Uses '/bin/sh'
on UNIX, and 'cmd.exe' on Windows. A different shell can be specified as a string.
The shell should understand the -c switch on UNIX, or /s /c on Windows. Defaults
to false (no shell).
```

其类型为一个布尔值或者字符串，如果这个值被设置为 true，就会启动一个 shell 来执行命令，这个 shell 在 UNIX 上是 bin/sh，在 Windows 上则是 cmd.exe。

3. exec 和 execfile

exec 在内部也是通过调用 execFile 来实现的，我们可以从源码中验证这一点，在早期的 Node 源码中，exec 命令会根据当前环境来初始化一个 shell，例如 cmd.exe 或者/bin/sh，然后在 shell 中调用作为参数的命令。

代码 2.31　Node V0.10.0 源码 /lib/child_process.js

```
exports.exec = function(command /*, options, callback */) {
  var file, args, options, callback;

  if (typeof arguments[1] === 'function') {
    options = undefined;
    callback = arguments[1];
  } else {
    options = arguments[1];
    callback = arguments[2];
  }

  if (process.platform === 'win32') {
    file = 'cmd.exe';
    args = ['/s', '/c', '"' + command + '"'];
    // Make a shallow copy before patching so we don't clobber the user's
    // options object.
```

```
  options = util._extend({}, options);
  options.windowsVerbatimArguments = true;
} else {
file = '/bin/sh';
args = ['-c', command];
}
return exports.execFile(file, args, options, callback);
};
```

通常 execFile 的效率要高于 exec，这是因为 execFile 没有启动一个 shell，而是直接调用 spawn 来实现的。

2.10.6　进程间通信

前面介绍的几个用于创建进程的方法，都是属于 child_process 的类方法，此外 childProcess 类继承了 EventEmitter，在 childProcess 中引入事件给进程间通信带来很大的便利。
childProcess 中定义了如下事件。

- Event: 'close'：进程的输入输出流关闭时会触发该事件。
- Event: 'disconnect'：通常 childProcess.disconnect 调用后会触发这一事件。
- Event: 'exit'：进程退出时触发。
- Event: 'message'：调用 child_process.send 会触发这一事件。
- Event: 'error'：该事件的触发分为几种情况：
  - ➤ 该进程无法创建子进程。
  - ➤ 该进程无法通过 kill 方法关闭。
  - ➤ 无法发送消息给子进程。

Event: 'error'事件无法保证一定会被触发，因为可能会遇到一些极端情况，例如服务器断电等。

上面也提到，childProcess 模块定义了 send 方法，用于进程间通信，该方法的声明如下：

```
child.send(message[, sendHandle[, options]][, callback])
```

通过 send 方法发送的消息，可以通过监听 message 事件来获取。

代码 2.32　父进程向子进程发送消息

```
var child_process = require("child_process");
var worker = child_process.fork("worker.js",["args1"]);
worker.on("exit",function(){
   console.log("child process exit");
});
worker.send({hello:"child"});
worker.on("message",function(msg){
   console.log("from child",msg);
})
```

代码 2.33　子进程接收父进程消息

```
//worker.js
var begin = process.argv[2];
console.log("I am worker "+begin);
process.on("message",function(msg){
    console.log("from parent ",msg);
    process.exit();
});
process.send({hello:"parent"});
```

send 方法的第一个参数类型通常为一个 json 对象或者原始类型,第二个参数是一个句柄,该句柄可以是一个 net.Socket 或者 net.Server 对象。下面是一个例子:

代码 2.34　父进程发送一个 Socket 对象

```
//master.js
const child = require('child_process').fork('worker.js');
// Open up the server object and send the handle.
const server = require('net').createServer();
server.on('connection', (socket) => {
    socket.end('handled by parent');
});
server.listen(1337, function() {
    child.send('server', server);
});
```

代码 2.35　子进程接收 socket 对象

```
//worker.js
process.on('message', function(m, server){
    if (m === 'server') {
        server.on('connection', function(socket){
            socket.end('handled by child');
        });
    }
});
```

2.10.7　Cluster

前面已经介绍了 child process 的使用,child_process 的一个重要使用场景是创建多进程服务来保证服务稳定运行。

为了统一 Node 创建多进程服务的方式,Node 在 0.6 之后的版本中增加了 Cluster 模块,Cluster 可以看作是做了封装的 child_Process 模块。

Cluster 模块的一个显著优点是可以共享同一个 socket 连接,这代表可以使用 Cluster 模块实现简单的负载均衡。

代码 2.36　Cluster 的简单例子

```
const cluster = require('cluster');
```

```
const http = require('http');
const numCPUs = require('os').cpus().length;

if (cluster.isMaster) {
    console.log('Master process id is', process.pid);

    // Fork workers.
    for (let i = 0; i < numCPUs; i++) {
        cluster.fork();
    }

    cluster.on('exit', function(worker, code, signal) {
        console.log('worker process died, id ',worker.process.pid);
    });
} else {
    // Worker 可以共享同一个TCP 连接
    // 这里的例子是一个http 服务器
    http.createServer(function(req, res)  {
        res.writeHead(200);
        res.end('hello world\n');
    }).listen(8000);

    console.log('Worker started, process id',process.pid);
}
```

上面是使用 Cluster 模块的一个简单的例子，为了充分利用多核 CPU，先调用 OS 模块的 cpus()方法来获得 CPU 的核心数，假设主机装有两个 CPU，每个 CPU 有 4 个核，那么总核数就是 8。

在上面的代码中，Cluster 模块调用 fork 方法来创建子进程，该方法和 child_process 中的 fork 是同一个方法。

Cluster 模块采用的是经典的主从模型，由 master 进程来管理所有的子进程，可以使用 cluster.isMaster 属性判断当前进程是 master 还是 worker，其中主进程不负责具体的任务处理，其主要工作是负责调度和管理，上面的代码中，所有的子进程都监听 8000 端口。

通常情况下，如果多个 Node 进程监听同一个端口时会出现 Error: listen EADDRINUS 的错误，而 Cluster 模块能够让多个子进程监听同一个端口的原因是 master 进程内部启动了一个 TCP 服务器，而真正监听端口的只有这个服务器，当来自前端的请求触发服务器的 connection 事件后，master 会将对应的 socket 句柄发送给子进程。

2.11 Process 对象

Process 是一个全局对象，无须声明即可访问，每个 Node 进程都有独立的 process 对象。该对象中存储了当前进程的环境变量，也定义了一些事件。下面是一些例子：

```
console.log(process.getuid());//用户 ID
```

```
console.log(process.argv); //Node 的命令行参数列表，argv[0]表示 Node 本身，argv[1]表
示当前文件路径
console.log(process.pid);//进程 ID
console.log(process.cwd());//当前目录
console.log(process.version);//Node 版本
```

2.11.1　环境变量

直接在 Node repl 环境中执行：

```
console.log(process.env);
```

会得到一大串和当前进程相关的环境变量或者全局变量，你可以在其中查看你当前使用的
Node 版本号等一些信息。

输出结果：

```
{
  OLDPWD : '/Applications/WebStorm.app/Contents/bin',
  SHELL : '/bin/bash',
  . . . . . . . . . . . . . . . . . . . . . . . . . . . . . . . . .
  PYTHONPATH : '/u:/usr/local/lib/python2.7/site-packages' ,
  VERSIONER_PYTHON_VERSION : '2.7' ,
  XPC_FLAGS : '0x0' ,
  NVM_DIR : '/Users/likai/.nvm' ,
  USER : 'likai' ,
  HOME : '/Users/likai' ,
  LOGNAME : 'likai' ,
  NVM_PATH : '/Users/likai/.nvm/versions/node/v6.9.4/lib/node' ,
  . . . . . . . . . . . . . . . . . . . . . . . . . . . . . . . . .
}
```

例如开发者可以在代码中判断当前正在运行的 Node 属于哪个版本，并根据结果来决定是
否运行含有一些最新特性的代码：

```
var version = process.version;
if( version > "v7.6.0" ) {
    console.log(" Higher version than v6.0.0 ");
    // then......
}
```

2.11.2　方法和事件

process 模块定义了如下事件。

● Event: 'beforeExit': 事件循环里没有要处理的事件了，退出的预备动作。

● Event: 'disconnect': 子进程 IPC 通道关闭时触发。

● Event: 'exit': 进程退出时触发。

● Event: 'message': 进程间通信中使用。

● Event: 'rejectionHandled': 一个 Promise 转换为 rejected 并且被捕获时触发。

- Event: 'uncaughtException': 未经捕获的异常，慎用。
- Event: 'unhandledRejection': 未经捕获的 rejected。
- Event: 'warning': Node 发出警告信息时触发。

Message、disconnect 我们已经介绍过了，unhandledRejection 和 uncaughtException 通常用做错误处理的最后一层保险，下面的代码可以保证进程不会因为出错而退出：

```
process.on('uncaughtException', function (err){
  console.log(err)
});
```

但不代表开发者可以省略具体错误处理的代码，我们会在第 8 章中详细介绍。

beforeExit 比较有意思，它仅仅会在进程准备退出时触发，准备退出是指目前的事件循环没有要执行的任务了，如果我们手动捕获这一事件并在回调中增加一些额外动作，进程就不会退出。

```
process.on('beforeExit', function (){
  setInterval(function(){
    console.log("Process will not exit");
  },1000);
});
```

而 exit 事件不同，当进程触发 exit 事件后，无论如何都会退出。

```
process.on('exit', function(code){
  setInterval(function(){
    console.log("Process will exit what ever you do");
  },1000);
});
```

```
process.exit();//进程直接退出，没有信息被打印
```

2.11.3　一个例子：修改所在的时区

这个需求可能并不常见，但在某些情况下可能十分有用。

假设开发者要向某台服务器提交数据，但没有和该服务器处在同一个时区内（在国内通常采用标准北京时间，所以不是很常见），这就导致开发者的时间和服务器的时间可能会相差几个小时，有的服务器会拒绝这样的请求。JavaScript 获得当前的时间通常使用 Date 对象来实现，在 stackoverflow 上搜索相关的问题可以找到类似如下的代码。

代码 2.37　旧版本 Node 中设置时区的方法

```
process.env.TZ = "Europe/London";
var date = new Date();
console.log(date);
```

上面的一段代码将当前的时区置于零时区，试着在本地运行，输出的结果为：

```
Thu Jan 19 2017 13:16:36 GMT+0000 (GMT) //旧版本 Node 的输出结果
```

上面的这段代码已经有些年头了，在早期版本的 Node 中这样的设置确实有效，笔者初次看到这段代码时还在使用 V0.12 版本。经过测试，上面的代码在 v5.3.0 中还可以正常发挥作用，但在比较新的版本，例如 6.9.4 及以上的版本中，即使 TZ 设置成 Asia/Shanghai，返回的也始终是伦敦时间。

在旧的版本中，打印一个 date 对象返回的是当前时区的时间，但在新版本中直接返回的就是世界时，即 greenwich 时间，相比东八区要早 8 个小时，格式也不再是 GMT 格式，这代表就算要获取当前时间都要做一下额外转换。

通常可以使用 Date 对象提供的全局方法来进行转换。

```
var date = new Date();
console.log(date); //2017-04-30T14:44:10.977Z 世界时间
console.log(date.toLocaleString());//4/30/2017, 10:44:10 PM 转换成本地时间
console.log(date.toGMTString());//Sun, 30 Apr 2017 14:44:10 GMT  世界时间
console.log(date.toUTCString());//推荐使用 toUTCString 进行代替 toGMTString,二者返回
结果相同
```

此外 date 对象还有一个名为 getTimezoneOffset 的方法可用，用这个方法可以得到当前的时区。

```
//执行这段代码时是北京时间 2017-04-30 22:16:59
var date = new Date();
console.log(date); // 2017-04-30T14:16:59.169Z（伦敦时间）
console.log(date.getTimezoneOffset());//-480
```

在上面的代码中，虽然直接打印 date 对象显示的是 greenwich 时间，但执行 getTimezoneOffset()方法返回的却是-480，表示偏移的分钟数。这代表 Node 其实知道我们位于哪个时区，但返回的都是 Greenwich 时间。

对于修改时区的问题，我们可以使用 Date 提供的 API 来进行修改，但如果不想修改之前使用 TZ 这一环境变量留下的代码，完全可以自己实现相关的配置。

实现 timezone 的修改

经过试验，虽然设置 process.env.TZ 的方法不能用了，但我们完全可以自己实现一套可用代码出来。

为此，我们首先在 Date 对象的 prototype 上声明一个 map 结构作为属性，用于存储时区名称和偏移量的关系，然后对 Date 类的 Date 方法进行修改，如果没有声明 process.env.TZ 变量，就默认返回原来的 date 对象；如果声明了该属性，就先到对应的数组中进行搜索，然后返回修改后的 date 对象。

代码 2.38　自己实现的修改时区的方法

```
Date.prototype.TimeZone = new Map([
   ['Europe/London',0],
   ['Asia/Shanghai',-8],
   //……………
   ['America/New_York',5]
```

```
])
Date.prototype.zoneDate = function(){
    if(process.env.TZ == undefined){
        return new Date();
    }else{
        for (let item of this.TimeZone.entries()) {
            if(item[0] == process.env.TZ){
                let d = new Date();
                d.setHours(d.getHours()+item[1]);
                return d;
            }
        }
        return new Date();
    }
}

var date = new Date().zoneDate();
console.log(date);
```

开发者可能会担心 d.getHours()+item[1]这句代码会出现大于 24 的情况，所幸 setHours 方法已经内置了对这种情况的处理，如果小时的范围小于 0 或者大于 24，会对日期进行相应的加减。

2.12 Timer

定时器相关的 API 在 JavaScript 中已经存在了很长时间，Node 中的定时器都是全局方法，无须通过 require 来引入。

2.12.1 常用 API

JavaScript 中常用的 timer 方法有两个，分别是 setTimeout 和 setInterval，在 Node 中，setTimeout 和 setInterval 属于 Timeout 类，调用对应的方法后都会返回相应的对象。

除了这两个方法之外，Node 还提出了新的 setImmediate 方法，该方法已经在第 1 章详细介绍过了，这里省略相关的内容。

1. setTimeout

一个使用 setTimeout 方法最简单的例子是延迟一个函数的执行时间，下面的例子中，将会在 1 秒后打印出 Hello。

```
setTimeout (function(){
    console.log("Hello");
},1000);
```

如果想要在回调执行前清除定时器，可以使用 clearTimeout 方法：

```
var timeout = setTimeout(function(){
```

```
    console.log("Hello");
},1000);
clearTimeout(timeout);//Hello 不会被打印
```

2. setInterval

如果想要以一个固定的时间间隔运行回调函数，可以使用 setInterval 方法，使用方式和 setTimeout 相同，对上面的代码进行修改：

```
setInterval(function(){
    console.log("Hello");
},1000);
```

运行后会以 1 秒为间隔输出 Hello，同样的，可以用 clearInterval 方法来清除定时器：

```
var i =0;
var interval = setInterval(function(){
    console.log("Hello");
    if(++i == 10){
        clearInterval(interval);//打印 10 个 hello 后停止
    }
},1000);
```

3. 回调函数的参数

在前面定义的定时器中，第一个参数是回调方法，第二个参数是定时器的超时时间，其后面还可以定义更多的参数，多余的参数会被作为回调函数的参数。

```
setTimeout(function timeout (args) {
    console.log(args);
},1000,'timeout'); //一秒后打印出'timeout'
```

2.12.2 定时器中的 this

在 JavaScript 中，setTimeout 和 setInterval 中的 this 均指向 Windows。原因也很简单，定时器方法的第一个参数是一个匿名函数，而 JavaScript 中所有匿名函数的 this 都指向 Windows。

代码 2.39 前端 JavaScript 定时器中的 this

```
setTimeout(function(){
    console.log(this); //Windows 对象
},1000);
```

在 Node 中，setTimeout 和 setInterval 的 this 会指向 timeout 类，前面也曾提到，该类在 setTimeout 和 setInterval 内部创建并返回，开发者通常不会直接用到两个类，但是可以将其打印出来。

代码 2.40 Node 定时器中的 this

```
setTimeout(function(){
    console.log(this);
    // Timeout {
```

```
//     _called: true,
//     _idleTimeout: 1000,
//     _idlePrev: null,
//     _idleNext: null,
//     _idleStart: 151,
//     _onTimeout: [Function],
//     _timerArgs: undefined,
//     _repeat: null
//  }
},1000);
```

如果在 setTimeout 方法内部涉及了 this 的指向问题，通常会使用 bind 或者 call 方法来重新绑定 this，我们在第 3 章还会讨论这个问题。

```
function Person(){
    this.name ='Lear';
}
Person.prototype.intro = function(){
    console.log(this.name);
}
var person = new Person();
setTimeout(person.intro.bind(person),1000);
```

2.13 小结

在本章我们主要介绍了 Node 的常用模块与使用方法，如果之前没有 Node 的经验，那么和第一章比起来，本章才是真正的入门章节。关注的重点是模块如何使用，内容比较浅显。

最为常用的模块是 FS 和 HTTP，Stream 和 Event 通常作为"背后的女人"默默地发挥作用。尽管可以随时参考文档，但还是希望读者能对常用的 API 熟记于心。

2.14 引用资源

http://www.commonjs.org/ commonjs

https://github.com/amdjs/amdjs-api

https://developer.mozilla.org/en-US/docs/Web/API/WebSockets_API

https://en.wikipedia.org/wiki/Secure_Sockets_Layer

https://tools.ietf.org/html/rfc6455

第 3 章
◀用ES6来书写Node▶

3.1 新时代的 EMCAScript

JavaScript 是 EMCAScript 标准的一种实现，事实上，是 JavaScript 发明在先，随后被作为 EMCA 的一种标准确定下来，称为 ECMAScript（简称 ES）。

ECMAScript 在 2009 年发布 ES5 之后一直就没了动静。2009 年之后，Web 2.0 乃至 3.0 的发展，移动互联网的兴起，Web 应用愈发复杂化。而 ES5 已经越来越难以承担这样的重任了。

在 ES2015 推出之前，JavaScript 的发展分化出了两股趋势（现在也未停止），第一种是不断开发出新的框架或者类库来适应大型应用开发，例如 backbone，angular 和 react；另一种就是直接在语言层面下手，例如 coffeescript 和 TypeScript。

2015 年，ES6（ES2015）正式发布，并且计划每年发布一个新版本，均以 ES201X 来命名。这是一个重大的版本更新，它从社区中吸收了不少经验和意见，ES2015 的一个目标就是让 JavaScript 在语言层面有支撑大型应用的能力。

本章及之后的内容中出现的 ES6 均指代 ES2015，至于更新的标准，我们直接使用 ES2016 或者 ES2017 来称呼。

本章的标题虽然是使用 ES6 来书写 Node，但也会包含一些 ES2016 或者 ES2017 的内容。此外关于 Promise、Generator、async 函数的内容，将会在异步流程控制一章中进行描述，为了避免重复，本章不会覆盖这几部分的内容。

3.1.1 JavaScript 的缺陷

JavaScript 长期以来都被视为一种玩具语言不是没有原因的，它在被发明的时候就没有被寄予厚望——仅仅在浏览器中做一些简单操作的脚本语言，连发明者 Brendan Eich 本人都不喜欢它。

在 Web 发展的初级阶段，JavaScript 主要做一些 dom 操作，然后又出现了 jQuery、Underscore 等一系列类库对其做了扩展（你也可以认为是语法糖）。

Ajax 出现后，开发者们意识到可以用 JavaScript 做更多的事情，随后出现了更多复杂的 Web 应用，JavaScript 渐渐地被重视起来。

但这并不能掩盖其先天不足，随便找个人出来跟他谈 JavaScript（ES5）的语法缺陷，都能滔滔不绝地跟你讲上半天，下面列出了一些可能出现的内容：

- 几乎无法支持模块化。
- 没有很好的面向对象支持。
- 没有局部作用域。
- 各种让人“惊喜”的语法细节，例如 0.1+0.2 或者[] == []等。

在十年前，这些看起来都不成问题，因为人们没有期待 JavaScript 能做到这些，就像你从来不期望 shell 脚本能够实现面向对象编程那样，但随着 Web 应用变得复杂化，这些问题显得越来越突兀。

这些问题还没有经过广泛的讨论和改进就被定义成了标准（也有当时时代的原因），倒逼着后来的 Node 也要跟着实现同样的“缺陷”。不过 ES2015 落地之后，这种情况已经大有改善。

3.1.2　Node 对新标准的支持

Node.js 在 6.0 版本及之后实现了对 ES6 的全面支持，如果你想使用 ES6 乃至更新的特性，建议直接将 Node 版本更新至最新版本，笔者目前常用的版本是 v7.6.0。

如果想知道当前使用的 Node 版本支持哪些新特性，可以参考 http://node.green/，这个网站对每个阶段性的 Node 版本具体支持哪些 ES201X 的新特性做了详细的列表，如图 3-1 所示。

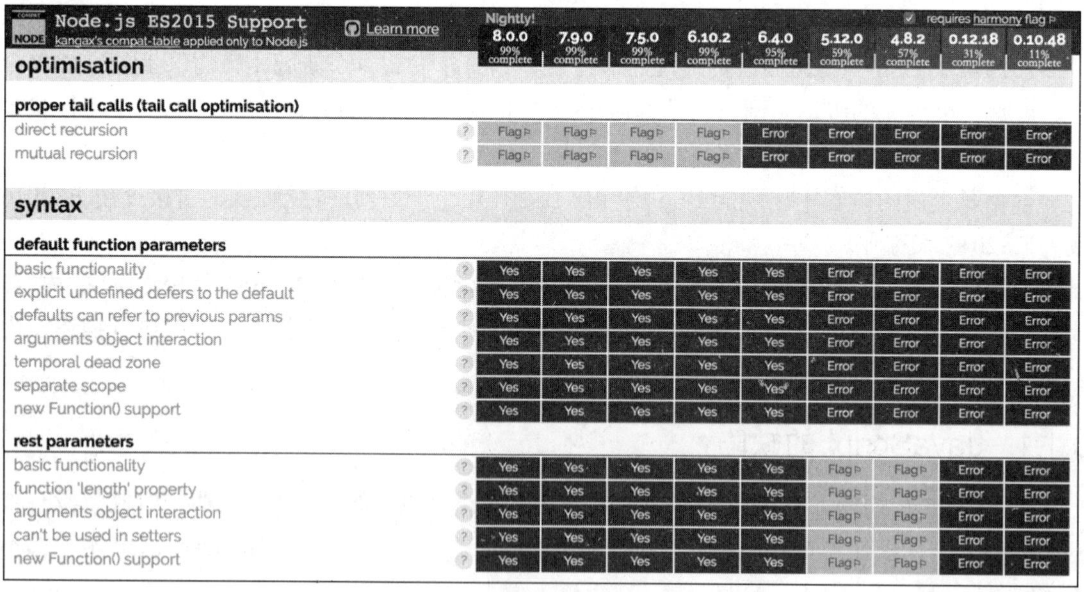

	8.0.0 99% complete	7.9.0 99% complete	7.5.0 99% complete	6.10.2 99% complete	6.4.0 95% complete	5.12.0 59% complete	4.8.2 57% complete	0.12.18 31% complete	0.10.48 11% complete
optimisation									
proper tail calls (tail call optimisation)									
direct recursion	Flag	Flag	Flag	Flag	Error	Error	Error	Error	Error
mutual recursion	Flag	Flag	Flag	Flag	Error	Error	Error	Error	Error
syntax									
default function parameters									
basic functionality	Yes	Yes	Yes	Yes	Yes	Error	Error	Error	Error
explicit undefined defers to the default	Yes	Yes	Yes	Yes	Yes	Error	Error	Error	Error
defaults can refer to previous params	Yes	Yes	Yes	Yes	Yes	Error	Error	Error	Error
arguments object interaction	Yes	Yes	Yes	Yes	Yes	Error	Error	Error	Error
temporal dead zone	Yes	Yes	Yes	Yes	Yes	Error	Error	Error	Error
separate scope	Yes	Yes	Yes	Yes	Yes	Error	Error	Error	Error
new Function() support	Yes	Yes	Yes	Yes	Yes	Error	Error	Error	Error
rest parameters									
basic functionality	Yes	Yes	Yes	Yes	Yes	Flag	Flag	Error	Error
function 'length' property	Yes	Yes	Yes	Yes	Yes	Flag	Flag	Error	Error
arguments object interaction	Yes	Yes	Yes	Yes	Yes	Flag	Flag	Error	Error
can't be used in setters	Yes	Yes	Yes	Yes	Yes	Flag	Flag	Error	Error
new Function() support	Yes	Yes	Yes	Yes	Yes	Flag	Flag	Error	Error

图 3-1

本章将会对 ES6 的特性进行介绍，重点覆盖了函数、类的部分，关于没有涉及的其他特性，读者可以参照官方文档。如果不希望看冗长的 ECMA 标准文档，可以试试下面这些在线资料：

- https://babeljs.io/learn-es2015/，GitHub 上维护的一个 ES2015 入门文档。
- http://es6.ruanyifeng.com/，如果想看中文，那么这本书是最佳推荐。

● http://exploringjs.com/，有很详细的关于 ES2016/2017 的内容介绍。

3.1.3　使用 nvm 管理 Node 版本

nvm 是目前流行的 Node 版本管理工具，可以在当前的系统中安装多个不同版本的 Node，并且可以自由切换，nvm 同样可以使用 npm 进行安装。

具体的安装步骤请参照 https://github.com/creationix/nvm。值得注意的是，nvm 并没有官方的 Windows 版本，请使用别的工具来代替。

nvm 常用命令如下。

● nvm install <version>：安装某个版本的 Node。
● nvm use <version>：切换到某个版本的 Node。
● nvm ls：列出当前安装的所有 Node 版本，并且显示当前使用的 Node 版本。

笔者系统的版本状态如图 3-2 所示。

```
likaideMacBook-Pro:workpace likai$ nvm ls
          v5.3.0
          v6.9.4
->        v7.6.0
          system
default -> node (-> v7.6.0)
node -> stable (-> v7.6.0) (default)
stable -> 7.6 (-> v7.6.0) (default)
iojs -> N/A (default)
```

图 3-2

3.2　块级作用域

3.2.1　ES5 中的作用域

ES5 中只有两种作用域，全局作用域和函数作用域，例如在一个 js 文件中声明一个变量：

```
var name = "lear"
```

代码中的 name 变量属于全局作用域，这表示在同一文件中的任何位置都可以访问到该变量，如果想创建一个新的作用域，只能通过声明一个新的函数来实现。

代码 3.1　ES5 中的作用域

```
var name = "Lear"
function test(){
    var name = "Sue";
    console.log(name);
}
```

```
test(); //Sue
console.log(name); //Lear
```

代码 3.1 中两个 name 属于不同的作用域，在 test 方法中修改的 name 变量不会影响全局变量。

1. 块级作用域

大多数常用的编程语言中都有块级作用域的概念，以 C 语言为例，C 语言可以用一对花括号来定义一个块级作用域，这表示 for 循环或者一个 if 代码块都会定义独立的块级作用域，而在 ES5 中没有这样的设计。

例如下面的代码：

```
if (true) {
    var x = 2;
    console.log(x); //2
}
console.log(x);// 2
```

在 if 代码块中定义的变量 X 在外部依然可以访问到（在 Java 中会抛出变量未定义的错误），这表明 if 代码块也属于全局作用域。要想避免这种情况，通常使用一个闭包来隔离作用域。

代码 3.2　使用闭包隔离作用域

```
function foo() {
    var x = 1;
    if (x) {
        (function () {
        var x = 2;
        // some other code
        }());
    }
    console.log(x);// 1.
}
```

但我们也看到了，想实现一个闭包要写不少冗余的代码。

2. 变量提升

变量提升是指 JavaScript 解释器会将变量的声明提到当前作用域最前的现象，Node 也继承了这一点，例如下面的代码：

```
console.log(msg);
var msg='I get you';
```

最后打印出的是 undefined。

这可能有点让人费解，因为执行打印一行的代码时，变量 msg 还未被定义，应该出现 ReferenceError: msg is not defined 的错误才对。

实际上，在上面的代码中存在一个隐式的变量提升，变量 msg 的声明被提到代码最前面，

76

实际上执行的是如下这种形式的代码。

```
var msg;
console.log(msg);
msg ='Hello Node';
```

因此会输出 undefined，变量提升仅仅提升变量的声明，不会提升变量的值。

3.2.2　let 关键字

let 关键字会创建一个块级作用域，使用 let 关键字声明的变量只能在当前块级作用域中使用。例如下面的代码：

```
var i =0;
for(let i = 0; i < 3;i++){
    console.log(i);//0,1,2
}
console.log(i);// 0
```

for 循环内部使用 let 声明的变量 i，和外部使用 var 声明的 i 处于不同的作用域中，它们的值互不影响；如果将 for 循环中 let 写成 var，那么最后打印的结果将会是 3 而不是 0。

1. 重复声明

在同一个块级作用域中，不能使用 let 关键字重复声明同一个变量。

```
let a =10;
let a= 5;// SyntaxError: Identifier 'a' has already been declared
```

在不同块级作用域中则无此限制。

```
let a =15;
function scope(){
    let a = 10;
    if(true){
        let a = 5;
    }
    console.log(a);//10
}
```

在上面的代码中，一共有三个块级作用域，它们之间互不影响。

2. 变量提升

let 关键字可以解决 ES5 中变量提升带来的问题，下面的代码会抛出一个错误而不是打印出 undefined。

```
console.log(a)
let a = 10;// ReferenceError: a is not defined
```

读者或许认为 let 不会有变量提升，但实际上其内部也存在变量提升，以上面的代码为例，解释器会将其看作下面的样子：

```
let a;
console.log(a)
a = 10;
```

从开头第一行到 a 的真正赋值这个范围被称为 Temporal Dead Zone（临时死区），在临时死区内无法对 a 变量进行取值或者赋值，表现出的行为就和没有变量提升一样。

3.2.3　const 关键字

一个被声明为 const 的变量不可以再被修改，也不能被重复声明，这就表示一个 const 变量必须在声明的同时进行初始化，例如：

```
const a = 1;
a = 2 ;// //TypeError: Assignment to constant variable
```

const 的另一个适用场景是用于模块引入，例如：

```
const fs = require("fs");
```

const 声明的变量虽然不能修改，但使用 const 修饰的对象却是可以修改的。例如：

```
const b = {};
b.name ="lear";
b.age =10;
```

这表明 const 内部是依靠指针来判断一个对象是否被修改的。

3.3　数组

数组（Array）是 JavaScript 中的全局对象，在 ES2015 中引入了一些新方法，它们主要是对现有方法的一些改进，此外，还增加了几个用于遍历的方法。

ES5 中的 Array 方法列表如下：

- concat()
- join()
- pop()
- push()
- reverse()
- shift()
- slice()
- sort()
- splice()
- toSource()
- toString()

- toLocaleString()
- unshift()
- valueOf()

ES2015 新增了如下原型方法：

- copyWithin()
- find()
- findIndex()
- fill()
- entries()
- keys()
- values()

除了原型方法外，还有 from 和 of 两个直接定义在对象内部的方法，我们挑一些方法进行重点介绍。

3.3.1　find()和 findIndex()

和原有的 findIndexOf 方法作用基本相同，用于查找数据中第一个符合条件的数组成员，这两个方法都接受一个回调函数作为参数，对于数据的每个成员都会按顺序执行这个回调函数，我们可以自己定义筛选条件。

find 函数会返回相应元素的值，findIndex 方法会返回对应元素的位置，它们都只匹配第一个满足条件的元素。

例如：

```
let array = [1,2,-3,-4]

array.find(function(n) {
    return n < 0;
}) //-3

array.findIndex(function(n) {
    return n < 0;
})//2
```

比起原有的 findIndexOf 方法，新增的两个方法可以用来处理 NaN：

```
const arr = ['a', NaN];
arr.indexOf(NaN); // -1
arr.findIndex(function(x) {
return Number.isNaN(x)
}); // 1
```

3.3.2　from()方法

from 方法用于将一个 array-like object 转换成数组。

那么什么是 array-like object？

举个例子，JavaScript 中的参数对象 arguments 就是一个 array-like object，我们可以通过 [] 来访问其中的元素，也可以通过 length 属性来得到对象的长度。但是无法通过 array 对象的一些方法，例如 pop 或者 push 来操作它。

代码 3.3　arguments 对象

```
function test(name,age){
    console.log(arguments.length);//2
    console.log(arguments[0]);//Lear
    console.log(arguments[1]);//10
    arguments.pop();//TypeError: arguments.pop is not a function
}
test("Lear",10);
```

通常如果一个对象有 length 属性而且其值大于 0，那么就可以看作是一个 array-like object。

这个定义来自于 Underscore 中的 array-like object，Underscore 是一个有名 JavaScript 类库，封装了很多便利的方法。

读者可以参考其源码 https://github.com/jashkenas/underscore/blob/master/underscore.js。

下面的代码会新建一个 array-like object。

代码 3.4　新建一个 array-like object

```
var a = {};  // 新建一个空对象
//增加元素和 length 属性
var i = 0;
while(i < 10) {
    a[i] = i * i;
    i++;
}
a.length = i;
```

在 ES5 中，开发者可以使用 Array.prototype.slice 方法来将一个 array-like 对象转换成真正的数组，但不方便的一点是如果要转换一个现有的 object，通常还要调用 call 方法，否则会返回一个空数组。

例如，我们现在转换代码 3.4 定义的对象。

```
//ES5
var a1 = Array.prototype.slice.call(a);//需要增加 call 方法
a1.push(10); //success
console.log(a1);//[ 0, 1, 2, 3, 4, 5, 6, 7, 8, 9, 10 ]
//ES6
var a2 = Array.from(a);//from 方法不是定义在 prototype 上的
a2.push(10); //success
console.log(a2);//[ 0, 1, 2, 3, 4, 5, 6, 7, 8, 9, 10 ]
```

至于 from 方法为什么没有定义在 prototype 上，原因也很简单，from 用于将非数组对象转换为一个 array 对象，而对于一个现有的 array 对象，在上面部署 from 方法没有意义。

3.3.3　fill()方法

Fill 方法用一个给定的值来填充数组，通常用来初始化一个新建的 array 对象。

```
var a = new Array(5);
console.log(a);//[ , , , , ] 元素都为 undefined
a.fill(0);
console.log(a);//[ 0, 0, 0, 0, 0 ]
```

在 ES5 中，想要初始化一个数组，通常要借助 apply 和 map 方法，这是一种比较 hack 的方法，而在 ES6 直接调用 fill 方法就可以完成。

```
// ES5
var array = Array.apply(null, new Array(5))
    .map(function () { return 0 });
// [ 0, 0, 0, 0, 0 ]

// ES6
const array = new Array(2).fill(0);
// [ 0, 0, 0, 0, 0 ]
```

3.3.4　数组的遍历

ES6 提供三个新的方法——entries，keys 和 values 用于遍历数组，它们之间的区别在于 keys 是对键名的遍历，values 是对键值的遍历，entries 是对键值对的遍历。

下面的代码使用 keys 和 entries 函数来遍历数据 a。

```
var a = ['a','b','c']

for(let i of a.keys()){
    console.log(i);
    // 0
    // 1
    // 2
}

for(let i of a.entries()){
    console.log(i);
    // [ 0, 'a' ]
    // [ 1, 'b' ]
    // [ 2, 'c' ]
}
```

事实上凡是内部实现了 iterator 接口的对象都可以使用这三个方法进行遍历，我们会在 iterator 一节进行介绍。

上面的代码中，我们没有使用 values 方法，原因是该方法目前还没有得到广泛支持，在 Chrome59 或者 7.6.0 版本的 Node 中使用如下代码：

```
var a = [1,2,3];
a.values();
```

会出现 TypeError: a.values is not a function 的错误，至于为什么只有 values 方法没有被支持，原因是其可能存在兼容性问题，读者可以参考下面网址：

https://bugzilla.mozilla.org/show_bug.cgi?id=1299593

3.3.5 TypedArray

ES2015 新增了 TypedArray 这一类型，它和 array 的区别在于 TypedArray 的元素必须是同一类型。TypedArray 的本意是为 JavaScript 提供访问二进制数据的能力，由于 Node 已经内置了 buffer 类型，因此 TypedArray 在 Node 中的出镜率相对不高。这里也不做详细介绍。

下面仅仅列出了 ES2015 中定义的 TypedArray 类型：

- Uint8Array
- Int8Array
- Uint8ClampedArray
- Int16Array
- Uint16Array
- Int32Array
- Uint32Array
- Float32Array
- Float64Array

在 TypedArray 标准推出后，Node 中 Buffer 类型的底层改用 TypedArray 来实现，读者如果对其有兴趣可以自行参考源码。

3.4 函数

3.4.1 参数的默认值

ES6 允许给函数的参数赋一个默认值，例如：

```
function greed(x="Hello", y = 'Node') {
    console.log(x, y);
}
greed();
```

输出"Hello Node"。

如果在参数中使用了默认值，那么就不能在方法体内再使用 let 关键字声明同名的变量，否则会出现 SyntaxError。

代码 3.5　函数的默认参数

```
function greed(x="Hello", y = 'Node') {
```

```
    console.log(x, y);
    let x = "hello"; //SyntaxError: Identifier 'x' has already been declared
    var y = "node"; // 正常
}
greed();
```

除了允许赋默认值外，ES6 还允许赋默认参数，即接收一个数组名作为参数，前面使用三个点号（...）来标识（spread 运算符），避免了在调用方法时写一堆参数。

3.4.2　Spread 运算符

Spread 运算符是 ES6 提出的新运算符，其实它并算不上新概念，在 C 语言中就已经出现，形式为三个点（...）。

和上面介绍的内容相似，spread 运算符可以和数组结合使用，表示可以扩展的参数。

```
//合并数组，在 ES5 中通常调用 concat 方法来实现
var arr = [1,2,3];
var arr2 = [4,5];
console.log([...arr,...arr2]);//[ 1, 2, 3, 4, 5 ]
//将字符串转换为数组
var name = [..."Lear"];
console.log(name);//[ 'L', 'e', 'a', 'r' ]
//将多个参数传入函数，见上面的例子
```

spread 运算符也可以作为函数的参数，表示该函数有多个参数，也可以在函数调用时使用。

```
function func(x,y,z){
    return x+y+z;
}
var args = [1,2,3]
func(...args);
```

3.4.3　箭头函数

ES6 提出了一种新的箭头函数，它以 =>的方式定义一个匿名函数，例如：

```
var func = a => a;
//等价于下面的代码
var func = function(a){
    return a;
}
```

在有多个参数的情况下，写成如下的形式：

```
var func = (arg1="Hello",arg2="Node")=> console.log(arg1,arg2)
```

上面的代码，我们给箭头函数的参数赋了一个默认值。

除了简洁之外，箭头函数还有另一个优点，即"修复"this 作用域的问题。

任何 JavaScript 书籍都不会放过 this 指向的问题。例如下面的代码：

```
var date ={
    year:2017,
    month:3,
    day:1,
    getDate:function(){
        var func = function(){
         return this.year+"/"+this.month+"/"+this.day;
        }
        return func();
    }
}
console.log(date.getTime())
```

这段代码会输出 undefined/undefined/undefined，原因是 func()方法内部的 this 指了全局对象而非 date 对象。

在 ES5 中，一种解决方法是使用一个临时变量来保存外部 this。

代码 3.6　使用一个临时变量保存 this

```
var date ={
    year:2017,
    month:3,
    day:1,
    getTime:function(){
        var self = this;//使用一个临时变量 self 来保存 this
        var func = function(){
            return self.year+"/"+self.month+"/"+self.day;
        }
        return func();
    }
}
```

而在 ES6 中使用箭头函数则可以完美解决这个问题：

```
var date ={
    year:2017,
    month:3,
    day:1,
    getTime:function(){
        var func = ()=>this.year+"/"+this.month+"/"+this.day;
        return func();
    }
}
console.log(date.getTime());// 2017/3/1
```

匿名函数中的 this

在 ES5 中，匿名函数默认是指向全局对象的，在浏览器中为 Window 对象，在 Node 中大部分情况下都会指向 global 对象（定时器 API 略有不同）。

```
var obj={}
obj.func=function(){
```

```
    console.log(this);//Object { func: [Function] }
    (function(){
        console.log(this)//Window or Global
    })()
}
obj.func()
```

上面的代码中，第一个 this 指向当前的对象，而第二个则是指向了全局对象。箭头函数同样可以解决这一点，将上面的代码改成：

```
var obj={}
obj.func=function(){
    console.log(this);//Object { func: [Function] }
    (()=>{
        console.log(this)//{ func: [Function] }
    })()
}
obj.func()
```

setTimeout 中匿名函数的 this 的指向，Node 和浏览器有不同的实现。

```
function foo() {
    setTimeout(function () {
        console.log(this);
    }, 100);
}
foo();
```

上面这段代码，在 Chrome 中输出 window 对象，在 Node 控制台中输出一个 Timeout 对象。

```
Timeout {
    _called: true,
    _idleTimeout: 100,
    _idlePrev: null,
    _idleNext: null,
    _idleStart: 91,
    _onTimeout: [Function],
    _timerArgs: undefined,
    _repeat: null,
    _destroyed: false,
    [Symbol(asyncId)]: 2,
    [Symbol(triggerId)]: 1 }
```

使用箭头函数后，this 的指向和 foo 函数内部相同。

```
function foo() {
    this.name = "Lear";
    setTimeout(()=> {
        // console.log(this);
        console.log('name:', this.name);
    }, 100);
```

```
}
foo();
```

乍一看箭头函数能够自动绑定 this 很是神奇！实际上匿名函数内部并没有定义 this，仅仅是引用外面一层的 this 而已。只要记住这句话，就能弄清楚匿名函数内部 this 的指向了。

3.4.4　箭头函数的陷阱

箭头函数本身没有定义 this，在箭头函数内部使用 this 关键字时，它开始在代码定义的位置向上找，直到遇见第一个 this，这带来了很大的便利，但有时也会出现一些问题。

首先是一个简单的例子：

```
function Person(){
    this.name = "lear";
}
Person.prototype.greet = ()=>{
    console.log(this.name);
}
var person = new Person ();
person. greet ();
```

上面这段代码输出 undefined，原因是在 prototype 上定义 greet 方法时，箭头函数绑定了上一层环境，即全局环境中的 this。

JavaScript 中的 this 是在运行时基于函数的执行环境决定的，全局函数中的 this 指向全局对象，当作为某个对象的方法调用时会指向当前对象，而箭头函数因为本身没有 this，而是会一直向上查找，在上面的例子里，原型方法的定义位于顶层，那么箭头函数中的 this 就会指向全局对象。

上面的代码也可以在浏览器中运行，我们可以将箭头函数中的 this 打印出来。

```
> function Person(){
      this.name = "lear";
  }
  Person.prototype.greet = ()=>{
      console.log(this);
  }
  var person = new Person ();
  person. greet ();
  ▶ Window {stop: function, open: function, alert: function, confirm: function, prompt: function…}
< undefined
```

发现 this 指向了 Window 对象，如果在 Node 控制台中运行，则是打印 global 对象。

因此最好还是使用最基本的定义形式。

```
Person.prototype.greet = function(){
    console.log(this.name);
}
```

下面是一个复杂一点的例子。

```
class Producer extends EventEmitter{
    constructor(){
```

```
        super();
        this.status ="ready";
    }
}
var producer = new Producer();
```

上面定义了一个继承自 EventEmitter 的 Producer 类，然后我们准备为其注册事件，下面是两个不同的写法：

```
producer.on("begin",function(){
  console.log(this.status);//ready
});

producer.on("begin",()=>{
  console.log(this.status);//undefined
});
```

当调用 producer.emit("begin")时，两个事件处理器都会被触发。

第一个事件处理函数会打印出 ready，然后第二个会打印出 undefined，原因同上，只是这个隐藏的 bug 更难在 code review 阶段被发现。

3.5 Set 和 Map

3.5.1 Set 和 WeakSet

ES6 提出了两种新的数据结构，Set 和 Map，Set 的实现类似于数组，和普通数组的不同之处在于 Set 中不能包含重复数据，例如：

代码 3.7 Set 的使用

```
var set = new Set([1,2,3,4,4,5]);//使用构造函数初始化一个 set
console.log(set);//Set { 1, 2, 3, 4, 5 }
set.add(6);//向 set 添加一个值
set.delete(5);//从 set 删除一个值
set.has(6);//true
for(var i of set){
    console.log(i);//1 2 3 4 6
}
set.clear();//清除所有元素
```

1. Set 的遍历

除了使用 for 循环遍历外，Set 本身也提供几种方法来进行遍历其中的元素。

代码 3.8 Set 的遍历

```
let set = new Set([1, 2, 3]);
```

```
for (let i of set.keys()) {
    console.log(i);// 1 2 3
}
for (let i of set.values()) {
    console.log(i); // 1 2 3
}
for (let i of set.entries()) {
    console.log(i); //[1,1] [2,2] [3,3]
}
```

在这三种方法中，只有 entries 方法返回的类型为键值对。

2. WeakSet

WeakSet 和 Set 的主要区别在于 WeakSet 的成员只能是对象，我们可以试着将一些基本类型的值加入到 WeakSet 中：

```
var wset =  new WeakSet();
wset.add({a:1,b:2});//success
wset.add(1);//TypeError: Invalid value used in weak set
```

此外，WeakSet 中的"weak"一词指的是弱引用的意思，它表示 WeakSet 中存储的是对象的弱引用，这是一个垃圾回收中的概念，在垃圾回收器的扫描过程中，一旦发现了只有弱引用的对象，就会在回收阶段将其内存回收。

这也就表示 WeakSet 中存储的对象如果没有被其他的对象所引用，其内存空间就会被回收。由于开发者通常无法控制垃圾回收器的运行，因此 WeakSet 中的值是无法预测的。WeakSet 不支持遍历，也不能用 size 属性来得到其大小。

WeakSet 的优点在于对垃圾回收有利，假设在一个局部作用域中产生了一个中间值的对象，如果作用域之外没有引用这个对象，那么就可以使用 WeakSet 来存储它，在离开局部作用域之后，该对象就会在下一轮垃圾回收时被销毁。

3.5.2 Map 和 WeakMap

1. Map

Map 表示由键值对组成的有序集合，有序表现在 Map 的遍历顺序即为插入顺序，在 ES5 中，虽然也有类似的结构，但 ES5 中键值对的键值只能为字符串类型，ES6 新增的 Map 则支持多种类型作为键值，包括对象和布尔值。

和 Set 相似，Map 提供了一系列方法来访问或操作其中的数据。

```
var obj = {"c":3};
var map = new Map([
    ["a",1],
    ["b",2],
    [obj,3]
]);
console.log(map.size);//map 的大小
console.log(map.has("a"));//判断是否存在键值对
```

```
console.log(map.get("b"));//获取某个键值对的值
map.set("d",4);//如果键值不存在，则增加新的键值对，否则覆盖原有值
map.delete("d");//删除某个键值对，返回一个布尔值
// 遍历 map
for(let key of map.keys()){
    console.log(key); //a b {c:3}
}
for(let value of map.values()){
    console.log(value);//1 2 3
}
for(let m of map.entries()){
    console.log(m);//[ 'a', 1 ] [ 'b', 2 ] [ { c: 3 }, 3 ]
}
map.clear();//清空 map
```

2. WeakMap

WeakMap 的用法和 WeakSet 相似，作为 key 的变量必须是个对象，关于弱引用的特性和 WeakSet 相同，这里不再叙述。

3.6 Iterator

3.6.1 Java 中的 Iterator

如果读者有 Java 基础，那么一定会了解 Java 中的各种数据结构，Map、List、HashMap、ArrayList 等，笔者在初学 Java 时就被这些概念搞得晕头转向。在下面的内容里我们统一用集合来指代上面的数据结构。关于这些数据结构一个重要的概念就是如何进行遍历。

在 Java 中，一种便利的方法就是使用 Iterator 接口。

例如我们想要遍历一个 Map，那么就会写出下面的代码：

```
Map<String,String> map= new HashMap();
//省略往 map 里面写数据的代码
Iterator<String> itor = map.keySet().iterator();
while(itor.hasNext()){
    String key = itor.next();
    String value = map.get(key);
    System.out.println(key +"----"+value);
}
```

上面的代码定义了一个 Iterator，使用 hasNext 来判断是否到了集合的末尾，并且用 next 方法来取出下一个元素。

3.6.2 ES6 中的 Iterator

ES6 中的 Iterator 接口通过 Symbol.iterator 属性来实现，如果一个对象设置了

Symbol.iterator 属性，就表示该对象是可以被遍历的，我们就可以用 next 方法来遍历它。

代码 3.9　给对象加上 Iterator 接口

```
var Iter ={
    [Symbol.iterator] : function () {
        var i=0;
        return {
            next: function () {
                return ++i;
            }
        };
    }
}
var obj = new Iter[Symbol.iterator]();
obj.next();//1
obj.next();//2
```

在上面的代码中，我们给 Iter 对象加上了[Symbol.iterator]接口，这个方法的特点是每次调用 next 方法，返回值就会增加 1，由于我们没有设置边界条件，就算一直调用 next 也不会出错。

在 ES6 中 Iterator 广泛存在于各种数据结构中，array、Map、Set，以及字符串，都实现了该接口。

```
var arr = [1,2,3];
console.log(arr[Symbol.iterator]);//[Function: values]

var set = new Set([1,2,3]);
console.log(set[Symbol.iterator]);//[Function: values]

var map = new Map([
    ["a",1],
    ["b",2],
]);
console.log(map[Symbol.iterator]);//[Function: entries]

var str = "Hello Node";
console.log(str[Symbol.iterator]);//[Function: [Symbol.iterator]]

var obj = {};
console.log(obj[Symbol.iterator]);//undefined ，普通对象没有 iterator 接口
```

3.6.3　Iterator 的遍历

在 ES6 中，所有内部实现了 Symbol.iterator 接口的对象都可以使用 for/of 循环进行遍历，在数组一节，我们在最后提到了 entries、keys 和 values 三个方法，这三个方法都会返回一个 iterator 对象，因此我们可以使用 for of 循环来进行遍历。

代码 3.9 中我们自定义了一个 Iter 对象，它虽然可以可以使用 next 方法来获得下一个元素，但没办法使用 for/of 遍历，下面我们实现一个更加复杂一些的例子：

```
function myIter(array){
    this.array =array;
}

myIter.prototype[Symbol.iterator] = function() {
    let index = 0;
    //使用箭头函数省去了 this 绑定的问题
    var next = ()=> {
        if (index < this.array.length) {
            return {
                value: this.array[index++],
                done: false
            };
        } else {
            return { value: undefined, done: true };
        }
    }
    return { next: next };
}
```

我们定义了一个方法 myIter，该方法接收一个数组作为参数，然后在它的原型方法上部署了 Symbol.iterator，这样我们就可以用 for/of 来遍历 myIter 的实例。

```
var myiter = new myIter(["a","b"])

for(var i of myiter){
    console.log(i);//依次打印 a b
}
```

3.7　对象

3.7.1　新的方法

1. object.assign()

该方法将一个对象的属性复制到另一个对象上，很多开发者看到这个方法第一时间想到的就是确认该方法是深复制或者是浅复制，我们可以写段测试代码来测试一下。

```
var obj1 = {a: {b: 1}};
var obj2 = Object.assign({}, obj1);
obj1.a.b = 2;
console.log(obj2.a.b); // 2
```

很明显，该方法实现的是一种浅拷贝。

2. Object.setPrototypeOf()

Object.setPrototypeOf 方法用来设置一个对象的 prototype 对象，返回参数对象本身，它的作用和直接设置__proto__属性相同。

在 ES6 之前，__proto__属性只是一种事实的标准，不是 ECMAScript 标准中的内容，ES6 将__proto__写入了附录中，但仍然不推荐直接使用该属性。

3. Object.getPrototypeOf()

该方法与 Object.setPrototypeOf 方法配套，用于获得一个对象的原型对象。

下面是一个例子，我们首先定义两个方法，Person 和 Student，并且将 Stuent 的 prototype 设置为 Person。

代码 3.10　getPrototypeOf 方法

```
var Person = function(name,age){
    this.name = name;
    this.age = age;
    this.greed= function(){
        console.log("Hello,I am ",this.name)
    }
}
function Student(){
}
var stud = new Student();
//设置 prototype
Object.setPrototypeOf(stud,Person);
console.log(stud.__proto__);//[Function: Person]
//读取 prototype
Student.prototype = Person;
var stud = new Student();
console.log(Object.getPrototypeOf(stud).name); //[Function: Person]
```

3.7.2　对象的遍历

在 ES5 中，遍历对象的方式有如下几种，我们以一个简单的对象为例来辅助说明。

```
var obj ={
    "name":"lear",
    "age":10,
    "sex":"male"
}
```

（1）使用 for/in 遍历

```
for(var key in obj){
    console.log(key+"--"+obj[key]);
}
```

（2）使用 Object.keys()遍历

该方法会返回包含所有键值的数组，不包含不可枚举的属性。

```
console.log(Object.keys(obj));//[ 'name', 'age', 'sex' ]
```

（3）使用 Object.getOwnPropertyNames()遍历

该方法的作用和 Object.keys 相同，区别是返回全部的属性，无论是否可枚举。

1. 枚举属性

在 ES5 中，可以将一个对象的属性设置为不可枚举的，不可枚举的属性可以正常地通过 a.b 的形式访问，但无法通过 for/in 循环和 Object.keys 方法遍历到。以上面的代码为例，可以通过 Object.defineProperty 来设置一个属性是否可以被枚举。

```
Object.defineProperty(obj, 'sex', {
    value: "male",
    enumerable: false
});
```

将 sex 的 enumerable 属性设置为 false 后，只有 getOwnPropertyNames 可以遍历到该属性。

2. ES6 中的遍历方法

ES6 在此基础上增加了 Object.getOwnPropertySymbols()和 Reflect.ownKeys()两个方法，它们都接受一个对象作为参数，前者会返回参数对象的全部 Symbol 属性，后者会返回全部属性。

注意：Symbol 属性也是 ES2015 规范的一部分，这里不再讲述，读者可以认为 Symbol 属性是一种不会和其他属性重名的属性。

3.8 类

——Java 的类没有缺陷，如果有，就新增一种设计模式。

Class 这一特性的引入，标志着在 ECMAScript 语言层面提供了对"经典类"的原生支持。提到"经典类"，我们脑海里通常会联想到 Java 中的类。如果读者之前有过 Java 或 C++的编程经验，比起使用 prototype 实现的类，会更容易接受一些。

对 ES6 来说，这种支持更多地是在语法层面上，其底层的实现并未发生变化。

至于 JavaScript 为什么一定要像 Java 那样声明一个类，这个就见仁见智了。支持者认为这种写法更"友好"，更接近于传统语言的写法，可以减少程序员的学习成本。

反对者则认为这样的语法糖毫无意义，JavaScript 和 Java 类底层的实现本来就不同，强行统一写法只怕会造成更深的误解。

我们先来看看在 ES5 时期 JavaScript 对 class 这一概念的实现。

在 JavaScript 中，类的所有实例对象都从同一个原型对象上继承属性。

```
function Person (sex,age){
    this.sex = sex;
```

```
    this.age = age;
}
Person.prototype.getInfo = function(){
    return this.sex + ',' + this.age;
}
var person = new Person("man","10");
```

ES6 提供了更接近传统语言的 class 定义，这种新特性更多地是语法糖，在 ES6 中定义的类可以转换为等价 ES5 代码。

代码 3.11　ES6 中定义一个类

```
class Person{
    constructor(sex,age){
        this.sex = sex;
        this.age = age;
    }
    getInfo(){
        return this.sex + ',' + this.age;
    }
}
var person = new Person("female","20");
```

3.8.1　属性和构造函数

Class 中的属性定义在 constructor 函数（构造函数）中。构造函数负责类的初始化，包括初始化属性和调用其他类方法等，构造函数同样支持默认值参数。

如果声明一个类的时候没有声明构造函数，那么会默认添加一个空的构造函数。

构造函数只有在使用关键字 new 实例化一个对象的时候才会被调用。

```
class Student{
    constructor(name="Lear",sex="male"){
        this.name = "Lear";
        this.sex = "male";
    }
}
```

3.8.2　类方法

类方法的定义无须使用 function 关键字，方法内部使用 this 来访问类属性，方法之间也不需要逗号间隔。

```
class Student{
    constructor(name="Lear",sex="male"){
        this.name = name;
        this.sex = sex;
    }
    getInfo(){
        console.log("name:",this.name,"sex:",this.sex);
    }
}
```

类方法也可以作为属性定义在构造函数中，这时的写法略有不同。

```
class Student{
    constructor(name,sex){
        this.name = name;
        this.sex = sex;
        this.getInfo = ()=>{//类方法也可以是箭头函数
            console.log("name:",this.name,"sex:",this.sex);
        }
    }
}
```

3.8.3　__proto__

在 ES5 中，类的实例通过 __proto__ 属性来指向构造函数的 prototype 对象。

以上面的 Student 类为例：

```
console.log(student.__proto__ == Student.prototype);//true
```

__proto__ 属性本身不是 ECMAScript 规范的内容，只是各大浏览器都对该属性进行了支持，才成为了事实上的标准，既然该属性指向类的 prototype 属性，那么表示我们可以用该属性来修改 prototype，但这也代表任何一个类的实例都可以修改原型对象，在实际开发中应该禁用这种做法。

```
const stu = new Student();
stu.__proto__.sayHello = ()=>{
    console.log("Hello");
}
stu.sayHello();//Hello
```

即使开发者完全不关注 __proto__ 这个属性，也不会对开发工作带来消极的影响，ES6 也建议在实际开发过程中认为这个属性不存在。

在上一节的代码中，getInfo 方法和 constructor 方法虽然看似是定义在类的内部，但实际上还是定义在 prototype 上，这也从侧面证明了 ES6 对 class 的实现依旧基于 prototype。

我们可以使用代码来证实这一点：

```
person.constructor == Person.prototype.constructor;//true
person.getInfo == Person.prototype.getInfo;//true
```

对象的 __proto__ 属性指向类的原型，这点对 ES5 和 ES6 均适用。

```
student.__proto__ === Student.prototype;//true
```

类名本质上就是构造函数，ES6 的写法仅仅是做了一层包装：

```
Student.prototype.constructor === Student;//true
```

3.8.4 静态方法

在定义类时如果定义了方法，那么该类的每个实例在初始化时都会有一份该方法的备份。有时我们不希望一些方法被继承，而是希望作为父类的属性来使用，例如常用的 Math 类，它有一些直接通过类名来调用的方法，即静态方法。

ES6 中使用 static 关键字来声明一个静态方法，该方法只能通过类名来直接调用，而不能通过类的实例调用。

```
class Person {
    static getName(){
        return "Lear";
    }
}
Person.getName();//Lear
var person = new Person();
person.getName();//error!
```

如果一个类继承了一个包含静态方法的类，那么它可以通过 super 关键字来调用父类的静态方法，同样的，包含 super 关键字的子类方法也必须是静态方法，例如：

```
class Person {
    static getName(){
        return "Lear";
    }
}
class Student extends Person{
    static getName2(){
        return super.getName() + ",Hi";
    }
}
console.log(Student.getName2())
```

3.9 类的继承

孔乙己显出极高兴的样子，将两个指头的长指甲敲着柜台，点头说，"对呀对呀！……回字有四样写法，你知道么？——《孔乙己》

3.9.1 ES5 中的继承

在 ES5 中，类的继承可以有多种方式，然而过多的选择有时反而会成为障碍，ES6 统一了类继承的写法，避免开发者在不同写法的细节之中过多纠缠，但在介绍新方法之前，还是有必要先回顾下 ES5 中类的继承方式。

首先假设我们有一个父类 Person，并且在类的内部和原型链上各定义了一个方法：

代码 3.12 用于继承的基类 Person

```
function Person(name,age){
    this.name = name;
    this.age = age;
    this.greed= function(){
        console.log("Hello,I am ",this.name)
    }
}
Person.prototype.getInfo = function(){
    return this.name + ","+ this.age;
}
```

1. 修改原型链

这是最普遍的继承做法，通过将子类的 prototype 指向父类的实例来实现：

代码 3.13 修改原型链的继承

```
function Student(){

}
Student.prototype = new Person();
Student.prototype.name = "Lear"
Student.prototype.age = 10;
var stud = new Student();
stud.getInfo();
```

在这种继承方式中，stud 对象既是子类的实例，也是父类的实例。然而也有缺点，在子类的构造函数中无法通过传递参数对父类继承的属性值进行修改，只能通过修改 prototype 的方式进行修改。

2. 调用父类的构造函数

代码 3.14 通过调用父类构造函数的继承

```
function Student(name,age,sex){
    Person.call(this);
    this.name = name;
    this.age = age
    this.sex = sex;
}
var stud = new Student("Lear",10,"male");
stud.greed();//Hello, I am Lear
stud.getInfo();//Error
```

这种方式避免了原型链继承的缺点，直接在子类中调用父类的构造函数，在这种情况下，stud 对象只是子类的实例，不是父类的实例，而且只能调用父类实例中定义的方法，不能调用父类原型上定义的方法。

3. 组合继承

这种继承方式是前面两种继承方式的结合体。

代码 3.15　组合继承

```
function Student(name,age,sex){
    Person.call(this);
    this.name = name;
    this.age = age
    this.sex = sex;
}
Student.prototype = new Person();

var stud = new Student("Lear",10,"male");
stud.greed();
stud.getInfo();
```

这种方式结合上面两种继承方式的优点，也是 Node 源码中标准的继承方式。

唯一的问题是调用了父类的构造函数两次，分别是在设置子类的 prototype 和实例化子类新对象时调用的，这造成了一定的内存浪费。

3.9.2　ES6 中的继承

在 ES6 中可以直接使用 extends 关键字来实现继承，形式上更加简洁。我们前面也提到了，ES6 对 Class 的改进就是为了避免开发者过多地在语法细节中纠缠。

我们设计一个 student 类来继承代码 3.15 定义的 person 类。

代码 3.16　继承 Person 类

```
const Person = require("./Person");
class Student extends Person{
    constructor(name,age,sex) {
        super(name, age);
        this.sex = sex;
    }
    getInfo(){
        return super.getInfo()+","+this.sex
    }
    print(){
        var info = this.getInfo()
        console.log(info);
    }
}
var student = new Student("Lear","30","male");
student.print()
```

在代码 3.16 中我们定义了 Student 类，在它的构造方法中调用了 super 方法，该方法调用了父类的构造函数，并将父类中的属性绑定到子类上。

super 方法可以带参数，表示哪些父类的属性会被继承，在代码 3.16 中，子类使用 super

继承了 Person 类的 name 以及 age 属性，同时又声明了一个 sex 属性。

　　在子类中，super 方法是必须要调用的，原因在于子类本身没有自身的 this 对象，必须通过 super 方法拿到父类的 this 对象，可以在 super 函数调用前尝试打印子类的 this，代码会出现未定义的错误。

　　如果子类没有定义 constructor 方法，那么在默认的构造方法内部自动调用 super 方法，并继承父类的全部属性。

　　同时，在子类的构造方法中，必须先调用 super 方法，然后才能调用 this 关键字声明其他的属性（如果存在的话），这同样是因为在 super 没有调用之前，子类还没有 this 这一缘故。

```
const Person = require("./ES6_Class");
class Student extends Person{
    constructor(name,age,sex) {
    console.log(this);//Error
        super(name, age);
        this.sex = sex;
    }
}
```

　　除了用在子类的构造函数中，super 还可以用在类方法中来引用父类的方

```
class Student extends Person{
    constructor(name,age,sex) {
        super(name, age);
        this.sex = sex;
    }
    print (){
        var info = super.getInfo()//调用父类方法
        console.log(info);
    }
}
```

　　值得注意的是，super 只能调用父类方法，而不能调用父类的属性，因为方法是定义在原型链上的，属性则是定义在类的内部（就像代码 3.15 实例的组合继承那样，属性定义在类的内部）。

```
class Student extends Person{
    constructor(name,age,sex) {
        //....
    }
    getInfo(){
        return super.name;//undefined
    }
}
```

　　此外，当子类的函数被调用时，使用的均为子类的 this（修改父类的 this 得来），即使使用 super 来调用父类的方法，使用的仍然是子类的 this。

```
class Person{
    constructor(){
```

```
        this.name="Lear";
        this.sex= "male";
    }
    getInfo(){
        return this.name+ ","+this.sex
    }
}
class Student extends Person{
    constructor() {
        super();
        this.name = "Sue"
        this.sex = "Female"
    }
    print(){
        return super.getInfo();
    }
}
let stud = new Student();
console.log(stud.print());//Sue Female
console.log(stud.getInfo())//Sue Female
```

在上面的例子中，super 调用了父类的方法，输出的内容却是子类的属性，说明 super 绑定了子类的 this。

同样的，我们还可以对 super 的属性赋值，例如 super.name = "Thea"，这个赋值修改的是子类的属性，如果尝试打印 super.name，还是会输出 undefined。

3.9.3　Node 中的类继承

在 Node 的源码中同样大量使用了继承，我们可以观察在源码中对继承的实现，从而找到最优的继承方式。即使 extends 已经是官方推荐的继承方式，但在底层实现中依然保留了之前的做法。

例如下面的代码就是源码中 fs 模块继承 events 模块的实现。

```
//lib/fs.js
function FSWatcher() {
   EventEmitter.call(this);
   //……
}

util.inherits(FSWatcher, EventEmitter);
```

上面这种形式是 Node 官方推荐的继承方式，可见使用了 util.inherits 方法，我们到源码中查找对应的实现。

```
//lib/util.js
exports.inherits = function(ctor, superCtor) {
    if (ctor === undefined || ctor === null)
      throw new TypeError('The constructor to "inherits" must not be ' + 'null or undefined');

    if (superCtor === undefined || superCtor === null)
      throw new TypeError('The super constructor to "inherits" must not ' + 'be null or undefined');

    if (superCtor.prototype === undefined)
      throw new TypeError('The super constructor to "inherits" must ' + 'have a
```

100

```
prototype');

    ctor.super_ = superCtor;
    Object.setPrototypeOf(ctor.prototype, superCtor.prototype);
};
```

抛开错误处理，可以发现 inherits 方法其实是通过调用 setPrototypeOf 来实现继承的。

在 ES5 中，还有一个方法被经常用在类的继承中，那就是 Object.create 方法，事实上在 Node 比较老的版本，例如 v0.10 中，inherits 内部是通过调用该方法实现的。

```
//Node V0.10 的源码
exports.inherits = function(ctor, superCtor) {
    ctor.super_ = superCtor;
    ctor.prototype = Object.create(superCtor.prototype, {
        constructor: {
            value: ctor,
            enumerable: false,
            writable: true,
            configurable: true
        }
    });
};
```

3.10　ES6 的模块化标准

区别于上一章提到的 AMD 和 CommonJS，ES2015 自己也提出了一套模块化标准。

本来模块相关的内容应该放到本章的开头来讲述，但因为 Node 目前还不支持 ES2015 的模块标准，按目前的进度看，很可能要到 9.0 甚至 10.0 版本才能得到完整支持（至少要到两年后了），因此将这部分内容放到了最后，并且不做详细介绍。

ES6 同样使用 export 关键字来导出变量，但和 commonJS 略有不同。

以下面的代码为例：

```
//module.js
export const Name = "Lear";
export const Age = 10;
```

也可以将多个要导出的对象打包到一起：

```
const Name = "Lear";
const Age =10;
export {Name,Age};
```

使用 export 导出变量时，通常要使用花括号{}将其包裹起来，否则会出现错误：

```
export const Name = "Lear"; //正确

const Name = "Lear";
export {Name}; //正确

const Name = "Lear";
export Name; //错误
```

1. 导出方法

下面的代码可以导出一个方法：

```
export function add(x, y) {
  return x + y;
};
```

导出方法时同样要使用花括号包裹起来：

```
function add(x, y) {
  return x + y;
};
export {add};
```

2. 导入

导入模块使用的关键字为 import，import 命令同样会执行目标模块的内部的代码：

```
import Name from module
import {Name,Age} from module
```

3.11 使用 babel 来转换代码

ES6 乃至 ES7 的新特性让人激动不已，开发者可能迫不及待地想在自己的工作中使用这些新语法，以便改善自己的工作效率。

然而 Node 支持这些新特性也是有时间差的，目前最新的 Node8.x 版本也才支持了不到 70% 的 ES2017 特性，可能还要过一两年等到 10.0 版本时才能得到完整支持。

此外，生产环境中 Node 的版本往往较低，当开发者用的是最新版本时，线上的生产环境可能只有 4.x。这代表即使在开发过程中使用了最新的特性，这些代码也无法在生产环境中运行。

为了解决上面的这些困境，babel 应运而生。babel 的初衷是为了解决新特性的代码无法在低版本的 Node 环境中运行的问题，它提供了一系列 API，用来把使用新特性编写的代码编译为可以在低版本环境中运行的版本。

1. 安装与配置

对于初次使用 babel 的开发者来说，最为头疼的就是各种组件的配置，Babel 本身是由一系列的组件构成，想要使用 babel 的功能需要自行配置组件。

首先需要安装的是 babel-cli，该组件提供了命令行环境：

```
npm install babel-cli
```

安装成功后，可以在终端使用 babel 命令：

```
[likaideMacBook-Pro:workspace likai$ babel -V
6.24.1 (babel-core 6.24.1)
```

2. 使用

要在项目中使用 babel，需要增加名为.babelrc 的配置文件，配置文件的主要目的是指定 babel 要以何种标准进行转换。

假设现在我们身处在 2015 年，这时候 ES2015 还没有完全落地。如果我们想对使用 ES2015 语法的代码进行转换，就要在配置文件中增加如下内容：

```
{
  presets:[
    'es2015',
    'stage-0'
  ]
}
```

在配置文件中，es2015 的含义很简单。stage 代表了包含目前提案中所有的特性。

注意：由于 ES2015 的提案过于庞大，在执行标准时使用了 stage 标签进行标记：

- stage0: strawman，任何 TC39 的成员都可以提出的草案，随时被废弃。
- Stage 1: proposal，这是一个比较正式的提议，表示要进一步讨论。
- Stage 2: draft，在上一步的基础上进行尽可能详细的讨论，到了这个阶段后，只允许增量修改。
- Stage 3: candidate，对提案的讨论基本完成，等待用户的反馈，只有发生重大问题时才会修改。
- Stage 4: finished，经过了充分的测试，已经准备好写进新标准了。

对于 babel 而言，stage 是向下包含的，即 stage0 会包含 stage1、stage2、stage3、stage4 的内容。

处在 stage 阶段的标准往往还不能被称为是 ES20xx 标准（除了 stage4），因为还有被废弃的可能性，这也是为什么 babel 要使用 stage 标签的原因。

下面我们试着用 babel 来转换代码，先编写一个简单的使用 ES6 特性的代码：

```
let [a, b, c] = [1, 2, 3];
```

接下来在命令行中使用 babel 命令进行转换，结果输出如图 3-3 所示。

```
[likaideMacBook-Pro:babel likai$ babel test.js
"use strict";

var a = 1,
    b = 2,
    c = 3;
```

图 3-3

也可以使用-o 参数将转换结果重定向到文件中：

```
babel test.js -o result.js
```

如果不想在命令行中使用 babel 进行转换，也可以使用代码来完成，需要安装额外的组件：

103

```
npm install -save babel-core
```

然后编写 babelTest.js：

```
var babel = require("babel-core");
var fs = require("fs");
 babel.transformFile("./ES6/async.js",function(err,result){
  console.log(result.code);
})
```

上面的代码中使用了 transfromfile 方法，输出结果和使用命令行进行转换相同。

除了在本地进行转换之外，babel 的官方网站提供了一个在线的试验场 http://babeljs.io/repl/，我们可以将 ES6 或以上版本的代码放进去进行试验。其结果应该和本地的命令行相同。

我们试着转换下面的代码。

```
class A{
}
class B extends A{
}
```

转换后的代码，由于太长了，笔者只能在这里放一部分截图，如图 3-4 所示。

```
"use strict";

var _get = function get(_x, _x2, _x3) {
    var _again = true;
    _function: while (_again) {
        var object = _x, property = _x2, receiver = _x3; _again = false; if (object === null) object = Function.prototype;
        var desc = Object.getOwnPropertyDescriptor(object, property);
        if (desc === undefined) {
            var parent = Object.getPrototypeOf(object);
            if (parent === null) { return undefined; }
            else { _x = parent; _x2 = property; _x3 = receiver; _again = true; desc = parent = undefined; continue _function; }
        } else if ("value" in desc) {
            return desc.value;
        } else {
            var getter = desc.get; if (getter === undefined) { return undefined; } return getter.call(receiver);
        }
    }
};

function _inherits(subClass, superClass) {
    if (typeof superClass !== "function" && superClass !== null) {
        throw new TypeError("Super expression must either be null or a function, not " + typeof superClass);
    }
    subClass.prototype = Object.create(superClass && superClass.prototype, { constructor: { value: subClass, enumerable: false,
    if (superClass)
        Object.setPrototypeOf ? Object.setPrototypeOf(subClass, superClass) : subClass.__proto__ = superClass;
}

function _classCallCheck(instance, Constructor) { if (!(instance instanceof Constructor)) { throw new TypeError("Cannot call a

var A = function A() {
  _classCallCheck(this, A);
};

var B = (function (_A) {
  _inherits(B, _A);

  function B() {
    _classCallCheck(this, B);

    _get(Object.getPrototypeOf(B.prototype), "constructor", this).apply(this, arguments);
  }

  return B;
})(A);
```

图 3-4

我们可以看到 babel 转换后的代码有个显著的特征：那就是让人看不懂。

即使是简单如继承一个类，转换成 ES5 的写法之后也变得让人费解，这也是有些开发者不喜欢 babel 的原因。即使 babel 是开源的，面对这么复杂的代码，也很难让人放心是否有潜在的问题。

3. babel-polyfill

在默认情况下，babel 只转换最新的 JavaScript 语法，但不会转换一些新的 API，例如 Promise、Iterator 等，还有一些新增的对象方法也不会被转换，例如 array.from() 等，要转换这些特性还需要使用其他的第三方插件：

```
npm install –save babel-polyfill
```

安装完毕之后，还要在待转换的代码文件头部增加一行代码。

```
require('babel-polyfill');
```

我们尝试着转换一个包含 Promise 的代码文件。

```
import 'babel-polyfill';

function timeout(ms) {
    return new Promise((resolve, reject) => {
        setTimeout(resolve, ms, 'done');
    });
}

timeout(1000).then((value) => {
    console.log(value);
});
```

输出的结果：

```
'use strict';

require('babel-polyfill');

function timeout(ms) {
    return new Promise(function (resolve, reject) {
        setTimeout(resolve, ms, 'done');
    });
}

timeout(1000).then(function (value) {
    console.log(value);
});
```

babel 的使用完全是基于配置的，如果想要使用 ES2016 或者 ES2017 的特性，只需要在配置文件中增加对应的配置就可以了。

babel 存在的意义是能够让开发者使用最新的特性进行开发而不用受限于运行时的支持，ES2015 是一个重大的版本升级，由于当时开发者迫切想使用新的语言特性来进行开发，而浏览器对新特性的支持一时之间还不够完善，babel 乘上了时代的潮流，一时间广为人知。

到目前为止，babel 还是更多地用在前端 JavaScript 上，毕竟要兼顾各大浏览器对新特性的支持程度（不少企业用户在使用 IE11），对于 Node 来说，由于本身更新的速度够快，截至目前已经支持了 99%的 ES2015 特性，这时 babel 的意义就没这么大了。

3.12 小结

本章我们主要介绍了 ES2015 中定义的一些新的规范和特性，这些新特性大都是原有写法的一些语法糖。

ES2015 比较重要的更新有两个，一个是对类与继承的改进，长久以来 JavaScript 缺少一种统一的编写类以及类继承的方式，这毫无疑问地浪费了开发者的时间，ES2015 的改进有利于让开发者从语法细节中摆脱出来（就像我一点都不想知道子类调用了几次父类的构造函数）。

另一个比较重要的更新是 Promise（对 Node 来说或许是最重要的），我们会在下一章介绍。

3.13 引用资源

https://developer.mozilla.org/en-US/docs/Web/JavaScript/Reference/Global_Objects/WeakSet

https://developer.mozilla.org/en-US/docs/Web/JavaScript/Reference/Global_Objects/Symbol/iterator

http://es6.ruanyifeng.com/

https://github.com/hanzichi/underscore-analysis/issues/14

https://github.com/jashkenas/underscore/blob/master/underscore.js

http://kangax.github.io/compat-table/es6/

https://bugzilla.mozilla.org/show_bug.cgi?id=1299593

第 4 章
◀ 书写异步代码 ▶

前面两章我们介绍了 Node 中的常用模块和 ES6 的语法，结合第 1 章的基础知识，相信读者已经对 Node 有了初步的认识，这一章我们会讲述一些在实践中更加常见的问题。有了前面的基础，阅读本章的内容不会十分费力。

如何用最简洁的方式组织异步代码？这个问题曾经困扰了社区很长时间，甚至被认为是 Node 的最大弊端，不过问题现在已经基本得到解决。

嵌套回调

我们已经很熟悉回调函数的写法了，下面我们将读取文件的 readFile 方法封装成一个单独的 read 方法，它接受一个 path 参数。

代码 4.1　封装了 readFile 的 read 方法

```
var fs = require("fs");
function read(path){
    fs.readFile(path,function(err,data){
        //对 data 进行一些操作，例如将其打印出来
          return data;
    })
}
read("foo.txt");
```

如果我们需要调用 read 方法来读取多个文件，则无法保证哪个先完成。

```
read("foo.txt");//foo
read("bar.txt");//bar
read("baz.txt");//baz
// 无法保证输出顺序一定是 foo, bar, baz
```

但有时需要依赖上一个异步操作的结果，假设 foo.txt 是一个配置文件，里面有一个用来解密的 key，我们需要拿到里面的内容才能解密 bar.txt 里面的文本，那么这个时候我们就不能像上面那样使用 read 方法了。

一般我们会写成下面这种方式（暂且不考虑 readFileSync）。

代码 4.2　嵌套的回调函数

```
fs.readFile(path1 ,function(err,data){
    console.log(data);
    fs.readFile(path2,function(err,data){
        console.log(data);
```

```
        //更多的回调..........
    })
})
```

将下一个异步操作放到上一个异步操作的回调方法中，这样虽然能保证执行是串行的，但当代码嵌套的层数增加，代码的层次结构就会变得不清晰并且难以维护。

回调地狱（callback hell）这个词就被用来描述这种写法。它本身没有任何问题，只是因为不利于开发者阅读和维护才会遭到摒弃。

本章会重点讲述 Node 社区是如何一步步(经过好几年的摸索和实践)地解决这个问题的。

为了便于说明，我们先来假设一种应用场景，即有三个文件需要顺序地进行读取，以后的内容都围绕这个场景展开。

4.1　异步操作的返回值

假设一个方法封装了一个异步操作，那么我们如何能拿到返回值呢？

在代码 4.1 中，如果我们能通过最简单的函数调用拿到 read 方法中异步操作的返回值就好了，就像下面这样：

代码 4.3　美好的愿望——直接拿到异步方法的返回值

```
var data = read('foo.txt')
console.log(data);
```

然而直接像代码 4.3 这样调用 read 方法不会得到任何返回值，data 打印出来也是 undefined。原因是 read 方法会先于内部的回调函数返回，即回调函数内部的 return 关键字不会将值返回到外部。

让人沮丧的是我们基本上没法用通常的办法得到一个异步调用的返回值，如果代码下一步的操作依赖于 data 的值，只能将下一步的逻辑放到回调函数的内部，就像代码 4.2 那样。

但社区的开发者们明显不会放弃，他们仍然向着代码 4.3 的方向努力，在介绍最后的解决方案之前，我们先说点别的。

4.2　组织回调方法

4.2.1　回调与 CPS

当开发者刚开始接触回调时，通常都会写成下面的样式：

```
function foo(args,function(err,data){
    //some code
```

```
});
```

如果对于多个功能相同的异步操作，它们的回调函数都是相同的，这样的写法会产生很多功能重复的代码。

另一种做法是将回调函数作为参数传递，这种书写方式通常被称为 Continuation Passing Style（CPS），它的本质仍然是一个高阶函数。

下面就是一个使用 CPS 改写的 readFile 方法：

代码 4.4　CPS 风格的回调

```
var callback = function(err,data){
    if(err){
        console.log(err);
        return;
    }
    console.log(data.toString());
}
fs.readFile("foo.txt",callback);
```

如果需要调用 readFile 方法多次，并且它们的回调方法都相同的情况下，CPS 可以省去一些重复代码。

关于 CPS 的应用，比较常见的是各大语言对于排序这一方法的实现，假设 a 是一个长度为 1000 的数组，下面的代码调用 qsort 函数进行排序：

```
qsort(a,1000,sizeof(int),comp);
```

用户可以自定义 comp 函数来决定升序或者是降序，下面是一个升序的例子（使用 C 语言实现）：

```
int comp(const void*a,const void*b){
    return *(int*)a-*(int*)b;
}
```

CPS 可以在一定程度上解决回调嵌套的问题。

代码 4.5　使用 CPS 来处理多个回调

```
var fs = require("fs");
function callback1(err,data){
    if(err){
        console.log(err);
    }else{
        console.log(data);
        fs.readFile("bar.txt",callback2);
    }
}
function callback2(err,data){
    if(err){
        console.log(err);
    }else{
```

```
        console.log(data);
        fs.readFile("baz.txt",callback3);
    }
}
function callback3(err,data){
    if(err){
        console.log(err);
    }else{
        console.log(data);
    }
}
fs.readFile("foo.txt",callback1);
```

上面的代码是代码 4.2 嵌套回调的另一种写法，其本质上仍然是在回调中调用下一个异步方法，只是避免了多个回调函数在形式上嵌套在一起。虽然比嵌套调用看起来美观了一些，但仍然显得冗长，而且业务逻辑分散在不同的 callback 中，初次接触代码的开发者也不容易理清它们之间的关系。

4.2.2 使用 async 模块简化回调

async（为了区别下面内容的 async/await 方法，用 async 模块表示第三方模块，async 方法表示 ES2017 的新特性）是一个著名的第三方模块，它的初衷也是为了解决多个异步调用嵌套的问题。根据业务场景提供了一系列常用的方法，例如 series、map、parallel 等，下面是一些实际的例子。

1. async.series

代码 4.6　使用 series 方法处理多个回调

```
function read_foo(callback){
    fs.readFile("foo.txt","utf-8",callback);
}

function read_bar(callback){
    fs.readFile("bar.txt","utf-8",callback);
}

function read_baz(callback){
    fs.readFile("baz.txt","utf-8",callback);
}

async.series([read_foo, read_bar, read_baz],function(err,data){
    console.log(data);//[ 'foo.txt', 'bar.txt', 'baz.txt' ]
})
```

series 方法接收一个数组和一个回调函数，回调函数的第二个参数是一个数组，包含了全部异步操作的返回结果，结果集中的顺序和 series 参数数组的顺序是对应的。

该方法实际上是嵌套回调的语法糖，所有的异步调用都是顺序执行的，即执行完一个操作再进行下一个操作。以代码 4.6 为例，最后的打印结果为['foo.txt', 'bar.txt', 'baz.txt']。

2. async.parallel

调用方式和参数都与 series 相同，也会顺序返回所有的调用结果，区别在于所有的方法是并行执行，执行时间由耗时最长的调用决定。

parallel 方法在数组中的某个异步调用结束之后并没有立刻返回，而是将结果暂存起来，等所有的异步操作完成之后，再根据调用顺序将结果组装成顺序的结果集返回。

3. async.waterfall

同样是顺序执行异步操作，和前两个方法的区别是每一个异步操作都会把结果传递给下一个调用。

代码 4.7　使用 waterfall 处理多个回调

```
function read_foo (callback){
    fs.readFile("foo.txt","utf-8",callback);
}

function read_bar(value,callback){
    console.log("上一个操作传入的值",value);
    fs.readFile("bar.txt","utf-8",callback);
}

function read_baz(value,callback){
    console.log("上一个操作传入的值",value);
    fs.readFile("baz.txt","utf-8",callback);
}

async.waterfall([read_foo, read_bar, read_baz],function(err,data){
    console.log(data);
});
//输出结果
// 上一个操作传入的值 foo.txt
// 上一个操作传入的值 bar.txt
// baz.txt
```

4. async.map

map 和上面的几个方法稍有不同，map 接收一个数组作为参数，数组的元素不是方法名而是方法的参数，数组里的值会依次传递给定义的异步方法。

map 的第二个参数就是异步的方法，不需要再做额外封装。

```
var arr = ['foo.txt','bar.txt','baz.txt'];
async.map(arr, fs.readFile, function(err, results) {
    console.log(results);
});
```

然而 map 方法有一个缺点，就是它只能接受三个参数，分别是一个数组、对应的异步方法和回调函数。以 readFile 为例，我们会发现没有多余的参数来定义编码格式，这种情况下还是需要对 readFile 做一层封装。

```
function myReadFile(path,callback){
    fs.readFile(path,"utf-8",callback);
}

var arr = ['foo.txt','bar.txt','baz.txt'];

async.map(arr, myReadFile, function(err, results) {
    console.log(results);// [ 'foo.txt', 'bar.txt', 'baz.txt' ]
});
```

async 模块一度是管理异步调用的首选，然而它并不适用所有的场合。

从上面的介绍中我们可以看出，async 通常使用一个数组来包含所有的异步方法或者调用的参数，然而有时我们无法在调用前就决定哪些异步方法会被调用。例如使用上一个异步过程的结果来决定下一个调用的异步方法，这时候使用 async 模块就不是特别方便。

4.3 使用 Promise

在 Node 中率先得到广泛应用的是 async 这样的第三方模块，它可以将多个回调函数组合在一起，async 模块中没有应用什么新概念，只是做了形式上的简化。

社区自然不会满足止步于此，开发者们把目光投向了别处，希望有一种新的方式来解决问题，在这种环境下，Promise 进入视野似乎是自然而然的事情。

4.3.1　Promise 的历史

Promise 的概念最早可以追溯到 1976 年，future、promise、delay、deferred 这几个词经常放在一块讨论，它们都用来指代一个开始时状态未知的对象，读者可以自行搜索相关文献，这里不再介绍。

jQuery 在 1.5 及之后的版本（2011 年 1 月及以后）中增加了 deferred 方法，该方法是 Promise 的一种实现，并且随着 jQuery 本身流行起来，以一个 Ajax 操作为例，传统的写法是这样的。

代码 4.8　普通的 Ajax 操作

```
$.ajax({
    url: "test.html",
    success: function(){
        alert("success");
    },
    error:function(){
        alert("fail");
    }
});
```

success 和 fail 方法都是作为参数的一部分传递给$.ajax()方法，它们是 Ajax 执行完成后的回调函数。

使用 deferred 改写 Ajax 底层实现之后，代码 4.8 变成了下面这种样子。

代码 4.9　使用 deferred 来书写 Ajax

```
$.ajax("test.html")
    .done(function(data){
        alert("success");
    })
    .fail(function(){
        alert("fail");
    });
```

代码 4.9 和代码 4.8 在结构上最大的区别是使用 deferred 改写的 Ajax 方法，将 success 和 error 两个回调函数从 $.ajax() 方法中剥离，而且链式调用也表明了 $.ajax("test.html") 这个异步方法产生了返回值，这是一个很大的进步。

使用了 Promise 之后，我们可以从封装的异步方法里拿到一个返回值，虽然它并不是最终的结果，但比起不产生任何返回值的代码 4.1，我们终于开始向代码 4.3 的目标迈进了。

后面 Promise 概念得到推广并出现了一些规范，以 Promise/A+最为出名，社区也出现了一些支持 Promise 的第三方库，例如 q.js 和 bluebird，它们都实现了 Promise/A+标准，开发者开始用 Promise 来书写异步。

后来 Promise/A+标准被社区接受，ES2015 中的 Promise 就是按照它来实现的。

4.3.2　Promise 是什么

```
A promise represents the eventual result of an asynchronous operation
```

这是 Promise/a+官方网站给出的定义，翻译出来即为：

Promise 表示一个异步操作的最终结果。

直译过来的结果不太容易理解，可以将 Promise 理解为一个状态机，它存在下面三种不同的状态，并在某一时刻只能有一种状态（这听起来有点像薛定谔的猫）。

● Pending：表示还在执行。
● Fulfilled（或者 resolved）：执行成功。
● Rejected：执行失败。

一个 Promise 是对一个操作（通常是一个异步操作）的封装，异步操作有等待完成、成功、失败三种可能结果，对应了 Promise 的三种状态。

Promise 的状态只能由 Pending 转换为 Resolved 或者由 Pending 转换为 Rejected，一旦状态转换完成就无法再改变。

假设我们用 Promise 封了一个异步操作，那么当它被创建的时候就处于 Pending 状态，当异步操作成功完成时，我们将状态转换为 Fulfilled；如果执行中出现错误，将状态转换为 Rejected（如果开发者希望，也可以将这两者对调过来，但通常没什么意义）。

4.3.3　ES2015 中的 Promise

Promise 和 Class 堪称 ES2015 的两个最重要的特性，在如何组织异步代码这个问题上，ES2015 中的 Generator 或者 ES2017 的 async 方法，都是以 Promise 作为基础的，后面内容介绍的种种方案，也都是围绕 Promise 进行展开的。

1. 将异步方法封装成 Promise

要使用 Promise，首先你要有一个 Promise（废话），我们可以用 Promise 的构造函数来封装一个现有的异步操作。

代码 4.10　Promise 的构造函数

```
var promise = new Promise(function(resolve, reject) {
  // ... some code

  if (/* 异步操作成功*/){
    resolve(value);
  } else {
    reject(error);
  }
});
```

以读取文件内容的 fs.readFile 为例，使用 Promise 封装后的方法如下所示：

代码 4.11　使用 Promise 封装的 readFile

```
var fs = require("fs");
function readFile_promise(path){
    return new Promise(function(resolve, reject) {
        fs.readFile(path,"UTF-8",function(err,data){
            if (data){
                resolve(data);
            } else {
                reject(err);
            }
        });
    });
}
```

将一个异步方法封装成 Promise 其实很简单，只要在回调函数中针对不同的返回结果调用 resolve 或者 reject 方法即可。

resolve 和 reject 同样是两个函数，在代码 4.11 中，resolve 函数会在异步操作成功完成时被调用，并将异步操作的返回值作为参数传递到外部。

reject 则是在异步操作出现异常时被调用，会将错误信息作为参数传递出去。

刚刚接触 Promise 概念的开发者可能会对这两个方法感到困惑，简单地说，一个封装了异步操作的 Promise 对象实际上并没有做任何事情，它仅仅针对回调函数的不同结果定义了不同的状态。

resolve 方法和 reject 方法也没有做多余的操作，仅仅是把异步的结果传递出去而已，对于异步结果的处理，是交给 then 方法来完成的。

2. 使用 then 方法获取结果

在封装好 Promise 对象后，就可以调用 then 方法来获取异步操作的值了，一个 then 方法通常是如下这种形式：

```
promise.then(function(value) {
  // success
}, function(error) {
  // failure
});
```

then 方法接收两个匿名函数作为参数，它们代表 onResolved 和 onRejected 函数。

value 和 error 参数代表回调的结果，以 readFile 为例，value 就是执行成功时文本内容，error 则是执行出错时的错误信息，两者中必有一个不为空。

通常来说，如果 onRejected 的回调方法被调用就表示异步过程中出现错误，这时可以使用 catch 方法而不是回调函数来处理异常。

```
promise
  .then(function(data) {
    // success
  })
  .catch(function(err) {
    // error
  });
```

3. then 方法的返回值

then 方法总是返回一个新的 Promise 对象，这也就表示对于一个 Promise，可以多次调用它的 then 方法，但由于默认返回的 Promise 是一个空的对象，除非做一些额外的操作，否则这一操作通常得不到有意义的值。

以代码 4.11 为例，调用两次 then 方法的结果：

```
var promise = readFile_promise("foo.txt");
promise.then(function(value){
    console.log(value); // foo
}).then(function(value){
    console.log(value); // undefined
})
```

开发者可以在回调函数定义一个新的 Promise，然后使用 return 来返回。例如我们可以在 readFile 的 onResolved 回调函数中再次调用 readFile_promise。

代码 4.12　在 then 方法中返回一个新的 Promise

```
promise.then(function(value){
    console.log(value); //foo
    return readFile_Promise("bar.txt");
}).then(function(value){
```

```
console.log(value); //bar
})
```

在上面第一个 then 方法中，再次调用了 read_ promise，其返回的新的 Promise 覆盖了默认返回的 Promise，我们因此可以在下一个 then 方法中获取另一个异步操作的执行结果。

如果将代码 4.12 第 3 行的 return 关键字去掉，第 5 行打印的 value 就为 undefined。

4. Promise 的执行

虽然我们会通过 then 方法来获取 Promise 的结果，但 Promise 是当 then 方法调用之后才会执行吗？举个例子，下面的代码会如何输出？

代码 4.13　Promise 的执行

```
var promise = new Promise((resolve, reject) => {
    console.log('begin');
    resolve();
});

setTimeout(() => {
    promise.then(() => {
        console.log('end');
    })
}, 5000);
```

实际运行下就会发现，程序立刻打印出 begin，然后等待 5 秒，随后再打印出 end。

Promise 从被创建的那一刻起就开始执行，then 方法只是提供了访问 Promise 状态的接口，与 Promise 的执行无关。

4.3.4　Promise 的常用 API

1. Promise.resolve

Promise 提供了 resolve 方法用来将一个非 Promise 对象转化为 Promise 对象。

在通常情况下，主动调用 resolve 方法的场景并不多，因为该方法能转换的通常只有 thenable 对象和一些原始类型的对象。

就像第 3 章提到的 array-like object 一样，thenable 对象是指有 then 方法的对象，一个常见的例子就是 jQuery 中的 deferred 对象，或者你可以自己定义一个简单的对象，例如下面这样，然后再把它转换成一个 Promise，转换后的 Promise 会自动执行其 then 方法。

```
var obj = {
    then :function(){
        console.log("I am a then method");
    }
}
Promise.resolve(obj);
// I am a then method
```

如果转换的对象是一个常量或者不具备状态的语句,转换后的对象自动处于 resolve 状态,转换的对象作为 resolved 的结果原封不动地保留。

```
var p = Promise.resolve("Hello World");
p.then(function(result){
    console.log(result);
})
//Hello World
```

　　或许读者想着可以使用 resolve 来转换一个异步方法,例如 readFile 之类的,很遗憾 resolve 方法做不到这一点。例如下面的代码就不会起作用:

```
Promise.resolve(require('fs').readFile());
```

　　要转换异步方法,要么手动封装一个 Promise,要么就使用一些现成的方法或者模块来操作,例如 util.promisify 或者 bluebird,我们会在后面介绍。

2. promise.reject()

　　promise.reject 同样返回一个 Promise 对象,不同之处在于这个 Promise 的状态为 reject, reject 方法的参数会作为错误信息传递给 then 方法。

```
Promise.reject("Hello World").then(function(msg){
    console.log(msg);
});
```

　　控制台输出:

```
(node:46542) UnhandledPromiseRejectionWarning: Unhandled promise rejection
(rejection id: 2): Hello World
(node:46542) DeprecationWarning: Unhandled promise rejections are deprecated. In
the future, promise rejections that are not handled will terminate the Node.js
process with a non-zero exit code.
```

　　通常来说,一个 reject 状态的 Promise 不会使当前进程退出,但我们也看到了控制台的 warning 信息,在将来的 Node 版本中,一个 reject 状态的 Promise 有可能会等同于一个 error 而使进程退出。

　　以 readFile 为例,只有在回调中出现错误的时候 Promise 的状态才会变成 rejected,最好加上一个 catch 来捕获这个异常。

```
var promise = readFile_promise("foo.txt");
promise.then(function(value){
    console.log(value); // foo
}).catch(function(err){
    console.log("error occurred",err);
})
```

3. promise.all

　　如果有多个 Promise 需要执行,可以使用 promise.all 方法统一声明,该方法可以将多个 Promise 对象包装成一个 Promise。

　　该方法接收一个数组作为参数,数据的元素如果不是 Promise 对象,则会先调用 resolve

方法转换。

只有数组中的 Promise 的状态全部变成 resolved 之后，all 方法生成 Promise 的状态才会变成 resolved；如果中间有一个 Promise 状态为 reject，那么转换后的 Promise 也会变成 reject，并且将错误信息传给 catch 方法。

代码 4.14　使用 promise.all 封装多个 Promise

```
var promises = ["foo.txt","bar.txt","baz.txt"]
.map(function (path) {
    return readFile_promise(path);
});

Promise.all(promises).then(function (results) {
    console.log(results); //results 的内容是文本文件内容的顺序排列
}).catch(function(err){
    // ...
});
```

使用 promise.all 方法封装的 Promise，如果我们将结果集打印出来，发现它们是按照顺序排列的。

既然 promise.all 会按照顺序返回封装 Promise 的结果，那么是不是代表内部的 Promise 是顺序执行的呢？例如下面的这种形式：

```
promise.then().then().then()……
```

答案是否定的，前面已经提到了，一个 Promise 的执行是从被创建的那一刻开始的，也就是说当调用 promise.all 时，所有的 Promise 都已经开始执行了，all 方法只是等到全部的 Promise 完成后，对所有的执行结果做一下包装再返回。

4. promise.race

race 方法接收一个 Promise 数组作为参数并返回一个新的 Promise，数组中的 Promise 会同时开始执行，race 返回的 Promise 的状态由数组中率先执行完毕的 Promise 的状态决定，这听起来很是拗口，下面是一个实际的例子。

我们还是使用代码 4.11 定义的 readFile_promise 方法，此外还封装了一个定时器的 Promise，如下所示：

```
function timeout(ms) {
    return new Promise((resolve, reject) => {
        setTimeout(resolve, ms, 'timeout first');
    });
}
```

然后使用 race 来执行两个 Promise，来看两个操作哪一个先完成。

代码 4.15　使用 race 让两个 Promise 赛跑

```
let promise = Promise.race([timeout(10), readFile_promise ("foo.txt")  ])
promise.then(function(value){
```

```
    console.log(value); // 通常情况下打印出 timeout first
});
```

代码 4.15 封装了两个 Promise，如果 readFile_promise 先完成，then 方法打印出的就是文件内容。

由于 timeout 只设置了 10ms，通常小于读取文件需要的时间，因此调用 then 方法总是会打印出'timeout first'.

看起来 race 方法似乎没什么特别的用处，但在处理 Web 服务器中的超时逻辑时却十分方便，例如我们为一个 Promise（可能是一个数据库操作）定义了 100ms 的执行时限，如果耗时超过这个时间就返回一个超时错误，在这种情况下就可以考虑使用 race 方法，我们在下一章还会提到这一点。

5. promise.catch

Promise 在执行中如果出了错误，可以使用 throw 关键字抛出错误，并且可以使用 catch 方法进行捕获；如果不设置任何回调函数捕捉错误，Promise 内部抛出的错误就无法传递到外部。

```
var promise = new Promise(function(resolve, reject) {
    throw new Error("get error");
});
//如果不设置 catch 函数，上面即使抛出 error 也不会使进程退出
promise.catch(function(error) { console.log(error) });
```

除了使用 throw 主动抛出错误之外，也可以直接使用 reject 方法：

```
var promise = new Promise(function(resolve, reject) {
  reject(new Error("get error"));
});
promise.catch(function(error) { console.log(error);});
```

如果 Promise 的状态已经变成 resolved，那么此时再抛出错误是无效的，因为这相当于改变一个状态确定的 Promise 的状态。

```
var promise = new Promise(function(resolve, reject) {
    resolve("Hello World");
    throw new Error("get error");//promise 状态确定后再抛出错误，无效
});
promise.catch(function(error) { console.log(error) });
```

4.3.5　使用 Promise 组织异步代码

我们已经用 Promise 改写了 fs.readFile，使用 promise 的初衷是为了解决多个异步操作顺序执行的问题，因此可以使用 then 的链式调用来实现这一目标。

还记得我们开头的应用场景吗？有三个文本文件需要顺序读取。

借助 Promise，可以很轻松地实现这一目标。

代码 4.16　使用 Promise 的链式调用

```
readFile_promise("foo.txt").then(function(value){
    //.......
    console.log(value);
    return readFile_promise("bar.txt");
}).then(function(value){
    //.......
    console.log(value);
    return readFile_promise("baz.txt");
}).then(function(value){
    //.......
    console.log(value);
})
```

好吧，我承认上面的代码看起来一点也不轻松，一堆链式调用让人看起来头晕，这的确也是 Promise 的不足之处。

为了简化上面的代码，可以考虑将 then 方法中的回调函数抽出来，没错，就是前面提到的 CPS，前提是它们内部的逻辑都是相同的。

采用这种形式的代码会变成下面的形式。

代码 4.17　Promise 与 CPS

```
//这段代码还需要增加边界条件的处理
var list = ["foo.txt","bar.txt","baz.txt"]
var count = 0;
readFile_promise("foo.txt")
.then(readCB).then(readCB).then(readCB);

function readCB(data){
    console.log(data);
    if(++count>2) return;
    return fs_readFile(list[count]);
}
```

4.3.6　第三方模块的 Promise

在 Node 完全支持 Promise 之前，开发者们通常是使用一些第三方库提供的功能来使用 Promise。

在实践中想要使用 Promise，通常要考虑两个方面：

● 创建新的 Promise，这点在前面已经介绍了。

● 将现有的异步方法转换为 Promise，前面已经有了 readFile 改造的例子，但是这种做法通常需要写不少额外的代码，而且当需要转换的方法数量较多时非常影响开发效率。

将这两者结合起来，我们希望一个模块既能创建新的 Promise，又能提供转换方法的统一接口，社区已经有了现成的解决方案，bluebird 就是一个很好的例子。

1. bluebird

bluebird 是一个功能完善的 Promise 第三方库，项目开始于 2013 年，它提供了完整的 Promise 逻辑以及对非 Promise 方法转换为 Promise 的支持，而且在执行效率上高于原生的 Promise。下面是 bluebird 的一些用法。

2. 新建 Promise

代码 4.18　使用 bluebird 封装 Ajax 方法

```
function ajaxGetAsync(url) {
    return new Promise(function (resolve, reject) {
        var xhr = new XMLHttpRequest;
        xhr.addEventListener("error", reject);
        xhr.addEventListener("load", resolve);
        xhr.open("GET", url);
        xhr.send(null);
    });
}
```

可以看出来这和原生的 Promise 构造函数没有太大区别。

3. 使用 Promisify 来转换异步方法

前面已经介绍了，要使用 Promise，要么新建一个 Promise，要么把现有的方法转换为 Promise，bluebird 提供了 promisify 方法，用来直接将一个异步方法转换为 Promise，这估计是 bluebird 最常用的 API。

就在笔者进行写作的途中，Nodev8.0.0 发布了，util 模块增加了 promisify 方法，该方法可以将一个对象转换为一个 Promise，可以看作是官方从社区汲取营养的表现。时至今日，该方法的意义已经没那么大了，但姑且在这里标记一下。

代码 4.19　使用 Promisify 将一个方法转换为 Promise

```
var readFile_promise = Promise.promisify(require("fs").readFile);

readFile_promise ("foo.txt", "utf8").then(function(result) {
    console.log(result);
}).catch(function(e) {
    console.log("error", e);
});
```

除了转换单个方法之外，bluebird 还提供了 promisifyAll 方法来转换一个对象的全部方法，这个方法的便利性超乎想象（谁用谁知道）。例如，将 fs 模块的全部方法转换成 Promise 形式，省去了一个个地进行转换的功夫。

代码 4.20　使用 PromisifyALL 进行批量转换

```
var fs = Promise.promisifyAll(require("fs"));

fs.readFileAsync("read.js", "utf8").then(function(contents) {
```

```
    console.log(contents);
}).catch(function(e) {
    console.error(e.stack);
});
```

promisifyAll 通常用来转换一个对象的全部方法，例如代码 4.20 会转换整个 fs 模块内部的异步方法，bluebird 会在原方法名之后加上 Async 的后缀，例如 readFile 的 Promise 化后的方法名为 readFileAsync。bluebird 还有一些有用的 API，这里不再一一介绍。

有一点需要注意，无论是原生的 Promise，还是第三方类库提供的 Promise，只要它们是按照同一个标准实现的，就可以实现复用，例如 ES6 原生的 Promise 和 bluebird 提供的 Promise 的实际表现没有任何区别，这避免了潜在的兼容问题。如果读者乐意，也可以实现一套自己的 Promise 类库。

4.4 Generator，一种过渡方案

在使用 Generator 前，首先知道 Generator 是什么。

如果读者有 Python 开发经验，就会发现，无论是概念还是形式上，ES2015 中的 Generator 几乎就是 Python 中 Generator 的翻版。不过前面也说了，编程语言之间的互相借鉴也不是什么新鲜事。

Generator 本质上是一个函数，它最大的特点就是可以被中断，然后恢复执行。

通常来说，当开发者调用一个函数之后，这个函数的执行就脱离了开发者的控制，只有函数执行完毕之后，控制权才能重新回到调用者手中，因此程序员在编写方法代码时，唯一能够影响方法执行的只有预先定义的 return 关键字。

Promise 也是如此，我们也无法控制 Promise 的执行，新建一个 Promise 后，其状态自动转换为 pending，同时开始执行，直到状态改变后我们才能进行下一步操作。

而 Generator 函数不同，Generator 函数可以由用户执行中断或者恢复执行的操作，Generator 中断后可以转去执行别的操作，然后再回过头从中断的地方恢复执行。

这其实是一种协程的概念，关于协程，读者可以阅读附录 A 以及附录 B 的内容。

4.4.1 Generator 的使用

Generator 函数和普通函数在外表上最大的区别有两个：

- 在 function 关键字和方法名中间有个星号（*）。
- 方法体中使用 "yield" 关键字。

代码 4.21　一个简单的 Generator 函数

```
function* Generator() {
    yield "Hello Node";
    return "end"
```

```
}
```

和普通方法一样，Generator 可以定义成多种形式：

```
//普通方法形式
function* generator(){}

//函数表达式
var gen = function* generator(){}

//对象的属性方法
var obj = {
    * generator(){
}
}
```

Generator 函数的状态

Yield 关键字用来定义函数执行的状态，在代码 4.21 中，如果 Generator 中定义了 x 个 yield 关键字，那么就有 x+1 种状态（+1 是因为最后的 return 语句）。

4.4.2 Generator 函数的执行

跟普通函数相比，Generator 函数更像是一个类或者一种数据类型，以下面的代码为例，直接执行一个 Generator 会得到一个 Generator 对象，而不是执行方法体中的内容。

```
var gen = Generator()
```

按照通常的思路，gen 应该是 Generator()函数的返回值，上面也提到 Generator 函数可能有多种状态，读者可能会因此联想到 Promise，一个 Promise 也可能有三种状态。不同的是 Promise 只能有一个确定的状态，而 Generator 对象会逐个经历所有的状态，直到 Generator 函数执行完毕。

当调用 Generator 函数之后，该函数并没有立刻执行，函数的返回结果也不是字符串，而是一个对象，可以将该对象理解为一个指针，指向 Generator 函数当前的状态。（为了便于说明，我们下面采用指针的说法）。

当 Generator 被调用后，指针指向方法体的开始行，当 next 方法调用后，该指针向下移动，方法也跟着向下执行，最后会停在第一个遇到的 yield 关键字前面，当再次调用 next 方法时，指针会继续移动到下一个 yield 关键字，直到运行到方法的最后一行，以代码 4.21 为例，完整的执行代码如下：

```
var gen = Generator();
console.log(gen.next());//{ value: 'Hello Node', done: false }
console.log(gen.next());//{ value: 'end', done: true }
console.log(gen.next());//{ value: undefined, done: true }
```

上面的代码一共调用了三次 next 方法，每次都返回一个包含执行信息的对象，包含一个表达式的值和一个标记执行状态的 flag。

第一次调用 next 方法，遇到一个 yield 语句后停止，返回对象的 value 的值就是 yield 语句的值，done 属性用来标志 Generator 方法是否执行完毕。

第二次调用 next 方法，程序执行到 return 语句的位置，返回对象的 value 值即为 return 语句的值，如果没有 return 语句，则会一直执行到函数结束，value 值为 undefined，done 属性值为 true。

第三次调用 next 方法时，Generator 已经执行完毕，因此 value 的值为 undefined。

1. yield 关键字

yield 本意为"生产"，在 Python、Java 以及 C#中都有 yield 关键字，但只有 Python 中 yield 的语义和 Node 相似（理由前面也说了）。

当 next 方法被调用时，Generator 函数开始向下执行，遇到 yield 关键字时，会暂停当前操作，并且对 yield 后的表达式进行求值，无论 yield 后面表达式返回的是何种类型的值，yield 操作最后返回的都是一个对象，该对象有 value 和 done 两个属性。

value 很好理解，如果后面是一个基本类型，那么 value 的值就是对应的值，更为常见的是 yield 后面跟的是 Promise 对象。

done 属性表示当前 Generator 对象的状态，刚开始执行时 done 属性的值为 false，当 Generator 执行到最后一个 yield 或者 return 语句时，done 的值会变成 true，表示 Generator 执行结束。

值得注意的是，yield 关键字本身不产生返回值。例如下面的代码：

代码 4.22　yield 不产生返回值

```
function* foo(x){
    var y = yield(x+1);
    return y;
}
var gen = foo(5);
console.log(gen.next());//{ value: 6, done: false }
console.log(gen.next());//{ value: undefined, done: true }
```

这可能让人有些费解，为什么第二个 next 方法执行后，y 的值却是 undefined。

实际上，我们可以做如下理解：next 方法的返回值是 yield 关键字后面表达式的值，而 yield 关键字本身可以视为一个不产生返回值的函数，因此 y 并没有被赋值。上面的例子中如果要计算 y 的值，可以将代码改成：

```
function *gen(x){
    var y = 0;
    yield  y = x+1;
    return "end";
}
```

Next 方法还可以接受一个数值作为参数，代表上一个 yield 求值的结果。

代码 4.23　next 方法可以接收一个参数

```
function* foo(x){
    var y = yield(x+1)
```

```
    return y;
}
var gen = foo(5);
console.log(gen.next());//{ value: 6, done: false }
console.log(gen.next(10));//{ value: 10, done: true }
```

上面的代码等价于：

```
function* foo(x){
    var y = yield(x+1)
    y=10;
    return y;
}
var gen = foo(5);
console.log(gen.next());//{ value: 6, done: false }
console.log(gen.next());//{ value: 10, done: true }
```

next 可以接收参数代表可以从外部传一个值到 Generator 函数内部，乍一看没有什么用处，实际上正是这个特性使得 Generator 可以用来组织异步方法，我们会在后面介绍。

2. next 方法与 Iterator 接口

在上一章曾经提到过 ES2015 中的 Iterator，一个 Iterator 同样使用 next 方法来遍历元素。

由于 Generator 函数会返回一个对象，而该对象实现了一个 Iterator 接口，因此所有能够遍历 Iterator 接口的方法都可以用来执行 Generator，例如 for/of、array.from() 等。

可以使用 for/of 循环的方式来执行 Generator 函数内的步骤，由于 for/of 本身就会调用 next 方法，因此不需要手动调用。

值得注意的是，循环会在 done 属性为 true 时停止，以下面的代码为例，最后的 "end" 并不会被打印出来，如果希望被打印，需要将最后的 return 改为 yield。

代码 4.24　使用 for/of 循环执行 Generator

```
function* Generator() {
    yield "Hello Node";
    yield "From Lear"
    return "end"
}
var gen = Generator();
for(let i of gen){
    console.log(i);
}
//和 for/of 循环等价
Array.from(Generator());
```

前面提到过，直接打印 Generator 函数的示例没有结果，但既然 Generator 函数返回了一个遍历器，那么就应该具有 Symbol.iterator 属性。

```
console.log(gen[Symbol.iterator]);
//输出[Function: [Symbol.iterator]]
```

4.4.3 Generator 中的错误处理

Generator 函数的原型中定义了 throw 方法，用于抛出异常。

代码 4.25　使用 throw 方法抛出异常

```
function* generator() {
    try{
        yield console.log("Hello");
    }catch(e){
        console.log(e)
    }
    yield console.log("Node")
    return "end";
};


var gen = generator();
gen.next();
gen.throw("throw error");
//输出
//Hello
//throw error
//Node
```

上面代码中，执行完第一个 yield 操作后，Generator 对象抛出了异常，然后被函数体中 try/catch 捕获。值得注意的是，当异常被捕获后，Generator 函数会继续向下执行，直到遇到下一个 yield 操作并输出 yield 表达式的值。

代码 4.26　使用 try/catch 捕获异常

```
function* generator() {
    try{
        yield console.log( "Hello World");
    }catch(e){
        console.log(e)
    }
    console.log("test");
    yield  console.log("from Lear");
    return "end";
};
//输出
//Hello World
//throw error
//test
//from Lear
var gen = generator();
gen.next();
gen.throw("throw error");
```

如果 Generator 函数在执行的过程中出错，也可以在外部进行捕获。

```
function* generator() {
```

```
    yield console.log(undefined.undefined);
    return "end";
};
var gen = generator();
try{
    gen.next();
}catch(e){

}
```

Generator 的原型对象还定义了 return()方法，用来结束一个 Generator 函数的执行，这和函数内部的 return 关键字不是一个概念。

```
function* Generator() {
    yield console.log("Hello Node");
    yield console.log("From Lear");
    return "end"
}
var gen = Generator();
gen.next();//"Hello Node"
gen.return();
//return()方法后面的 next 不会被执行
gen.next();
```

4.4.4　用 Generator 组织异步方法

我们之所以可以使用 Generator 函数来处理异步任务，原因有二：

● Generator 函数可以中断和恢复执行，这个特性由 yield 关键字来实现。

● Generator 函数内外可以交换数据，这个特性由 next 函数来实现。

概括一下 Generator 函数处理异步操作的核心思想：先将函数暂停在某处，然后拿到异步操作的结果，然后再把这个结果传到方法体内。

yield 关键字后面除了通常的函数表达式外，比较常见的是后面跟的是一个 Promise，由于yield关键字会对其后的表达式进行求值并返回，那么调用next方法时就会返回一个Promise对象，我们可以调用其 then 方法，并在回调中使用 next 方法将结果传回 Generator。

代码 4.27　使用 Generator 处理异步

```
function *  gen(){
    var result = yield readFile_promise("foo.txt");
    console.log(result);
}
var g = gen();
var result=g.next();
result.value.then(function(data){
    g.next(data);
});
```

上面的代码中，Generator 函数封装了 readFile_promise 方法，该方法返回一个 Promise，

Generator 函数对 readFile_promise 的调用方式和同步操作基本相同，除了 yield 关键字之外。上面的 Generator 函数中只有一个异步操作，当有多个异步操作时，就会变成下面的形式。

代码 4.28　使用 Generator 进行异步流程控制

```
function *  gen(){
    var result = yield readFile_promise("../foo.txt");
    console.log(result);
    var result2 = yield readFile_promise("../bar.txt");
    console.log(result2);
}
var g = gen();
var result=g.next();
result.value.then(function(data){
    g.next(data).value.then(function(data){
        g.next(data)
    });
});
```

慢着，怎么看起来还是嵌套的回调？难道使用 Generator 的初衷不是优化嵌套写法吗？

说的没错，虽然在调用时保持了同步形式，但我们需要手动执行 Generator 函数，于是在执行时又回到了嵌套调用。这是 Generator 的缺点。

4.4.5　Generator 的自动执行

开发者肯定不希望调用个函数还要一步步地写代码，我们想要的就是和代码 4.3 一样的调用形式。

对 Generator 函数来说，我们也看到了要顺序地读取多个文件，就要像代码 4.29 那样写很多用来执行的代码。

无论是 Promise 还是 Generator，就算在编写异步代码时能获得便利，但执行阶段却要写更多的代码，Promise 需要手动调用 then 方法，Generator 中则是手动调用 next 方法。

当需要顺序执行异步操作的个数比较少的情况下，开发者还可以接受手动执行，但如果面对多个异步操作就有些难办了，我们避免了回调地狱，却又陷到了执行地狱里面。

我们不会是第一个遇到自动执行问题的人，社区已经有了很多解决方案，但为了更深入地了解 Promise 和 Generator，我们不妨先试着独立地解决这个问题，如何能够让一个 Generator 函数自动执行？

1. 自动执行器的实现

既然 Generator 函数是依靠 next 方法来执行的，那么我们只要实现一个函数自动执行 next 方法不就可以了吗，针对这种思路，我们先试着写出这样的代码：

代码 4.29　自动执行的初次尝试

```
function auto(Generator) {
    var gen = Generator();
    while (gen.next().value != undefined) {
```

```
        gen.next();
    }
}
```

思路虽然没错，但这种写法并不正确，首先这种方法只能用在最简单的 Generator 函数上，例如下面这种：

```
function* Generator() {
    yield "Hello Node";
    return "end"
}
```

另一方面，由于 Generator 没有 hasNext 方法，在 while 循环中作为条件的：

```
gen.next().value != undefined
```

在第一次条件判断时就开始执行了，这表示我们拿不到第一次执行的结果。因此这种写法行不通。

那么换一种思路，我们前面介绍了 for/of 循环，那么也可以用它来执行 Generator。

```
function* Generator() {
    yield "Hello Node";
    yield "From Lear"
    yield "end"
}
var gen = Generator();
for(let i of gen){
    console.log(i);
}
//输出结果
// Hello Node
//From Lear
//end
```

看起来没什么问题了，但同样地也只能拿来执行最简单的 Generator 函数，然而我们的主要目的还是管理异步操作。

2. 基于 Promise 的执行器

前面实现的执行器都是针对"普通"的 Generator 函数，即里面没有包含异步操作，在实际应用中，yield 后面跟的大都是 Promise，这时候 for/of 实现的执行器就不起作用了。

通过观察，我们发现 Generator 的嵌套执行是一种递归调用，每一次的嵌套的返回结果都是一个 Promise 对象。

```
var g = gen();
var result=g.next();
result.value.then(function(data){
    g.next(data).value.then(function(data){
        g.next(data)
    });
});
```

那么好了，我们可以据此写出新的执行函数。

代码 4.30　升级后的执行函数

```
function auto_exec(gen){
    function next(data){
        var result = gen.next(data);
        //判断执行是否结束
        if(result.done) return result.value;
        result.value.then(function(data){
            next(data)
        })
    }

    next();
}
```

这个执行器因为调用了 then 方法，因此只适用于 yield 后面跟一个 Promise 的方法。

3. 使用 co 模块来自动执行

为了解决 generator 执行的问题，　TJ 于 2013 年 6 月发布了著名 co 模块，这是一个用来自动执行 Generator 函数的小工具，和 Generator 配合可以实现接近同步的调用方式，co 方法仍然会返回一个 Promise。

代码 4.31　使用 co 模块执行 Generator

```
var co = require("co");

function * gen(){
    var result = yield readFile_promise("foo.txt");
    console.log(result);
    var result2 = yield readFile_promise("bar.txt");
    console.log(result2);
}
co(gen);
```

只要将 Generator 函数作为参数传给 co 方法就能将内部的异步任务顺序执行，要使用 co 模块，yield 后面的语句只能是 promsie 对象。

co 模块的源码这里不再介绍，它和代码 4.31 的主要区别是 co 模块仍会返回一个 Promise。

到此为止，我们对异步的处理有了一个比较妥当的方式，利用 generator+co，我们基本可以用同步的方式来书写异步操作了。

但 co 模块仍有不足之处，由于它仍然返回一个 Promise，这代表如果想要获得异步方法的返回值，还要写成下面这种形式：

```
co(gen).then(function(value){
    console.log(value);
})
```

另外，当面对多个异步操作时，除非将所有的异步操作都放在一个 Generator 函数中，否则如果需要对 co 的返回值进行进一步操作，仍然要将代码写到 Promise 的回调中去。

注意，阅读源码就能发现 yield 后面还可以是一个 thunk 函数，它是一种求值策略，这里不再做具体讲述，读者可以自行搜索相关内容。

4.5 回调的终点——async/await

4.5.1 async 函数的概念

ES2017 标准引入了 async 函数，作为最后的补刀终结了回调处理的问题，该特性在 Node v7.6.0 之后的版本中已经获得原生支持。

async 函数可以看作是自带执行器的 Generator 函数，我们之前有形如下面的 Generator 方法：

```
function * gen(){
    var result = yield readFile_promise("foo.txt");
    console.log(result);
    var result2 = yield readFile_promise("bar.txt");
    console.log(result2);
}
```

如果用 async 函数改写的话，会变成如下的形式：

代码 4.32　async 函数示意

```
var asyncReadFile = async function () {
    var result1 = await readFile('foo.txt');
    var result2 = await readFile('bar.txt');
    console.log(result1.toString());
    console.log(result2.toString());
};
```

形式看起来没有什么大的变化，yield 关键字换成了 await，方法名前的*号变成了 async 关键字。

在使用上的一个区别是 await 关键字，await 关键后面往往是一个 Promise，如果不是就隐式调用 promise.resolve 来转换成一个 Promise。Await 的动作和它的名字含义相同——等待后面的 Promise 执行完成后再进行下一步操作。

另一个重要区别在于调用形式，调用一个 async 方法完全可以直接通过方法名来调用，以代码 4.32 为例，该函数可以直接使用：

```
asyncReadFile()
```

的方式来进行调用。

在这个过程中，完全没有了回调的影子，也没有引入任何第三方模块，困扰了 Node 社区多年的回调问题在这里终结。

1. 声明一个 async 方法

async 方法的声明和普通方法并无二致。

```
//普通的函数声明
async function foo() {}
//声明一个函数表达式
const foo = async function () {};
//async 形式的箭头函数:
const foo = async () => {};
```

2. async 的返回值

async 函数总是会返回一个 Promise 对象,如果 return 关键字后面不是一个 Promise,那么默认调用 promise.resolve 方法进行转换。

下面是一个 async 函数返回 Promise 的例子。

```
async function asyncFunc() {
    return "Hello Node";
}
asyncFunc().then(function(data){
    console.log(data); //Hello Node
});
```

上面的 asyncFunc() 方法虽然看似返回了一个字符串,却能使用 then 方法来获得最终值,这是内部将字符串转换成了 Promise 的缘故。

3. async 函数的执行过程

(1)在 async 函数开始执行的时候,会自动生成一个 Promise 对象。

(2)当方法体开始执行后,如果遇到 return 关键字或者 throw 关键字,执行会立刻退出,如果遇到 await 关键字则会暂停执行(await 后面的异步操作结束后会恢复执行)。

(3)执行完毕,返回一个 Promise。

我们用下面的例子来看看 async 函数是怎么工作的。

```
async function asyncFunc() {
    console.log('begin');
    return 'Hello';
}
asyncFunc().
then(x => console.log(x));
console.log('end');

// 输出:
// begin
// end
```

```
// Hello
```

　　async 函数返回的 Promise，既可以是 resolved 状态，也可以是 reject 状态，不过通常使用 throw Error 的方式来代替 reject。

```
async function asyncFunc() {
    return Promise.reject(new Error('Problem!'));
}
asyncFunc()
.catch(err => console.error(err)); // Error: Problem!
```

4.5.2　await 关键字

　　对于 async 函数来说，await 关键字不是必需的，我们从上面也看出了，由于 async 本质上是对 Promise 的封装，那么可以使用执行 Promise 的方法来执行一个 async 方法。

　　而 await 关键字则是对这一情况的语法糖，它可以"自动执行"一个 Promise（其实是等待后面的 Promise 完成后再进行下一步动作），当 async 函数内有多个 Promise 需要串行执行的时候，这种特性带来的好处是十分明显的，因为我们也看到了前面为了执行 Promise 和 Generator 写的一大堆代码。

　　await 操作符的结果是由其后面 Promise 对象的操作结果来决定的，如果后面 Promise 对象变为 resolved，await 操作符返回的值就是 resolve 的值；如果 Promise 对象的状态变成 rejected，那么 await 也会抛出 reject 的值。

　　我们还以读文件的代码为例，来观察 await 函数的特性。

　　代码 4.33　异步读取一个文件

```
async function readFile(){
    var result = await readFile_promise("foo.txt");
    console.log(result);// I am foo.txt
}
readFile();

//等价于下面的代码

readFile_promise("foo.txt")
    .then(function(data){console.log(data)});
```

　　由于 await 可以看作是一个 Promise 的执行器，那么上面第二行的代码：

```
var result = await readFile_promise("foo.txt");
```

　　也可以写成下面这种形式：

　　代码 4.34　await 的另一种写法

```
var result =
await readFile_promise("foo.txt").then(function(result){
    return result;
});
```

这种写法和原先 Promise 的调用区别在于在前面加了一个 await 关键字，由于 then 方法总是会返回一个 Promise，那么上面的代码相当于：

```
await new Promise(function(resolve, reject){
    resolve(result);
})
```

因此形如代码 4.34 形式的代码也是没问题的，在需要对 promise 结果进行进一步操作后再返回时有一些作用。

在使用了 await 关键字之后，无论是代码还是执行，都变得和同步操作没什么两样，这就是 await 的威力所在。

还记得我们在本章开头提出的目标吗？我们希望能像代码 4.3 一样调用一个异步操作，在了解了 await 方法后，我们终于达成目标了（虽然多写了几个关键字）。

1. await 与并行

await 会等待后面的 Promise 完成后再采取下一步动作，这意味着当有多个 await 操作时，程序会变成完全的串行操作。

为了发挥 Node 的异步优势，当异步操作之间不存在结果的依赖关系时，可以使用 promise.all 来实现并行。

代码 4.35   await 与 promise.all

```
async function readFile() {
    const [result1, result2] = await Promise.all([
        readFile_promise("foo.txt"),
        readFile_promise("bar.txt"),
    ]);
    console.log(result1, result2);
}

// 等价于下面的代码
function readFile() {
    return Promise.all([
        readFile_promise("foo.txt"),
        readFile_promise("bar.txt"),
    ]).then((result) => {
        console.log(result);
    });
}
```

2. 错误处理

当 async 函数中有多个 await 关键字时，如果有一个 await 的状态变成了 rejected，那么后面的操作就不会继续执行。

```
var asyncReadFile = async function () {
    var result1 = await readFile(Some Path Not Exist);
    //访问一个不存在的文件路径，那么下面的代码都不会执行
```

```
    var result2 = await readFile('bar.txt');
    console.log(result1.toString());
    console.log(result2.toString());
};
```

执行上面的代码，控制台就会打印出如下消息：

```
(node:2000) UnhandledPromiseRejectionWarning: Unhandled promise rejection
(rejection id: 1): Error: ENOENT: no such file or directory, open 'foo.txt'
(node:2000) DeprecationWarning: Unhandled promise rejections are deprecated.
In the future, promise rejections that are not handled will terminate the Node.js
process with a non-zero exit code.
```

这个信息我们也介绍过了，这表明了代码中有一个没有被处理的处于 rejected 状态的
Promise。因此使用 await 时为了避免潜在的错误，最好用 try/catch 将所有的 await 包裹起来。

```
var asyncReadFile = async function () {
    try{
        var result1 = await readFile(Some Path Not Exist);
         var result2 = await readFile('bar.txt');
    }catch(e){
        console.log("Error Occurred!");
    }
}
```

4.5.3　在循环中使用 async 方法

到 ES2017 为止，Node 中一共提供了下面的几种循环：

● while 循环。

● 普通的 for 循环，例如 for(var i = 0; i<10 ; i++)，这是最常用的循环。

● forEach 循环。

● ES2015 新增的 for of 循环。

通常遇到多个异步任务时，如果我们希望它们能串行执行，可以使用循环的方式来进行
调用。

1. for/while 循环

```
var array = ['foo.txt','bar.txt','baz.txt']
async function readFile(){
    for(let i= 0;i<3;i++ ){
        var result = await readFile_promise(array[i]);
        console.log(result);
    }
}
```

会按顺序输出 4 个文本文件的内容。

2. forEach 循环

```
async function readFile(list){
    list.forEach(async function(item){
        var result = await readFile_promise(item);
        console.log(result);
    })
}
readFile(['foo.txt','bar.txt','baz.txt'])
```

值得注意的是，即使是在匿名函数中使用 await 关键字，也要在匿名函数前加上 async 关键字。

此外，上面的代码不能保证顺序执行。

3. for of 循环

```
async function readFile3(list){
    for(var item of list){
        var result = await readFile_promise(item);
        console.log(result);
    }
}
readFile3(['foo.txt','bar.txt','baz.txt'])
```

另一方面，如果异步方法的执行全都变成串行的话，就不能发挥出 Node 非阻塞 IO 的优势了，如果想要使用并行来提高执行效率，那么需要使用 promise.all()，前面已经介绍过了。

```
async function readFile4(list){
    await Promise.all(list.map(async function(item){
        var result = await readFile_promise(item);
        console.log(result);
    }));
}
readFile4(['foo.txt','bar.txt','baz.txt'])
```

4.5.4 async 和 await 小结

async 函数是用 async/await 关键字来标识的， async 函数返回一个 Promise 对象，当在方法体中遇到异步操作时，会立刻返回，随后不断轮询直到异步操作完成，随后再继续执行方法体内剩下的代码。

```
async function timeout(ms) {
    await new Promise((resolve) => {
        setTimeout(resolve, ms);
    });
}

async function asyncPrint(ms) {
    for(let i =0;i<5;i++){
        await timeout(ms);
        console.log(i);
```

```
    }
}
asyncPrint(1000);
```

上面的代码，每间隔一秒依次输出 0、1、2、3、4，到了这一步，终于可以在 for 循环内部顺序执行多个异步操作了。

读者可能注意到了，即使将 timeout 写成了 async/await 的形式，但在 asyncPrint 方法中依然需要使用 await 关键字来调用，同时也让 asyncPrint 函数也带上了 async 关键字。

通常在希望顺序处理的过程中，只要函数体中调用了 async 操作，该函数就不得不带上 async 关键字。这有可能导致所有的函数都变成 async 函数，就像采用同步事件处理的语言一样，还是以上面的代码为例，如果我们想要顺序调用多个 asyncPrint 方法，还是要使用 async 方法。

```
async function test(){
    await    asyncPrint(1000);
    console.log("---------");
    await asyncPrint(2000);
}
```

await 关键字后面的代码需要是 Promise 对象才能使用，如果要将现有的异步流程改造成 async 方法，通常要先将异步操作改造成 Promise。

await 关键字小结

对于 await 关键字使用的一些关键点如下：

● await 关键字必须位于 async 函数内部。
● await 关键字后面需要是一个 Promise 对象（不是的话就调用 resolve 转换它）。
● await 关键字的返回结果就是其后面 Promise 执行的结果，可能是 resolved 或者 rejected 的值。
● 不能在普通箭头函数中使用 await 关键字，需要在箭头函数前面增加 async 关键字。
● await 用来串行地执行异步操作，想实现并行可以考虑 promise.all。

4.5.5　async 函数的缺点

async 函数和 Generator 函数比起来，有着不少的优点，例如可以实现自动执行，无须借助第三方模块等，也免去了 Generator 函数中一些复杂的概念，async 函数的声明和执行与普通同步函数几乎一模一样（除了 async 和 await 关键字外）。

乍一看 async 方法十分完美，可以用最简洁的方式解决异步处理，但仍然有一些不足。

假设我们有很多层的方法调用，最底层的异步操作被封装成了 async 方法，那么该函数的所有上层方法可能都要变成 async 方法。

下面就用一个例子来说明这一点：假设我们有一个 get 方法，用来从数据库中找出一条 id 最大值的记录，然后调用 set 方法将这个值增加 1 后存入数据库，然后再返回修改后的值。

我们将两个操作封装在一个方法里，叫做 update，显然，get 应该在 set 之前调用，为此我们将 update 函数声明为 async 方法。

```
async function update(){
    var value =  await get();
    ++value;
    await set();
    //应该等待 set 完成后再返回
    return value;
}
```

假设 update 是由一个对象触发 update 事件时执行的回调函数,通常情况下上一级的调用会是如下形式。

```
obj.on("update",function(){
    var value = update();
});
```

对于 async 函数 update 来说,这种调用得不到正确的 value 值,因为 async 方法返回的永远是一个 Promise,即使开发者返回的是一个常量,也会被自动调用的 promise.resolve 方法转换为一个 Promise。

因此,上层的调用方法也要是一个 async 函数,如下所示。

```
//假设名为 xxx 的方法调用了 update()
async function xxx(){
    //……
    var value = await update();
    //……
    return value;

});
```

如果还存在更高层次的方法调用,那么从最底层的异步操作开始,到最顶层一个不需要返回值的函数为止,全部的方法都变成了 async 方法。

4.6 总结

回调在相当长的一段时间内一直困扰着 Node 社区,并且在一定程度上阻碍了 Node 的发展。

本章按照时间顺序介绍了曾在回调处理中流行的方法和第三方模块,从原始的嵌套回调到现在的 async 方法,Node 经过了漫长的旅途,这些标准本来可以早些落地的,然而各种各样的突发事件导致了直到 ES2017 和 Node v7.6.0 才走完这段路,中间一共花了近 8 年的时间,不免让人心生遗憾。

目前我们推荐统一使用 Promise 作为处理异步的方式,虽然 async/await 看起来更加简洁,但在大型项目中开发者不一定非要使用 async 方法来处理异步，因为相比之下 Promise 更加灵活，而作为中间过渡的 Generator 函数，现在已经并不推荐使用了。

4.7　引用资源

http://es6.ruanyifeng.com/#docs/promise#Promise-all

https://github.com/tj/co

http://exploringjs.com/es2016-es2017/ch_async-functions.html

https://pouchdb.com/2015/05/18/we-have-a-problem-with-promises.html

http://www.ruanyifeng.com/blog/2015/05/thunk.html

第 5 章
◀ 使用Koa2构建Web站点 ▶

——What the hell? A new JavaScript Framework?

在这一章,我们会试着从零开始实现一个完整的 Web 应用,它是一个简单的 BLOG 系统,具有发布、归类、展示等功能,对于入门的开发者来说这是一个合适的例子。如果读者已经有了使用其他语言开发 Web 应用的经验,那么对于本章的大多数概念应该都不会陌生。

本章演示使用框架为 Koa 2.0,它由 Express 的核心团队开发,目的是使用 ECMAScript 的最新特性来开发下一代的 Web 应用,要使用这些新特性,Node 版本要求在 7.6.0 以上,建议读者安装 Node 的最新版本。

虽然本章的重点是围绕 Koa 框架来展开的,但也会有一些原生的 Node 或者使用 Express 框架书写的代码,它们通常是为了便于读者更好地理解各种概念而存在的。

5.1　Node Web 框架的发展历程

我们首先梳理一下 Node Web 框架的发展历程,从 2009 年到现在,最为出名的 Web 框架有三个。

5.1.1　Connect

Connect 诞生于 2010 年,这个时间相当早(Node 项目始于 2009 年),其官方描述如下:

```
Connect is a middleware layer for Node.js
```

可以将 Connect 理解成一个 Node 中间件的脚手架,只提供了基本的调用逻辑,没有具体的处理逻辑。

Connect 的源码结构十分简单,只有一个文件,去掉注释后的代码不超过两百行。

之所以首先提到Connect,是因为它首先在Node 服务器编程中引入了中间件(middleware)的概念。

中间件的概念并不新鲜,早就广泛存在于其他语言的开发中,例如 Java Web 的各种中间件,但对于当时还是一片荒芜的 Node 来说,中间件概念的引入有很重要的意义,因为之后产生的大多数框架都开始采用这一思路,为后面 Express 的诞生与繁荣打下了基础。

中间件的引入将 Web 开发变成了不同模块之间的层级调用,有助于开发者将业务逻辑进行拆分。

此外，Connect 的实现已经成了某种事实的规范，例如使用 use 方法加载中间件并且通过 next 方法调用中间件等，这在 Express 和 Koa 中得以延续（这很大程度上也和三个项目的贡献者之一的 TJ 本人有关）。

5.1.2　Express

Express 框架开发的时间也很早（2010 年），它继承了 Connect 的大部分思想（连源码都继承了），其发展分为两个阶段，Express3.x 与 Express4.x。

在 3.x 及之前的版本中，Express 直接依赖 Connect 的源码，并且内置了不少中间件，这种做法的缺点是如果内置的中间件更新了，那么开发者就不得不更新整个 Express。

在 4.x 中，Express 摆脱了对 Connect 的依赖，并且摒弃了除了静态文件模块之外的所有中间件，只保留了核心的路由处理逻辑以及一些其他的代码。

在过去的几年中，Express 取得了巨大的成功，无论是开发者的数量还是社区的活跃程度都是现象级的，MEAN 架构（MongoDB+Express+Angular+Node）成为了不少初创网站的开发首选，至今依旧非常流行。

5.1.3　Koa

但是 Express 依旧存在不少问题，面对异步中间件的层级调用，往往还要借助第 4 章的那一套东西去解决（这种情况已经在 ES2015 及 Node v7.6.0 之后有所改善）。

在某些需要同步调用的场景下处理异步让人窝火，开发者往往会在这上面耗费大量的时间，而不是把主要精力放在业务逻辑上。

因此在 2013 年底，Express 的原班开发人马使用 ES2015 中的新特性（主要是 Generator）重新打造了新的 Web 框架——Koa，Koa 的初衷就是彻底解决在 Node Web 开发中的异步问题，在 ES2015 还没有被 Node 完全支持的时候，运行 Koa 项目需要在启动 Node 时加上 --harmony 参数。

Koa 的理念与 Connect 更加相似，内部没有提供任何中间件，Express 中保留的静态文件和路由也被剔除，仅仅作为中间件的调用的脚手架。

Koa 的发展同样存在 Koa1.x 和 Koa2 两个阶段，两者之间的区别在于 Koa2 使用了 ES2017 中 async 方法来处理中间件的调用（Koa1.x 使用的是 generator），该特性已经在 v7.6.0 之后的 Node 版本中提供原生支持。

Connect、Express、Koa 这三个框架可谓一脉相承，Connect 目前已经少有人问津，Express 和 Koa 占据了绝大部分的市场。

5.2 内容规划

5.2.1 需求分析

1. 上传文章

自己实现一个 Web 的富文本编译器是一项吃力不讨好的工作,如果独立开发的话,逻辑的复杂性往往会让开发者陷入绝境。因此,通常情况下要实现在线文章的编辑往往要借用第三方模块,这部分内容不是本章重点关注的内容。

文章实现的博客系统里,采用本地编写文章,然后上传到网站上的方式实现,这能让我们更关注路由和数据库存储方面的内容。每一篇博客都有 ID 以及 kind 两个属性,ID 可以是自增的,也可以是一串随机的字符串。

至于其他的功能,我们借助路由来说明。

2. 路由设计

初步设计的路由如表 5-1 所示,我们会随时对其进行补充。

表 5-1 初步设计的路由

目录	说明
/	默认的根路径
/blogList	获取全部博客列表
/kind/:kindName	某个分类下的博客列表
/kindList	获取分类列表
/blog/:blogId	根据 id 获取博客内容
/modify/blog/:blogId/:kindName	修改一篇博客的分类
/modify/kind/:kindName	修改分类的名称
/new/kind/:kindName	新增分类
/delete/blog/:blogId	删除一篇博客
/delete/kind/:kindName	删除一个分类

我们不会对所有的实现一一叙述,因为它们背后的实现都是相通的,本章只会挑一些核心功能进行说明。

5.2.2 技术选型

传统的 Web 开发分为前后端,前端使用 HTML/JS/CSS 配套进行页面设计,后端使用 Java、Python 等来进行数据处理,对于本书来说,唯一的区别在于后端语言换成了 Node。

为了实现这个目标网站,我们需要解决下面几个问题:

- 静态文件服务
- 路由设计
- 数据存储
- 页面渲染（使用页面模板还是框架）

本章使用的技术栈为 Node+Koa+Mongo+Redis+Ejs，它们分别扮演的角色如下所示：

- Node：开发语言。
- Koa：Web 开发框架。
- MongoDB：基础的数据存储服务。
- Redis：主要用来存储 Session。
- Ejs：页面模板引擎。

在页面展示上，本章并没有选择 Angular 或者 React 等流行的前端框架，是因为它们本身就值得一本书的篇幅去描述，而且它们与 Node 本身也没有太大关系，因此这里选择了最为简单的 Ejs，目的是让读者的注意力放在 Koa 本身的实现上。

对于本章的实现来说，Redis 不是必需的，但因为其在 Web 领域应用十分广泛，因此花了一些篇幅进行介绍。

为什么不是 Express

唯一的答案就是 Express 太流行、太常见了，随便翻开一本介绍 Node 的书籍，它们十有八九都会抽出一章来专门介绍 Express，从 Express 的各种概念再到如何使用 Express 搭建简单的 Web 站点。

正因为介绍 Express 的书籍已经铺天盖地，所以在选取本章要使用的 Web 框架的时候，笔者几乎毫不犹豫地选择了 Koa 来作为演示的技术。相比 Express，Koa 足够"新"，不仅体现在诞生时间，还有使用的最新特性，更能贴合本书的理念。

5.3　Koa 入门

5.3.1　Koa1.x 与 Koa2

前面已经提到，Koa1.x 和 Koa2 的主要区别在于前者使用 Generator，后者使用 async 方法来进行中间件的管理。

在 Web 开发中，尽管 Node 本身是异步的，但我们还是希望能够顺序执行某些操作，而且代码实现要尽可能简洁。例如在收到 HTTP 请求时，我们希望先将请求信息写入日志，接着进行数据库相关的操作，最后返回对应的结果。

在实际开发中，这些操作会抽象为一个个中间件，通常都是异步进行调用的，我们的问题就回到了如何控制中间件的调用顺序上。

在 Koa1.x 的版本中，由于当时 ES2017 还没有影子（2013 年底），因此使用了 ES2015 提案中的 Generator 函数来作为异步处理的主要方式。为了实现 Generator 的自动执行，还使用了上一章介绍的 co 模块作为底层的执行器——它们都是出自同一作者之手。

下面是一个 Koa1.x 的例子。

代码 5.1　Koa 1.x 示意

```
var Koa = require('Koa');
var app = Koa();

app.use(function *(next){
    var start = new Date;
    //调用下一个中间件，即向前端响应"Hello world"
    yield next;
    var ms = new Date - start;
    //打印从请求到响应的耗时
    console.log('%s %s - %s', this.method, this.url, ms);
});

app.use(function *(){
    this.body = 'Hello World';
});

app.listen(3000);
```

当用户访问 localhost:3000 时，首先打印出 hello world，再输出 log 信息。

Koa1.x 对中间件的处理基于 co 模块，这仍然是一种比较 hack 的方法。

ES2017 的草案里增加了 async 函数，Koa 为此发布了 2.0 版本，这个版本舍弃了 Genrator 函数和 co 模块，完全是使用 async 函数来实现的， async 函数在 Node v7.6.0 之后才得到了完整的支持，因此要使用 Koa2 进行开发，本地的 Node 环境最好大于 7.6.0。

除此之外，Koa 和 Express 最大的不同之处在于 Koa 剥离了各种中间件，这种做法的优点是可以让框架变得更加轻量，缺点就是 Koa 发展时间还较短，各种中间件质量参差不齐，1.x 和 2.x 的中间件也存在一些兼容性问题，但对于多数常用的中间件来说，都已经实现了对 Koa2.0 的支持。

在 Koa 项目的 GitHub 主页 https://github.com/Koajs 中，列出了 Koa 项目本身和被一些官方整理的中间件列表，开发者也可以在 GitHub 中搜索，查找比较活跃的中间件。

在本章中，我们主要介绍 Koa2 的使用，在后面内容里提到的 Koa 均代表 Koa2.0。

关于使用 Koa 的准备工作，唯一需要注意的是 Node 的版本问题，为了顺利地使用 Koa，请读者在自己的机器上安装最新版的 Node（大于 7.6.0 均可）。

5.3.2　context 对象

按照惯例，从最简单的入门例子来看 Koa 的使用。

代码 5.2　使用 Koa2.0 创建 http 服务器

```
const Koa = require('Koa');
const app = new Koa();

app.use(ctx => {
  ctx.body = 'Hello World';
});

app.listen(3000);
```

Node 提供了 request(IncomingMessage)和 response(ServerReponse)两个对象，Koa 把两者封装到了同一个对象中，即 context，缩写为 ctx。

context 中封装了许多方法和属性，大部分是从 request 和 response 对象中使用委托方式得来的，下面列出了 ctx 对象封装的一些属性以及它们的来源：

1. From request

- ctx.header
- ctx.headers
- ctx.method
- ctx.url
- ctx.originalUrl
- ctx.origin
- ctx.href
- ctx.path
- ctx.query
- ctx.querystring
- ctx.host
- ctx.hostname
- ctx.fresh
- ctx.stale
- ctx.socket
- ctx.protocol
- ctx.secure
- ctx.ip
- ctx.ips
- ctx.subdomains
- ctx.is()
- ctx.accepts()
- ctx.acceptsEncodings()
- ctx.acceptsCharsets()

- ctx.acceptsLanguages()
- ctx.get()

2. From response

- ctx.body
- ctx.status
- ctx.message
- ctx.length
- ctx.type
- ctx.headerSent
- ctx.redirect()
- ctx.attachment()
- ctx.set()
- ctx.append()
- ctx.remove()
- ctx.lastModified
- ctx.etag

至于 Koa 是如何获得这些属性和方法的，我们会在 Koa 源码分析一节介绍。

除了自行封装的属性外，ctx 也提供了直接访问原生对象的手段，ctx.req 和 ctx.res 即代表原生的 request 和 response 对象，例如 ctx.req.url 和 ctx.url 就是同一个对象。

除了上面列出的属性之外，ctx 对象还自行封装了一些对象，例如 ctx.request 和 ctx.response，它们和原生对象之间的区别在于里面只有一部分常用的属性，我们可以试着将原生对象和 ctx 封装后的对象分别打印出来进行比较：

```
const app = require('Koa')();
app.use((ctx,next)=>{
    console.log(ctx.request);
    console.log(ctx.response);
});
app.listen(3001);
```

访问 localhost:3001，打印 ctx.request 的内容如下：

```
{ method: 'GET',
 url: '/',
 header:
  { host: 'localhost:3001',
    connection: 'keep-alive',
    'upgrade-insecure-requests': '1',
    'user-agent': 'Mozilla/5.0 (Macintosh; Intel Mac OS X 10_12_3)
AppleWebKit/537.36 (KHTML, like Gecko) Chrome/57.0.2987.133 Safari/537.36',
    accept:
'text/html,application/xhtml+xml,application/xml;q=0.9,image/webp,*/*;q=0.8',
    'accept-encoding': 'gzip, deflate, sdch, br',
```

```
'accept-language': 'zh-CN,zh;q=0.8,en;q=0.6,ja;q=0.4' } }
```

ctx.response 的内容如下：

```
{ status: 404, message: 'Not Found', header: {}, body: undefined }
```

可以看出，二者的结构和原生对象还是有很大区别的，ctx.response 只有最基本的几个属性，上面没有注册任何事件或方法，这表示下面的使用方法是错误的：

```
fs.createReadStream("foo.txt").pipe(ctx.response);
```

上面的代码会抛出 TypeError: dest.on is not a function 的错误，原因也很简单，ctx.response 只是一个简单的对象，没有定义任何事件，要使用 pipe 方法，代码要改成：

```
fs.createReadStream("foo.txt").pipe(ctx.res);
```

3. ctx.state

state 属性是官方推荐的命名空间，如有开发者从后端的消息想要传递到前端，可以将属性挂在 ctx.state 下面，这和 react 中的概念有些相似，例如我们从数据库中查找一个用户 id：

```
ctx.state.user = await User.find(id);
```

4. 其他的一些属性和方法

```
ctx.app  //ctx 对 app 对象的引用
ctx.cookies.get(name, [options]) //获取 cookie
ctx.cookies.set(name, value, [options]) //设置 cookie
ctx.throw([msg], [status], [properties]) //用来抛出异常的方法
//例如
//ctx.throw('name required', 400)
//这句代码相当于：
//const err = new Error('name required');
//err.status = 400;
//err.expose = true;
//throw err;
```

5. 处理 http 请求

上面的内容也提到，Koa 在 ctx 对象中封装了 request 以及 response 对象，那么在处理 http 请求的时候，使用 ctx 就可以完成所有的处理。

在上面的代码中，我们使用：

```
ctx.body = "Hello World";
```

相当于：

```
res.statusCode = 200;
res.end("Hello World");
```

ctx 相当于 ctx.request 或者 ctx.response 的别名，判断 http 请求类型可以通过 ctx.method 来进行判断，get 请求的参数可以通过 ctx.query 获取。

例如，当用户访问 localhost:3000?kindName=Node 时，可以设置如下的路由。

代码 5.3　获取 get 请求参数

```
app.get('/', async (ctx, next) => {
console.log(ctx.method);// GET
    console.log(ctx.query);// { kindName: 'Node' }
    //TODO
    await next();
});
```

Koa 处理 get 请求比较简单，直接通过 ctx.req.<param>就能拿到 get 参数的值，post 请求的处理稍微麻烦一些，通常使用 bodyParser 这一中间件进行处理，但也仅限于普通表单，获取格式为 ctx.request.body.<param>（文件上传在后面介绍）。•

例如我们构造一个简单的 form 用来输入用户名和密码：

```
<form action="/login" method="post">
    <input name="name">
    <input name="password" type="password">
    <input type="submit" value="Submit">
</form>
```

服务端相应路由的代码就可以写成：

```
router.post('/login', (ctx, next) => {
    const name = ctx.request.body.name;
    const password = ctx.request.body.password ;
});
```

5.4　middleware

5.4.1　中间件的概念

在介绍 Koa 中间件之前，我们暂时先把目光投向 Express，因为 Koa 中间件的设计思想大部分来自 Connect，而 Express 又是基于 Connect 扩展而来的。

Express 本身是由路由和中间件构成的，从本质上来说，Express 的运行就是在不断调用各种中间件。

中间件本质上是接收请求并且做出相应动作的函数，该函数通常接收 req 和 res 作为参数，以便对 request 和 response 对象进行操作，在 Web 应用中，客户端发起的每一个请求，首先要经过中间件的处理才能继续向下。

中间件的第三个参数一般写作 next，它代表一个方法，即下一个中间件。如果我们在中间件的方法体中调用了 next 方法，即表示请求会经过下一个中间件处理。

例如下面的函数就可以拿来做一个中间件。

```
function md(req,res,next){
    console.log("I am a Middleware");
```

```
    next();
}
```

1. 中间件的功能

由于中间件仍然是一个函数，那么它就可以做到 Node 代码能做到的任何事情，除此之外还包括了修改 request 和 response 对象、终结请求-响应循环，以及调用下一个中间件等功能，这通常是通过在内部调用 next 方法来实现的。如果在某个中间件中没有调用 next 方法，则表示对请求的处理到此为止，下一个中间件不会被执行。

2. 中间件的加载

中间件的加载使用 use 方法来实现，该方法定义在 Express 或者 Koa 对象的实例上，例如加载上面定义的中间件 md：

```
var app = express();
app.use(md);
```

3. Express 中的中间件

Express 应用可使用如下几种中间件：

● 应用级中间件
● 路由级中间件
● 错误处理中间件
● 内置中间件
● 第三方中间件

上面是官网的分类，实际上这几个概念有一些重合之处。

（1）应用级中间件

使用 app.use 方法或者 app.METHOD()（Method 表示 http 方法，即 get/post 等）绑定在 app 对象上的中间件。

代码 5.4　Express 中间件示例

```
var app = express();

// 没有挂载路径的中间件，前端每个请求都会经过该中间件
app.use(function (req, res, next) {
  console.log('Time:', Date.now());
  next();
});
app.use('/user/:id', function (req, res, next) {
  console.log('Request Type:', req.method);
});
```

在第一个中间件中调用了 next 方法，因此会转到第二个中间件，第二个由于没有调用 next 方法，其后的中间件都不会执行。

（2）路由级中间件

和 Koa 不同，路由处理是 Express 的一部分，通常通过 router.use 方法来绑定到 router 对象上：

```
var app = express();
var router = express.Router();

//将中间件挂载到/login 路径下，所有访问/login 的请求都会经过该中间件
router.use('/login',function (req, res, next) {
  console.log('Time:', Date.now());
  next();
});
```

（3）错误处理中间件

错误处理中间件有 4 个参数，即使不需要通过 next 方法来调用下一个中间件，也必须在参数列表中声明它，否则中间件会被识别为一个常规中间件，不能处理错误。

```
app.use(function(err, req, res, next) {
  console.error(err.stack);
  res.status(500).send('Something broke!');
});
```

（4）内置中间件

从 4.x 版本开始，Express 已经不再依赖 Connect 了。除了负责管理静态资源的 static 模块外，Express 以前内置的中间件现在已经全部单独作为模块安装使用。

（5）第三方中间件

第三方中间件可以为 Express 应用增加更多功能，通常通过 npm 来安装，例如获取 Cookie 信息常用的 cookie-parser 模块，或者解析表单用的 bodyParser 等。

Koa 没有任何内置的中间件，连路由处理都没有包括在内，所有中间件都要通过第三方模块来实现，比起 Express 来，其实更像是 Connect。

5.4.2　next 方法

无论是 Express 还是 Koa，中间件的调用都是通过 next 方法来执行的，该方法最早在 Connect 中提出，并被 Express 和 Koa 沿用。

当我们调用 app.use 方法时，在内部形成了一个中间件数组，在框架内部会将执行下一个中间件的操作放在 next 方法内部，当我们执行 next 方法时，就会执行下一个中间件。如果在一个中间件中没有调用 next 方法，那么中间件的调用会中断，后续的中间件都不会被执行。

对于整个应用来说，next 方法实现的无非就是嵌套调用，也可以理解成一个递归操作，执行完 next 对应的中间件后，还会返回原来的方法内部，继续向下执行后面的方法。具体的实现会在 Koa 源码分析一节介绍。

如图 5-1 所示，下面这张"洋葱图"很形象地解释了 Koa 中间件的工作原理，对于 request 对象，首先从最外围的中间件开始一层层向下，到达最底层的中间件后，再由内到外一层层

返回给客户端。每个中间件都可能对 request 或者 response 对象进行修改。

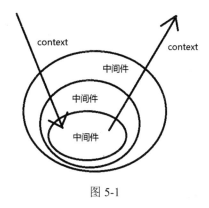

图 5-1

5.4.3　中间件的串行调用

接下来讲述的是 Koa 设计的核心部分，在 Web 开发中，我们通常希望一些操作能够串行执行，例如等待写入日志完成后再进行数据库操作，最后再进行路由处理。

在技术层面，上面的业务场景表现为串行调用某些异步中间件。

比较容易想到的一种做法是把 next 方法放到回调里面，但如果异步操作一多，就又回到了第 4 章的问题。

下面的代码定义了两个 Express 中间件，和之前不同之处在于第二个中间件中调用了 process.nextTrick()，表示这是一个异步操作。

代码 5.5　Express 的异步中间件

```
var app = require('express')();
app.use(function(req,res, next){
    next();
    console.log("I am middleware1 ")
});
app.use(function(req,res,next){
    process.nextTick(function(){
        console.log("I am middleware2");
        next();
    });
});
app.listen(3000);
//访问 localhost:3000 的输出结果
// I am middleware1
// I am middleware2
```

按照上面的原理，next 方法在执行完毕后返回上层的中间件，那么应该先执行 middleware2，然后再执行 middleware1；但由于第二个中间件内的 process.nextTick 是一个异步调用，因此马上返回到第一个中间件，继续输出 I am middleware1，然后中间件二的回调函数执行，输出 I am middleware2。

我们前面也已经提到了，在有些情况下，我们可能希望等待 middleware2 执行结束之后再输出结果。而在 Koa 中，借助 async/await 方法，事情变得简单了。

代码 5.6　Koa 中使用 async 组织的异步中间件

```
var Koa = require("Koa");
var app = new Koa();
app.use( async(ctx, next) =>{
    await next();
    console.log("I am middleware1 ")
});
app.use( async (ctx, next) =>{
    process.nextTick(function(){
        console.log("I am middleware2 ");
        next();
    });
});
app.listen(3000);
//访问 localhost:3000 的输出结果
// I am middleware2
// I am middleware1
```

使用 await 关键字后，直到 next 内部的异步方法完成之前，midddlware1 都不会向下执行。

下面我们来看一个具体例子的分析，这个例子反映了一种常见的需求，即设置整个 app 的响应时间。

5.4.4　一个例子——如何实现超时响应

1. Express 中的超时响应

下面我们来介绍一个更贴近具体业务的例子。在 Web 开发中，我们希望能给长时间得不到响应的请求返回特定的错误信息。

如果是在 Express 中，可以使用 connect-timeout 这一第三方中间件来处理响应超时，该中间件实现很简单，读者可以自行在 GitHub 上参阅其源码，下面是一段使用 connect-timeout 进行超时响应的示意代码。

代码 5.7　Express 中的超时响应

```
var express = require('express')
var timeout = require('connect-timeout')


// example of using this top-level; note the use of haltOnTimedout
// after every middleware; it will stop the request flow on a timeout
var app = express()
app.use(timeout('5s'))
```

```
app.use(some middleware)
app.use(haltOnTimedout)
app.use(some middleware)
app.use(haltOnTimedout)

function haltOnTimedout (req, res, next) {
  if (!req.timedout) next()
}
```

```
app.listen(3000)
```

该中间件的实现很简单，timeout 内部定义了一个定时器方法，如果超过定时器规定的时间限制，就会触发错误事件并返回一个 503 状态码，并且 haltOnTimedout 后面的中间件不再执行。

如果在定时器触发前完成响应，就会取消定时器。

这种做法虽然看起来能解决超时问题，但仔细想一想缺点也很明显，在 timeout 方法中只定义了一个简单的定时器，如果中间件中包含了一个异步操作，那么容易在调用回调方法时出现问题。

假设 timeout 加载后又引入了一个名为 queryDB 的中间件，该中间件封装了一个异步的数据库操作，并且将查询的结果作为响应消息返回。

queryDB 在大多数状态下很快（1 秒内）就能完成，但有时会因为某些原因（例如被其他操作阻塞）导致执行时间变成了 10 秒，这时 timeout 中间件已经将超时信息返回给了客户端，如果 queryDB 内部包含了一个 res.send 方法，就会出现 Can't set headers after they are sent 的错误。

要解决这个问题，比较妥当的方式是通过事件监听的方式，如果超时之后触发该事件，那么取消之后的全部操作，或者直接修改 res.end 方法，在其中设置一个 flag 用来判断是否已经调用过。

上面问题的根本原因是 connect-time，或者是 Express 没办法对异步中间件的执行进行很好的控制。

2. Koa 中的超时响应

借助 async 方法中间件会按照顺序来执行，这时进行 timeout 管理就比较方便了，目前社区也有 koa-timeout 等一些中间件，读者可以自行去探索使用，也可以考虑自己实现，毕竟这样的中间件实现难度并不大。

下面是笔者自己实现的一个例子，核心思想是使用 promise.race 方法来比较 setTimeout 和之后的中间件哪个会更快完成。

代码 5.8　Koa 的 timeout 中间件

```
app.use(async (ctx ,next) => {
```

```
        var tmr = null;
        const timeout = 5000;//设置超时时间
        await Promise.race([
            new Promise(function(resolve, reject) {
                tmr = setTimeout(function() {
                    var e = new Error('Request timeout');
                    e.status = 408;
                    reject(e);
                }, timeout);
            }),
            new Promise(function(resolve, reject) {
                //执行后面加载的中间件
                (async function() {
                    await next();
                    clearTimeout(tmr);
                    resolve();
                })();
            })
        ])
});
```

如果我们想用上面的代码管理超时，queryDB 需要返回一个 Promise 对象或者是 async 方法。

5.5 常用服务的实现

对 Koa 有了大致的了解后，我们再次将目光转向网站开发上面，这一节我们会实现一些常用的服务，包括静态文件处理、路由和数据存储等。

5.5.1 静态文件服务

第 2 章已经介绍了使用原生 http 和 fs 模块实现的静态文件服务，在 Web 开发中通常不会使用自己封装的方法，这里选择 koa-static 作为处理静态文件的中间件。

代码 5.9　koa-static

```
const Koa = require('Koa');
const app = new Koa();
const  serve = require("Koa-static");
app.use(serve(__dirname+ "/static/html",{ extensions: ['html']}));
app.listen(3000);
```

static 模块的使用比较简单，规划好静态文件存放的路径，使用 app.use 挂载在应用上即可。上面的代码中，__dirname+ "/static/html"表示静态文件存放的路径，当接收到请求后，会在该路径下进行查找。

Serve 方法还可以接收一个对象作为第三个参数，表示将查找文件的范围限定在指定后缀名范围内。例如，我们在代码 5.9 中设置了 {extensions: ['html']}，那么在访问文件时就可以省略文件后缀名。

例如，我们要访问根目录下的 login.html，就可以使用：

```
http://localhost:3000/login
```

5.5.2　路由服务

Express 的路由中间件是集成在框架内部的，因此可以直接使用如下的代码：

```
app.get("/",function(req,res){
    //TODO
})
```

Koa 中的路由处理要借助第三方模块来实现，这里使用 Koa-router，和 Express 中注册路由的写法相同，router 对象分别使用 get 和 post 方法来处理 get 和 post 请求。

下面是一个使用 Koa-router 的例子：

```
var Koa = require('Koa');
var bodyParser = require('Koa-bodyparser');
const router = require('Koa-router')();
var app = new Koa();
app.use(bodyParser());
app.use(router.routes());
router.get('/', async (ctx, next) => {
   ctx.response.body =
       '<h1>Index</h1> <form action="/login" method="post"> ' +
       '<p>Name: <input name="name"></p>' +
       ' <p>Password: <input name="password" type="password"></p> ' +
       '<p><input type="submit" value="Submit"></p>' +
       ' </form>';
});

router.post('/login', async (ctx, next) => {
   let
       name = ctx.request.body.name || '',
       password = ctx.request.body.password || '';

   console.log(ctx.request);
   if (name === 'Koa' && password === '12345') {
      ctx.body = "Success"
   } else {
      ctx.body = "Login error";
   }
});
```

上面的代码中，我们定义了两个路由，接收到 get 请求后向前端渲染一个 form 表单用于登录，当用户单击 submit 提交后，router 接收到 post 请求后使用 ctx.request.body 对象来解析表单中的字段，该对象是 router 中间件提供的访问接口。

因为 router 也是中间件，因此要使用 app.use() 来挂在 app 对象中。此外，bodyPaser 要在 router 之前加载才能生效。Koa-router 同样支持定义多种形式的路由，下面是一些例子。

```
router.get('/:category/:title', function (ctx, next) {
  console.log(ctx.params);
  // => { category: 'programming', title: 'how-to-node' }
});
router.get(/^\/(.*)(?:\/|$)/, ...);
 // match all path, e.g., /hello, /hello/world
router.get(/^\/app(?:\/|$)/, ...);
// match all path that start with "/app", e.g., /app/hello, /app/hello/world
```

上面代码里:category 和:title 实际上起到了 get 参数的作用，这种 REStful 风格的地址传递相比使用？category=XX &title=XX 的形式更加简洁，要获取这种形式的参数，可以使用 ctx.params 对象，例如：

```
router.get("/delete/blog/:blogId",async(ctx,next)=>{
    await dbAPI.deleteBlogId(ctx.params.blogId);
    await next()
}
```

5.5.3　数据存储

在网站的规划中，我们使用 id 这一唯一属性来定位一篇博客，而博客是以 HTML 文件形式存储在 static 文件夹下的，文件名是博客的标题。

为了管理 id 和文件名以及文件分类之间的映射关系，我们引入了 MongoDB 来作为数据存储的介质，关于 MongoDB 相关的介绍可以参考附录。

在介绍具体实现 bloglist 这一集合之前，我们先来看看 MongoDB 相关的内容。

1. 使用 Mongoose 访问 MongoDB

如果读者曾使用 SSH（struts2+spring+hibernate）框架开发过 J2EE 应用，那么应该对 Hibernate 比较熟悉。

Hibernate 是一种 ORM（Object Relational Mapper），它提供了 Java 对象与关系型数据库表的映射关系，使得开发者能编写更高效率的代码而不是直接使用 JDBC 来连接数据库。

在这一点上，Mongoose 和 Hibernate 相似，它同样为 Node 提供了访问 MongoDB 的接口，它将 MongoDB 中的 collection 映射到了 Node 的代码中。

Mongoose 和 Hibernate 的不同之处在于 Mongoose 是一种 ODM（Object Document Mapper），提供的是对象和文档数据库（Document Database）之间的映射关系，有兴趣的读者可以自行探索二者的区别，这里不做介绍。

2. Mongoose 的使用

在项目目录下运行下面命令：

```
npm install mongoose
```

安装成功后，准备连接数据库，确保 MongoDB 的本地实例已经开始运行后，就可以准备用代码连接 MongoDB 了。

新建文件 db.js，开头增加如下代码：

```
var mongoose = require('mongoose');
mongoose.connect('mongodb://localhost/test');
```

连接到数据库后，需要检测连接状态，用来应付可能出现的错误或异常，在 db.js 中增加如下代码：

代码 5.10　检测连接状态

```
var db = mongoose.connection;
db.on('error', console.error.bind(console, 'connection error:'));
db.once('open', function (callback) {
  // connected!
});
```

上文提到，Mongoose 自身定义了一些数据结构来实现 Node 代码与 MongoDB 的映射要使用 Monggose，首先要明确 schema、model 的概念：

● schema：一种以文件形式存储的数据库模型骨架，不具备数据库的操作能力。

● model：由 schema 发布生成的模型，具有抽象属性和行为的数据库操作对。

如果使用关系型数据库来类比的话，schema 大致相当于关系型数据库中的一张表，每个 schema 中定义了若干字段。

而 model 则可以看作是 SQL 语句的抽象，只能定义在一个 schema 上，MongoDB 的增删改查操作都是通过 model 来进行的。

为了更好地理解，我们来实际操作一番，首先在数据库中定义一个名为 login 的 collection，它包含两个字段：username、password。

然后在 db.js 中增加下面的代码，关于数据库相关的操作都会放在这个文件中。

代码 5.11　定义一个 schema

```
var loginSchema = new mongoose.Schema({
    username:String,
    password:String
});
var login = db.model("login",loginSchema,"login");
var user1 = new login({username:"Lear",password:"test"});
user1.save(function (err) {
    if (err) return handleError(err);
    // saved!
});
```

上面的代码里，我们首先声明了一个 schema，schema 内有 username 和 password 两个字段，schema 相当于 collection 的骨架，schema 中声明的字段必须包含在想要关联的 collection 中，如果 collection 中的字段非常多，也可以只关联部分字段，在数据更新的时候，未关联的字段的值默认为空。

随后在第 4 行，在这个 schema 上调用 Model 的构造方法初始化了一个 model，该构造方法的定义如图 5-2 所示。

```
Mongoose#model(name, [schema], [collection], [skipInit])

Defines a model or retrieves it.

Parameters:

  • name <String, Function> model name or class extending Model
  • [schema] <Schema>
  • [collection] <String> name (optional, inferred from model name)
  • [skipInit] <Boolean> whether to skip initialization (defaults to false)
```

图 5-2

之所以在这里介绍这个方法的定义，原因是该方法的第三个参数才是 MongoDB 中对应 collection 的名字，如果漏掉了第三个参数，形如：

```
var login = db.model("login",loginSchema);
```

Mongoose 会自动创建一个名为 logins 的 collection，相当于 model 名称的复数形式，那么之后在使用 collection 的时候就会发现一个预期之外的 collection，Mongoose 文档中也指出了这一点。

```
Mongoose automatically looks for the plural version of your model name
```

关于 Mongoose 为什么这样做，其本意应该是希望开发者可以使用统一的 Mongoose API 作为访问接口来操作 MongoDB，实践也证明了只要使用 model 接口就完全不需要直接调用底层的 collection。

定义好 model 之后，调用 model 的 save 方法将数据存储在对应的 collection 中。接下来如果想要查询已经存储的数据，代码如下：

代码 5.12　使用 Mongoose 查询

```
var query = login.find({username:"Lear"})
query.then(function(doc){
    console.log(doc);
});
```

doc 对象是一个包含所有结果集的数组，如果数据库中只有一条对应的记录，可以使用 doc[0]来取出。

此外，Mongoose 是默认支持 Promise 规范的，这就代表我们可以用 ES201X 的一些新语法来编写数据库代码。

3. 博客系统的数据库准备

在编写代码之前，首先要明确有哪些数据需要存储。

除了存储通常的登录信息外，我们需要维护一个关于博客信息的 collection，该 collection 有如下字段：

- title：文章标题。
- kind：文章分类。
- id：文章 id。

这是一个非常简单的 collection，通常还应该有时间戳、作者信息等一些字段，但这里为了便于说明，只取了这些字段。

如读者所见，在本节定义的 collection 中，我们只维护了一张信息表，至于博客文章的内容本身，暂且将它们视为静态文件放在 static/blogs 文件夹下。

4. Schema 的定义

在目前的实现中，一共定义了两个 schema，分别是 login 和 blogList，login 只负责登录，blogList 则被用作博客相关的操作。

```
var loginSchema = new mongoose.Schema({
    username:String,
    password:String
});
var login = db.model("login",loginSchema,"login");

var blogListSchema = new mongoose.Schema({
    title:String,
    kind:String,
    id:String
});
var blogList = db.model("blogList",blogListSchema,"blogList")
```

5. 数据查询的实现

数据查询分为两个阶段，第一阶段是数据库查询并返回结果，第二阶段是前端页面根据返回的 json 字符串渲染出对应的页面元素。

当访问我们的博客网站时，首先会被默认导航至首页——博客列表。这里以文章的分类作为条件进行查询，如果用户没有选择任何分类，则返回全部文章。

下面是查询部分的代码。

代码 5.13 查询某个分类下的全部文章

```
async function getBlogList(kind){
    let query = {};//一个空对象作为查询条件，表示查询所有结果
    let results = [];
    if(kind != '/'){
        query = {kind:kind}
    }
```

```
    results = await blogList.find(query);
    return results;
}
```

该方法返回一个包含着若干对象的数组，可以直接用来被前端解析。

5.5.4　文件上传

处理文件的上传，大致分为下面的两步：

（1）路由收到前端的 post 请求，将文件存储在 static 目录下。

（2）将 form 中的文件名、类别信息写入数据库，并赋给这篇博客一个用于访问的 id。

文件的上传我们使用 formidable 来实现，formidable 是一个著名的用来处理文件上传的第三方模块，被广泛地用在 Node Web 应用中（不过也因为历时过长导致开发者没什么热情继续维护了，我们会在接下来提到这一点）。

负责处理文件上传的模块 upload.js 如下，dealUpload 是被对应的路由调用的方法，如果读者愿意，也可以将其实现成一个中间件。

代码 5.14　upload.js

```
const formidable = require("formidable");
const fs = require("fs");
function dealUpload(ctx){
    var form = new formidable.IncomingForm();//创建 Formidable.IncomingForm 对象
    form.keepExtensions = true;//保持原有的扩展名
    form.uploadDir = __dirname+"/static/html";
    form.parse(ctx.req,function(err,fields,files){
        if(err){throw err; }
        fs.renameSync(files.file.path,form.uploadDir+files.file.name);
        //TODO save to db
    });
}
module.exports = dealUpload;
```

下一步是将博客信息写入数据库，我们计划给每一篇博客增加 id，这一属性是从 1 开始自增的，因此在插入新的数据前，要获取数据库中最大的 id。

代码 5.15　查找 ID 的最大值

```
async function queryMaxID(){
    let temp = 0;
    await blogList.find({}).sort({'id':-1}).limit(1).then(function(doc){
        if(doc.length>0){
            temp = doc[0].id;
        }else{
            console.log("collection is empty");
        }
    });
    return temp;
}
```

```
async function insertBlogList(title,kind){
    let value = await queryMaxID();
    var record = new blogList({title: title, kind: kind, id: ++value});
    record.save(function (err) {
        if (err) {
            console.log(err);
            return;
        }
        console.log("Insert done");
    });
}
```

在上面的代码中使用了两个 async 方法，queryMaxID 方法使用了一条链式查询：

```
blogList.find({}).sort({'id':-1}).limit(1)
```

在 mongodb 中没有其他数据库里的 max 或者 min 方法来取最大值和最小值，惯用的做法是先按照 id 进行排序，然后取第一条。

1. 对文章的修改

下面要实现的功能是文章的删除和修改，由于我们没有实现一个线上的文本编辑器，因此只能删除一篇文章或者修改文章的分类。

对应的路由代码以及相关的数据库操作：

```
router.post("/delete/blog/:blogId",async(ctx,next)=>{
    //TODO 删除某篇 Blog
    await next()
})
router.post("/modify/blog/:blogId/:kindName",async (ctx,next)=>{
    //TODO 修改 blog 分类
    await next();
})
```

代码 5.16　删除和修改 blog 的分类

```
//delete 操作并未定义成 async 方法
function deleteBlogId(id){
    let query = {id:id};
    console.log(query);
    blogList.remove(query).then(function(doc){
        console.log("done");
    });
}
function modifyBlogKind(id,kind){
    let query = {id:id};
    blogList.findOneAndUpdate(query,{kind:kind}).then(function(doc){
        console.log("done");
    });
;
}
```

2. 使用 MongoDB 存储文件内容

在目前的系统中，我们将文章以静态文件的形式存放在目录下，在实践中通常是不安全的，通常需要将其存在数据库中，博客文章存储在数据库中通常还要经过加密，我们这里省略了这一步。

本章的网站采取用户本地上传的做法，那么在用户上传成功后，就要将文件内容写入数据库中。

代码 5.17　在文件上传成功后写入数据库

```
async function saveBlog(path,kind){
    var content = require("fs").readFileSync(path,{encoding:"UTF-8"});
    var query = new blog({content:content,kind:kind});
    query.save(function(err){
        if(err) return;
        console.log("save done");
    })
}
```

此外，还要修改 upload.js。

```
form.parse(ctx.req,function(err,fields,files){
    if(err){throw err; return;}
    .....................
    //更新博客列表
    dbAPI.insertBlogList(files.file.name,fields.kind);
    //将文件内容存入数据库
    dbAPI.saveBlog(__dirname+"/static/blogs/"+files.file.name,fields.kind)
});
```

当成功上传一个文件后，在 MongoDB 中查询如图 5-3 所示。

```
> db.blog.find({})
{ "_id" : ObjectId("591b018b792360735d5cb449"), "content" : "<!DOCTYPE html>\n<html>\n<head>\n<meta charset=\"utf-8\">\n<meta name=\"viewport\" content=\"width=device-width, initial-scale=1.0\">\n<title>前后端分离的思考与实践</title>\n<link rel=\"stylesheet\" href=\"../css/blog-theme.css\" />\n<script type=\"text/javascript\" src=\"../js/MathJax.js\"></script>\n</head>\n<body><div class=\"container\"><h3 id=\"nodejs的前后端协作思考\">Nodejs的前后端协作思考</h3>\n\n<p>虽然Nodejs能让javascript基本统一前后端，但对于公司来说，也只是降低了招聘的成本，该分离的地方还是要分离的 <br>\n于是要怎么分离，就成了个问题</p>\n\n\n<h4 id=\"node需要做的事\">Node需要做的事</h4>\n<ol>\n<li>b搭建服务器</li>\n<li>设置路由</li>\n<li>数据库服务</li>\n<li>渲染页面/静态文件服务</li>\n<li>输出数据</li>\n</ol>\n\n\n<h4 id=\"前端要做的事\">前端需要做的事</h4>\n<ol>\n<li>b编写html页面和样式</li>\n<li>构建项目javascript(这又是个庞大工程，其工作量往往占到80%以上) </li>\n<li>留出后端的数据接口</li>\n</ol>\n\n<p>就我所见的前后端分离，大多是前端发起ajax请求数据，再由后端返回的实践</p>\n\n<p>这种方法的好处很明显，至少在页面开发的阶段，前端工程师可以不受干扰地进行作业，后端工程师也可以专注于数据库和服务器的逻辑。 <br>\n看起来很美好也很简洁，但就像高中物理里的刚性小球和光滑平面，只能存在于理想状态下 <br>\n真
```

图 5-3

3. 文章内容的读取

当用户单击页面元素试图打开文章时，我们需要用 id 作为参数在数据库中进行查询。

```
async function readBlog(id){
    var result = await blog.find({id:id});
    return result[0];
}
```

我们已经看到文章的存储形式，整片文章都是使用字符串的形式来存储的，对于 Koa 而言，直接使用：

```
ctx.body = content;
```

就能在前端返回文章内容，目前我们的文章访问是交给静态文件来处理的，需要新增相应的路由。

代码 5.18　打开博客内容的路由设计

```
router.get("/blog/:blogId",async (ctx,next)=>{
    let blogId = ctx.params.blogId;
    let content = await dbAPI.readBlog(blogId);
    ctx.body = content;
    await next();
});
```

5.5.5　页面渲染

这一部分其实属于前端的范畴，不是本书覆盖的主要目标，这里简单介绍一下。

目前市面上流行的前端解决方案大致有以下几种（它们都是前端渲染）：

（1）不使用任何框架，直接使用 Ajax 请求后端，再根据返回的结果对 DOM 进行操作，随着前端页面复杂性不断增加，这种做法变得越来越少见。

（2）使用页面模板方式来渲染页面，比较流行的是 ejs、jade 等几种模板引擎，其原理大都是通过使用正则替换来生成 HTML。

（3）使用完整的前端框架，近几年前端流行 MVVM 框架，比较出名的有 React、Angular、Vue 等。

使用前端渲染，通常需要一个页面引擎，它的本质是一个正则表达式，将引擎定义的标签和后端返回的数据转换成 HTML 标签。

本节选择了 ejs 来作为模板引擎，它通过将 JavaScript 代码嵌入到 HTML 文件中来实现，其文件扩展名为.ejs。

1. 在 Koa 中使用 ejs

首先安装 Koa-views 模块，这是一个比较完整的，包含多种页面模板的第三方模块，在 root.js 中增加以下代码：

```
const views = require("Koa-views");
app.use(views(__dirname + "/static/html",{ extension: 'ejs' }));
```

此外在 route.js 中调用 render 方法进行渲染：

```
router.get("/blogList",async(ctx,next)=>{
    //TODO
    const results = await dbAPI.getBlogList('/');
    return ctx.render('blogList',{results:results});
});
```

和之前不同的是，在 ctx.render 方法之前需要加上 return 关键字，render 方法接收两个参数，第一个参数是 ejs 文件的名字，其路径已经定义在 root.js 中，第二个参数是一个对象，属性名表示 ejs 文件中变量的名字，属性名必须和 ejs 中的定义的变量名相同，否则会出现解析错误。

代码 5.19　blogList.ejs

```
<!DOCTYPE html>
<html lang="en">
<head>
    <meta charset="UTF-8">
    <title></title>
</head>
<body>
<ul>
  <% for(var i=0;i<results.length;i++){%>
    <li id="<%= results[i].id %>" class="<%= results[i].kind %>"><%=
results[i].title %></li>
    <%}%>
</ul>
</body>
</html>
```

在上面的代码中，我们将文章的 id 作为 dom 元素的 id，文章的类别作为元素的 class 属性，是为了便于进一步操作，当用户单击了某一篇文章后，可以直接使用对应的 id 来作为 http 请求的参数进行查询。在浏览器中输入 loaclhost:3000/blogList，结果如图 5-4 所示。

图 5-4

关于网页的样式这里不再阐述，读者可以自行修改。

2. 根据 id 打开文件

在上面的内容里，我们在页面上显示了博客列表，接下来要做的就是打开某一篇具体的文章，现在在页面上我们有了每一篇文章的 id，只需要在单击时将 id 信息打包发出即可，可以使用<a/>标签或者 jQuery 来实现，这里选择 jQuery。

```
<body>
<ul>
  <% for(var i=0;i<results.length;i++){%>
    <li id="<%= results[i].id %>" class="<%= results[i].kind %>"><%=
```

```
results[i].title %></li>
    <%}%>
</ul>
<script src="https://code.jquery.com/jquery-1.12.4.min.js"></script>
<script type="text/javascript">
    $("li").click(function(){
        $.get("/blog/"+$(this).attr('id'), function(result){
            console.log("done");
        });
    });
</script>
</body>
```

3. 前端渲染和后端渲染

前端渲染是指后端提供 restful API ，前端只负责调用 API 并拿到 json 数据，然后根据拿到的数据更新页面视图或者其他的一些操作，如果开发者在项目中使用了 ejs 或者 jade 这样的页面模板，那么通常属于前端渲染。

前端渲染的优点在于可以实现前后端分离和前端的模块化，事实上近些年涌现的 React 或者 Vue 都是以前端渲染为前提的，缺点是 SEO 不友好（不过目前 Google 已经可以爬取 Ajax 了）。

服务器一次性返回全部的 HTML 字符串，这种方式被称为后端渲染。例如：

```
var html = '<html><head><title>写博客</title></head><body>'
        +'<meta http-equiv="Content-Type";content="text/html;charset=utf-8"
/>'
        +'<form method = "post" action= "./writeblog.html">'
        +'<p><input type = "text" name = "title" /></p>'
        +'<textarea name = "content></textarea>'
        +'<p><input type = "submit"  name = "add item" /></p>'
        + '</body></html>';
res.setHeader('Content-Type','text/html');
res.setHeader('Content-Length',Buffer.byteLength(html));
res.end(html);
```

很多程序员都见过这样的代码,使用字符串拼接的 HTML 往往会耗费开发者全部的耐心。这种方式的优点是首屏加载快，并且对 SEO 有利，缺点是前后端耦合，代码难以维护而且不美观。

5.6　构建健壮的 Web 应用

经过上面章节的内容，我们现在已经开发出了一个简易的站点，但也只是仅仅能工作而已，离真正的完善还有很多工作要做。

5.6.1 上传文件验证

允许用户上传文件其实是很危险的操作，因为你无法期望所有用户都能上传有效合法的文件，因此有必要对上传文件进行验证。

1. 限制文件类型

对于我们的博客网站，文件类型通常只有 js/html/css 三种类型的后缀名，再加上一些图片后缀或者 pdf，系统应当对上传文件的后缀名进行检查，如果不是上述类型的文件名后缀，应该拒绝服务并返回错误码。对文件类型的验证通常在客户端完成，读者可以根据自己的需求来设定。

2. 限制文件大小

对于网站来说，通常在任何情况下都应该避免大文件的上传，如果服务器对上传的文件没有进行正确的处理，很容易就会出现内存不足的情况，过大的文件也会浪费服务器磁盘空间。

验证文件的大小可以通过两个方面来进行：

- 第一是在客户端上传之前就对文件大小进行判断。
- 第二是在服务器端进行处理时进行验证。

代码 5.20　前端验证文件类型和大小

```html
<form id="form1" action="/upload" method="post" enctype="multipart/form-data">
    <input type="file" name="file" id="uploadFile"/>
    <br/>
    <input type="text" name="kind">
    <input type="button" value="submit" id="sbtn" onclick = "submitForm();"/>
</form>
<script src="https://code.jquery.com/jquery-1.12.4.min.js"></script>
<script type="text/javascript">
    function submitForm(){
        var uploadFile = document.getElementById("uploadFile");
        var file = uploadFile.files[0];
        var type = file.type;//文件类型，例如 text/html
        var fileSize = file.size;
        //文件大小超过100k
        if(fileSize > 100*1024 || type!= "text/html"){//读者可自行补充条件
            //TODO 进一步处理
            alert("file type/size error,please check.");
            return;
        }
        $("#form1").submit();
    }
</script>
```

上面的 JavaScript 代码很简单，在提交表单前先计算文件大小，符合要求再进行下一步操作。

下面是服务器针对文件大小的验证。

代码 5.21　服务器端验证上传文件大小

```
function dealUpload(ctx){
    var form = new formidable.IncomingForm();
    form.maxFileSize = 100*1024;//文件最大为 100KB
    form.keepExtensions = true;//保持原有的扩展名
    form.uploadDir = __dirname;//设置文件存放目录

    form.parse(req, function(err, fields, files) {
        if(files.file){
            fs.renameSync(files.upload.path,files.upload.name);
            res.end("success");
        }
    });

    // 文件大小超过限制时会触发 error 事件
    form.on("error",function(e){
        console.log(e);
        res.writeHead(400,{
            "Connection" :"close"
        });
        res.end("file is too big");
    });
}
```

如果上传的字节超过一定大小就拒绝接收并返回错误码，乍一看和上面的前端处理有些重复，但恶意访问者有可能篡改前端代码，因此后端的验证也是必需的。

Formidable 模块可以做到这一点，该模块使用流来处理上传的文件，我们可以定义一个 maxFileSize 属性。在处理文件流的过程中可以获得已上传的文件大小，如果超过了预设的 maxFileSize 值就会触发 error 事件并停止接收文件，此时可以返回客户端一个错误消息。

笔者在写上面的代码时，formidable 在 npm 上的最新版本是 1.1.1，在这个版本中设置 maxFileSize 不会生效，即使检测到了文件大小超出限制也不能取消上传。

笔者注意到 GitHub 上 master 分支的代码要比 1.1.1 版本要新，于是直接使用了 GitHub 上的代码，发现设置可以生效（这就很尴尬了）。通过比较发现，应该是 GitHub 上的最新代码没有即使发布到 npm 上面。

这是一个典型的缺少社区维护者的例子，因为即使是 GitHub 上的代码也已经是两个月之前提交的了。

如果读者有兴趣，可以试着参与进去并担起这个责任。

5.6.2　使用 Cookie 进行身份验证

我们至今开发出来的站点是无状态的，在这一节会增加权限控制相关的内容。就笔者的观察，大型项目中的权限系统总是问题最多并且最难管理，即使是像本章这样的个人站点，想实现完善的权限控制也不是容易的事。

1. 关于 Cookie

Cookie 是在 RFC2109（已废弃，被 RFC2965 取代）里初次被描述的，是为了辨别用户信息而存储在客户端的数据。

每个客户端最多保持三百个 Cookie，每个域名下最多 20 个 Cookie（实际上一般浏览器都支持更多的数量，如 Firefox 是 50 个），而每个 Cookie 的大小为最多 4KB，不过不同的浏览器都有各自的实现。对于 Cookie 的使用，最重要的就是要控制 Cookie 的大小，不要放入无用的信息或者过多信息。

无论使用何种服务端技术，只要发送的 HTTP 响应中包含如下形式的字段，则视为服务器要求客户端设置一个 Cookie：

```
Set-cookie:name=name;expires=date;path=path;domain=domain
```

支持 Cookie 的浏览器都会对此做出反应，即创建 Cookie 文件并保存（也可能是放在内存中），用户以后在每次发出请求时，浏览器都要判断当前所有的 Cookie 中有没有处于有效期（根据 expires 属性判断）并且匹配了 path 属性的 Cookie 信息，如果有的话，会以下面的形式加入到请求头中发回服务端：

```
Cookie: name="XX"; Path="/XXXX"
```

2. Node 中的 Cookie

Node 设置 Cookie 很简单，response 对象提供了原生的 Cookie 方法，其声明如下：

```
res.cookie(name, value [, options]);
name: 类型为 String。
value: 类型为 String 或 Object，如果是 Object 会在 cookie.serialize()之前自动调用
JSON.stringify 对其进行处理。
Option: 类型为对象，可使用的属性如下：
    domain: cookie 在什么域名下有效，类型为 String,默认为网站域名
    expires: cookie 过期时间，类型为 Date。如果没有设置或者设置为 0，那么该 cookie 只在这个这
个 session 有效，即关闭浏览器后，这个 cookie 会被浏览器删除。
    httpOnly: 只能被 web server 访问，类型 Boolean。
    maxAge: 和 expires 类似，设置 cookie 过期的时间，类型为 String
    path: cookie 在什么路径下有效，默认为'/'，类型为 String。
    secure: 只能被 HTTPS 使用，类型 Boolean，默认为 false。
    signed:使用签名，类型 Boolean，默认为 false。Express 会使用 req.secret 来完成签名，需要
cookie-parser 配合使用。
```

3. Koa 中的 Cookie

Koa 中对 Cookie 的操作本质上还是对 Node 原生方法的封装，在之前的小节里我们列出了 ctx 对象中包含的方法，里面已经包括了 Cookie 相关的操作。

```
ctx.cookies.get(name, [options]) 获取 cookie
ctx.cookies.set(name, value, [options]) 设置 cookie
```

这表示我们不用再引入 Cookie 解析的中间件进行处理，在博客系统中，我们主要针对用户登录进行 Cookie 设置。

代码 5.22　修改 route.js 的代码

```
router.post('/login', async (ctx, next) => {
    let name = ctx.request.body.name ,
        password = ctx.request.body.password;
    const result = await dbAPI.validate(name,password);
    if (result) {
        ctx.cookies.set("LoginStatus",true);
        ctx.redirect('/blogList');
    } else {
        ctx.body = "Login error"
    }
});
```

在上面的代码中，我们设置了名为 LoginStatus 的 Cookie，之后要做的就通过 Cookie 来验证登录状态。

代码 5.23　验证登录状态

```
function validateStatus(ctx){
    if(! ctx.cookies.get("LoginStatus")){
        console.log("not login");
        ctx.redirect('/static/html/login.html');
        return;
    }
}
```

如果按照通常的思路，validateStatus 这一方法应该放在 route.js 中，在收到路由请求后调用，例如：

```
router.get('/', async(ctx, next) => {
    validateStatus();
    ctx.redirect('/blogList');
});
```

但这样做的缺点很明显，那就是在每一个路由方法中都要调用该函数，这样会带来很多重复代码。更好的做法是将其用中间件的方式来加载，这样每个路由请求都会经过该中间件。

代码 5.24　将登录验证作为中间件来实现

```
function validateCookie(ctx,next){
    //这里必须加上 ctx.url!="/login" 的条件，否则会造成循环重定向
    if(!(ctx.cookies.get("LoginStatus")) && ctx.url!="/login"){
        ctx.redirect("/login")
    }
    else{
        return next();
    }
}

module.exports = validateCookie;
```

上面的这个中间件首先会尝试获取名为 loginStatus 的 Cookie，如果没有设置，就将请求重定向到/login 路径，注意在判断的时候需要加上 ctx.url!="/login"的判断，否则当用户第一次访问/login 的时候，由于没有还设置 cookie，就会造成循环重定向，最后在浏览器中显示一个重定向次数过多的错误。

然后在 root.js 中挂载该中间件，注意应该在路由中间件之前加载，这样每个路由请求在处理前都要进行登录验证。

```
//..........
app.use(valiteCookie);
app.use(router.routes());
app.use(serve(__dirname+ "/static/html",{ extensions: ['html']}));
//..........
```

该中间件的最终运行效果如图 5-5 所示。当访问 localhost:3000 时，浏览器页面跳转到 localhost:3000/login。

图 5-5

在输入正确的用户名和密码后，页面跳转至 localhost:3000/blogList，如图 5-6 所示。

图 5-6

5.6.3　使用 Session 记录会话状态

关于 Session，不应混淆的是 Session 规范和 Session 的实现。

Session 与其说是一种规范，不如说是一种概念，表示用户从进入到离开网络应用的这段时间内产生的动作以及上下文。

Session 并不是 HTTP 的独创，而是广泛地体现在各种网络应用和数据库操作中，例如使用 FTP 协议传输文件，那么从登录到下载文件完成然后离开的这段时间就可以称为一个 Session。更普遍的例子，从拿起电话到拨号然后打完电话离开也是一个 Session，而且更接近其语义上的概念（会话）。

Session 主要用来管理用户状态，例如用户对某个网站页面的设置，或者在上个页面中做的一些操作，这些数据也可以放在 Cookie 中，但是一来会增加传输的数据量，二是有些数据存在 Cookie 中并不安全，例如电商网站的交易信息等。

1. HTTP 中的 Session

还是以打电话为例，HTTP 服务器就像和多数的用户同时打电话那样，然而每次说完一句话，服务器就会忘记电话那端是谁，这样的话和多个用户的通话就会带来混乱。

早期的 HTTP 应用是不可交互的，用户只能浏览静态页面，用户状态的问题还没有暴露出来，随着互联网的发展，出现了更复杂的交互式应用，最好的例子就是电商网站，这时 HTTP 协议已经获得广泛的应用，想推翻重来也是不现实的。因此，对于 HTTP 协议来说，折中的方法就是利用 Cookie 来实现 Session。

既然 Cookie 每次都要随着 HTTP 请求发给服务器，那么只要给每个 Cookie 一个唯一的 id，就能知道请求来自哪一个用户了，就像前面打电话的例子，只要每个用户在最后说一下自己的名字，服务器就能知道电话那端是谁了。

2. 创建 Session

一般来说，创建一个 Session 可以分为以下几步：

（1）生成一个 Sessionid，这个标识符是唯一的。

（2）将 Sessionid 存储在内存里，这是一句废话，调用代码生成 Sessionid 后，其自然是位于内存中的，不过如果服务器一旦断电或重启，Session 的信息就会丢失，因此通常使用一些其他的技术来进行持久化，例如 Redis 来持久化。

（3）将带有 Sessionid 的 Cookie 发送给客户端。

这样就完成了创建 Session 的步骤。

3. 在 Koa 中使用 Session

在 Koa 中使用 Session 可以考虑使用 koa-session 这一中间件，其使用方式也很简单：

```
app.keys = ['some secret hurr'];

const CONFIG = {
  key: 'Koa:sess', /** (string) cookie key (default is Koa:sess) */
  maxAge: 86400000, /** (number) maxAge in ms (default is 1 days) */
  overwrite: true, /** (boolean) can overwrite or not (default true) */
  httpOnly: true, /** (boolean) httpOnly or not (default true) */
  signed: true, /** (boolean) signed or not (default true) */
};
app.use(session(CONFIG, app));
```

其中 app.keys 代表加密用的密钥，我们可以不去设置它。

下面看一个简单的例子。

代码 5.25   koa-seesion 的例子

```
var session = require("koa-session");
var Koa = require('Koa');
var Router = require('Koa-router');
var app = new Koa();
var router = new Router();
//app.keys = ['Key'];//如果CONFIG的signed字段设置成fasle, 就不需要设置keys

const CONFIG = {
    key: 'login', /** (string) cookie key (default is Koa:sess) */
    //value:"login",//这里也可以指定value, 但这样就相当于一个普通的cookie了
    maxAge: 86400000, /** (number) maxAge in ms (default is 1 days) */
    overwrite: true, /** (boolean) can overwrite or not (default true) */
    httpOnly: true, /** (boolean) httpOnly or not (default true) */
    signed: false, /** (boolean) signed or not (default true) */
};
app.use(session(CONFIG,app));

router.get('/', (ctx, next)=> {
    ctx.session.login = true;
    ctx.body = "Hello";
});

app.use(router.routes());

app.listen(8000);
console.log("Listening on 8000");
```

使用 koa-session 有一些注意点，由于 Cookie 的设置是跟在 HTTP 响应之后，也就是说，要设置一个用作 Session 的 Cookie，生成 Cookie 的操作是在：

```
ctx.session.login = true;
```

这一行代码中进行的，之后设置了 Ctx.body 的内容，Cookie 就会随着 HTTP response 发送到客户端了。

打开控制台，生成的 Cookie 如图 5-7 所示。

图 5-7

可以看到 value 字段的值是一个看似随机的字符串，这就是我们之后要使用的 sessionid，我们可以设置一个其他的路由，检测一下服务器端的 Session 是否在正常工作：

```
router.get('/verify',(ctx,next)=>{
    ctx.body = "Login status "+ctx.session.login;
});
```

得到的输出如图 5-8 所示。

图 5-8

这证明设置的 Session 已经在正常工作了。

要在我们的网站中使用该中间件，将 root.js 代码修改为如下：

```
const session = require('koa-session');
const Koa = require('Koa');
const app = new Koa();
//.........
//其他的引入的模块

app.keys = ['keys'];
router.use(session(app));

app.use(views(__dirname + "/static/html",{ extension: 'ejs' }));
app.use(bodyParser());
app.use(valiteCookie);
app.use(router.routes());
app.use(serve(__dirname+ "/static/html",{ extensions: ['html']}));

app.listen(3000);
console.log("Listening on 3000");
```

5.7 使用 Redis 进行持久化

Redis 是一个知名的 key-value 数据库，它由 C 语言实现，和 MongoDB 以及其他数据库不同的是 Redis 是一个内存数据库，关于 Redis 的数据类型和常用命令请参考附录 D，这里不再介绍。

5.7.1 Node 和 Redis 的交互

npm 上有很多用于连接到 Redis 的第三方模块，我们使用最为流行的 node-redis 模块，使用 npm install redis 来安装。

安装完成之后，我们尝试使用 node 来连接 Redis：

```
// chapter5/redis/exp1.js
var redis = require("redis");
var client = redis.createClient('6379', '127.0.0.1');
client.on("error", function(error) {
    console.log(error);
});
client.on("ready",function(){
```

```
    console.log("ready");
})
client.set("name", "Lear", redis.print);
```

运行结果如图 5-9 所示。

```
/Users/likai/.nvm/versions/node/v6.9.4/bin/node exp1.js
ready
Reply: OK
```

图 5-9

在上面的代码里，我们连接 Redis 成功之后，设置了一个 key 为 name，value 为 lear 的键值对，我们可以在命令行中查询，如图 5-10 所示。

```
127.0.0.1:6379> get name
"Lear"
```

图 5-10

5.7.2　CURD 操作

1. get

node-redis 模块提供的 API 都是对应 Redis 命令的映射，除了最后的回调函数，模块方法的参数就是对应命令的参数。

此外，所有的 API 操作都是异步的，在上面的操作中 redis.print 就是一个回调函数，用于打印命令的执行结果。

如果我们想在代码中获取刚才设置的值，可以使用 get 方法。

```
client.get("name", function(err, reply) {
    // reply is null when the key is missing
    console.log(reply);
});
```

如果想要更新数据值，也只需要再做一次 set 操作，原有的值就会被覆盖。

2. SET

SET 命令完整的定义如下：

```
SET key value [EX seconds] [PX milliseconds] [NX|XX]
EX seconds -- Set the specified expire time, in seconds.
PX milliseconds -- Set the specified expire time,in milliseconds.
NX -- Only set the key if it does not already exist.
XX -- Only set the key if it already exist.
```

例如下面的这行代码只会对一个已经存在的 key 进行设置，并且设置了 10s 的过期时间，如果 Redis 中还没有对应的 key，回调函数会返回 null。

如果该 key 存在，那么会首先修改 value 的值，在 10s 后，该 key 就会被删除。

```
client.set("name", "Lear", "EX",10,"XX",redis.print);
```

可以写一段代码来验证过期时间是否有效：

代码 5.26　验证 set 方法的过期时间

```
client.set("name", "Lear", "EX",10,function (err, reply) {
    client.get("name", redis.print);
    setTimeout(function () {
        client.get("name", redis.print);
    },11000)

});
```

输出如图 5-11 所示。

```
/Users/likai/.nvm/versions/node/v7.6.0/bin/node
Reply: Lear
Reply: null
```

图 5-11

从输出来看，经过 11s 后，我们设置的 key 已经过期了，它已经被 Redis 从列表中删除。

3. DEL

删除数据可以使用 del 方法：

```
client.del("name",redis.print);
```

如果试图删除一条不存在的数据，会返回一个 0 值。

4. 使用 Promise 实现同步调用

和 MongoDB 相同，Node 对 Redis 的操作也都是异步进行的，这在某些情境下会变得不方便，于是我们又回到了第 4 章的问题上。

对于 node-redis 模块来说，官方推荐的是使用 bluebird 来进行方法的 Promise 化，首先通过 npm 安装 bluebird，然后使用 bluebird.promisifyAll 来将全部的方法转换为 Promise，这个过程十分方便。

```
bluebird.promisifyAll(redis.RedisClient.prototype);
bluebird.promisifyAll(redis.Multi.prototype);
```

例如 set 方法的 Promise 版本：

```
client.setAsync('name',"Lear").then(function(res) {
    console.log(res); // => 'bar'
});
```

将所有方法转换成 Promise 之后，使用 async 方法就成了自然而然的选择。

代码 5.27　使用 async 方法调用 Redis API

```
async function redisTest(){
    await client.setAsync('name',"Lear");
```

```
    var result = await client.getAsync("name");
    console.log(result);
}
```

5.7.3 使用 Redis 持久化 session

现在我们开始尝试将 Redis 用在我们的网站中，这个过程中，由于相关的文档缺乏，有时不得不通过阅读源码的方式来得到正确的用法。

要使用 Redis 来存储 Session，仍然可以使用 koa-session 模块来完成；但需要做一些额外的配置。

我们需要给 config 增加一个 store 属性，这是一种类似于 Java 中接口的设计，只要 config 对象声明了该属性，就必须实现 set、get 和 destory 方法。

我们首先将程序的框架搭建出来，下面是修改后的 config 对象：

```
const CONFIG = {
    key: 'Koa:sess', /** (string) cookie key (default is Koa:sess) */
    maxAge: 86400000, /** (number) maxAge in ms (default is 1 days) */
    overwrite: true, /** (boolean) can overwrite or not (default true) */
    httpOnly: true, /** (boolean) httpOnly or not (default true) */
    signed: false, /** (boolean) signed or not (default true) */
    store:{}
};

CONFIG.store.get= async function (key){

}
CONFIG.store.set =  async function(key, sess, maxAge){

}
CONFIG.store.destroy=  async function (key){

}
```

三个方法的含义正如其字面意思。

1. get

每次当服务器收到请求时，都会触发该方法。作为参数的 key 值就是客户端的 sessionid，get 方法的作用和下面这句：

```
var key = ctx.cookies.get("Koa:sess");
```

的作用是相同的。

2. set

set 方法则会在设置 session 时触发。该方法有三个参数：key、sess 以及 maxage。以之前的代码为例，当执行：

```
ctx.session.views = ++n;
```

会触发 set 方法，koa-session 模块会自动生成一个 key 值，sess 即是一个完整的 session 对象，maxage 是上面 config 设置的过期时间。

3. destroy

destroy 方法则是在主动调用时才会触发，用于删除一条 Session 记录。

我们可以修改一下代码来观察 koa-session 在 Redis 配置下是如何工作的：

代码 5.28 koa-seesion 和 Redis

```
const session = require('koa-session');
const Koa = require('Koa');
const app = new Koa();
var redis = require("redis");
var bluebird = require("bluebird");

bluebird.promisifyAll(redis.RedisClient.prototype);
bluebird.promisifyAll(redis.Multi.prototype);
var client = redis.createClient('6379', '127.0.0.1');
client.on("error", function(error) {
    console.log(error);
});
client.on("ready",function(){
    // console.log("ready");
})
app.keys = ['some secret hurr'];

const CONFIG = {
    key: 'Koa:sess', /** (string) cookie key (default is Koa:sess) */
    maxAge: 86400000, /** (number) maxAge in ms (default is 1 days) */
    overwrite: true, /** (boolean) can overwrite or not (default true) */
    httpOnly: true, /** (boolean) httpOnly or not (default true) */
    signed: false, /** (boolean) signed or not (default true) */
    store:{}
};

CONFIG.store.get= async function (key){
    console.log("get key",key);
    var result = await client.getAsync(key);
    console.log("get result:",result);
}

CONFIG.store.set = async function(key, sess, maxAge){
    var result = await client.setAsync(key,JSON.stringify(sess));
    console.log("set key",key);
}

CONFIG.store.destroy= async function (key){
    console.log("destory key",key);
}
app.use(session(CONFIG, app));

app.use(async ctx => {
    if (ctx.path === '/favicon.ico') return;
    ctx.session.agent = ctx.header['user-agent'] ;

});

app.listen(3000);
console.log('listening on port 3000');
```

我们首先在 Chrome 控制台中清除所有的 Cookie，再使用浏览器访问 localhost:3000。

可以观察到程序首先调用 set 方法设置了一个 Cookie，如图 5-12 所示，id 的值为 KBeXlWkSbPPlh9M6F9XBVYzwn7RELCfX，值的来源是 http header 的 user agent 属性，这个 key-value 键值对随后被写入到 Redis。

```
/Users/likai/.nvm/versions/node/v7.6.0/bin/node /Users
listening on port 3000
set key KBeXlWkSbPPlh9M6F9XBVYzwn7RELCfX
```

图 5-12

继续刷新页面，如图 5-13 所示。

```
/Users/likai/.nvm/versions/node/v7.6.0/bin/node /Users/likai/Desktop/workspace/Web/KoaBlog/test/session.js
listening on port 3000
set key KBeXlWkSbPPlh9M6F9XBVYzwn7RELCfX
get key KBeXlWkSbPPlh9M6F9XBVYzwn7RELCfX
get result: {"agent":"Mozilla/5.0 (Macintosh; Intel Mac OS X 10_12_3) AppleWebKit/537.36 (KHTML, like Gecko)
set key lnICnm5PTNB8hLkZyCn8o4C2feILNNaN
```

图 5-13

get 方法被调用，打印出 key 值和 value 的值。

此时我们注意到服务器又设置了一个新的 sessionid 值，经过试验，发现每一次的请求都会分配一个新的 sessionid。

这样做会产生一些问题，在 set 方法中，我们会不断将新的 seesionid 写入到 Redis 中，但每次请求都会产生新的 id，显然会浪费 Redis 的空间，例如请求 10 次后 Redis 中存储的 key 值会变成下面这样，如图 5-14 所示。

```
[127.0.0.1:6379> keys *
 1) "Vm7Gyy0rJq_NfzBT7ODR09V1s7-BgJRs"
 2) "-q9vATCNPVYw89dvua4YyHnOr4F42HP3"
 3) "koPW9EFxpddJRl3UJK5cw1HKo5HMexM8"
 4) "xzMl6VaqzBmPcDev5hiMySfQMut7Zt22"
 5) "Nu2SJBJE5Pfv6snrMpcpjOapkw-lKq1D"
 6) "2je6zVnJ4goNqCTk-FGbSKD6V-flSSqq"
 7) "8Quh8VNFm6PKy8FERPvlMs_Fp_8E9qkP"
 8) "osKGn13vAxUiUwzw67au4wxeD38_byUK"
 9) "0Z9KxGxfnwsYHT_U6SEwbS8QM1ges1ha"
10) "3mTlvE_XO86BVDG3UUKcULzatqwJdclj"
```

图 5-14

这 10 个值里面只有一个是有用的，我们希望针对一个客户连接只需要存储一个有用的 sessionid 就行了。

这个时候 destroy 方法的作用就显示出来了，那么可以在 get 方法后面调用 destroy 方法删除没用的 id。

```
CONFIG.store.get= async function (key){
    console.log('-------------request-------------');
    console.log("get key",key);
    var result = await client.getAsync(key);
```

```
    console.log("get value:",result);
    CONFIG.store.destroy(key);
}
CONFIG.store.destroy= async function (key){
    await client.delAsync(key);
    console.log("destory key",key);
}
```

服务器控制台输出如图 5-15 所示。

```
/Users/likai/.nvm/versions/node/v7.6.0/bin/node /Users/likai/Desktop/workspa
listening on port 5000
set key YrdBHRdUBKhCV9wvtnt4Ew6JJDm4OLmD
---------------request--------------
get key YrdBHRdUBKhCV9wvtnt4Ew6JJDm4OLmD
get value: {"agent":"Mozilla/5.0 (Macintosh; Intel Mac OS X 10_12_3) AppleWe
destory key YrdBHRdUBKhCV9wvtnt4Ew6JJDm4OLmD
set key -r5FGGQUwb4WAE4Y8sLRh-XCAJUWTIE5
---------------request--------------
```

图 5-15

再使用 key *命令查看存储的 key 值，发现只剩了一个，如图 5-16 所示。

```
127.0.0.1:6379> keys *
1) "BMvbsb3UKmwVBfkLovMy5Q_0lKDwY0XZ"
127.0.0.1:6379> keys *
```

图 5-16

在 Redis 中对于一个连接始终保持一个 seesionid，为了验证这一点，我们可以使用别的浏览器来访问服务器地址，例如 safari，再次查看 Redis 中存储的 id，会发现多了一个，如图 5-17 所示。

```
[127.0.0.1:6379> keys *
1) "BMvbsb3UKmwVBfkLovMy5Q_0lKDwY0XZ"
2) "ATArVtro3qDwJ-UtUMNR7a8L9ZYw-KQG"
127.0.0.1:6379>
```

图 5-17

5.7.4　Redis 在 Node 中的应用

消息队列

一般来说，消息队列有两种场景，一种是发布者/订阅者模式，一种是生产/消费者模式。利用 Redis，这两种场景的消息队列都能够实现。

生产/消费者模式：生产者生产消息放到队列里，消费者同时监听队列，如果队列里有了新的消息就将其取走，对于单条消息，只能由一个消费者消费。

发布者订阅者模式：发布者向某个频道（channel）发布一条消息后，多个订阅者都会收到同一份消息，这和发微博或者朋友圈的效果类似，每个订阅者收到的消息应该都是一样的。

下面是一个发布/订阅的例子，关于生产/消费模型我们会在第 6 章进行介绍。

代码 5.29　发布、订阅者模式

```
//publisher
var redis = require("redis");
var client = redis.createClient(6379,"127.0.0.1");
client.on("error",function(err){
    console.log(err);
});
client.on("ready",function(){
    console.log("ready");
//向 test 频道发布一条消息
    client.publish('test',"hello,Node!");
});
```

下面是订阅者的代码：

```
//subscriber
var redis = require("redis");
var client = redis.createClient(6379, "127.0.0.1");
client.on("error", function(err){
    console.log(err);
});
client.subscribe("test");
client.on('message', function(channel,message){
    console.log("channel:" + channel + ", msg:"+message);
});
```

5.8　Koa 源码剖析

本节主要从源码的角度来讲述 Koa，尤其是其中间件系统是如何实现的。

跟 Express 相比，Koa 的源码异常简洁，Express 因为把路由相关的代码嵌入到了主要逻辑中，因此读 Express 的源码可能长时间不得要领，而直接读 Koa 的源码几乎没有什么障碍。

Koa 的主要代码位于根目录下的 lib 文件夹中，只有 4 个文件，去掉注释后的源码不到 1000 行，下面列出了这 4 个文件的主要功能。

- Request.js：对 http request 对象的封装。
- Response.js：对 http response 对象的封装。
- Context.js：将上面两个文件的封装整合到 context 对象中。
- Application.js：项目的启动及中间件的加载。

5.8.1　Koa 的启动过程

首先回忆一下一个 Koa 应用的结构是什么样子的。

```
const Koa = require('Koa');
const app = new Koa();
```

```
//加载一些中间件
app.use(...);
app.use(....);
app.use(.....);

app.listen(3000);
```

Koa 的启动过程大致分为以下三个步骤：

- 引入 Koa 模块，调用构造方法新建一个 app 对象。
- 加载中间件。
- 调用 listen 方法监听端口。

我们逐步来看上面三个步骤在源码中的实现。

首先是类和构造函数的定义，这部分代码位于 Application.js 中。

代码 5.30　Application.js 类定义

```
//Application.js
const response = require('./response');
const context = require('./context');
const request = require('./request');
const Emitter = require('events');
//....其他模块

class Application extends Emitter {
    constructor() {
        super();
        this.proxy = false;
        this.middleware = [];
        this.subdomainOffset = 2;
        this.env = process.env.NODE_ENV || 'development';
        //下面的context,response,request分别是从其他三个文件中引入的
        this.context = Object.create(context);
        this.request = Object.create(request);
        this.response = Object.create(response);
    }
    //.......其他类方法
}
```

首先我们注意到该类继承于 Events 模块，然后当我们调用 Koa 的构造函数时，会初始化一些属性和方法，例如以 context/response/request 为原型创建的新的对象，还有管理中间件的 middleware 数组等。

5.8.2　中间件的加载

上节我们也提到过，中间件的本质是一个函数。在 Koa 中，该函数通常具有 ctx 和 next 两个参数，分别表示封装好的 res/req 对象以及下一个要执行的中间件，当有多个中间件的时候，本质上是一种嵌套调用，就像前面的洋葱图一样。

Koa 和 Express 在调用上都是通过调用 app.use()的方式来加载一个中间件，但内部的实现却大不相同，我们先来看 Application.js 中相关方法的定义。

代码 5.31　use 方法的定义

```
use(fn){
    if (typeof fn !== 'function')
    throw new TypeError('middleware must be a function!');
    if (isGeneratorFunction(fn)) {
      //......
        fn = convert(fn);
    }
    debug('use %s', fn._name || fn.name || '-');
    this.middleware.push(fn);
    return this;
}
```

Koa 在 application.js 中维持了一个 middleware 的数组，如果有新的中间件被加载，就 push 到这个数组中，除此之外没有任何多余的操作，相比之下，Express 的 use 方法就麻烦得多，读者可以自行参阅其源码。

此外，该方法中还增加了 isGeneratorFunction 判断，这是为了兼容 Koa1.x 的中间件而加上去的，在 Koa1.x 中，中间件都是 Generator 函数，Koa2 使用的 async 函数是无法兼容之前的代码的，因此 Koa2 提供了 convert 函数来进行转换，关于这个函数我们不再介绍。

代码 5.32　Application.js 对中间件的调用

```
callback() {
    const fn = compose(this.middleware);
    if (!this.listeners('error').length)
        this.on('error', this.onerror);
    const handleRequest = (req, res) => {
        res.statusCode = 404;
        const ctx = this.createContext(req, res);
        const onerror = err => ctx.onerror(err);
        const handleResponse = () => respond(ctx);
        onFinished(res, onerror);
        return fn(ctx).then(handleResponse).catch(onerror);
    };
    return handleRequest;
}
```

可以看出关于中间件的核心逻辑应该位于 compose 方法中，该方法是一个名为 Koa-compose 的第三方模块 https://github.com/Koajs/compose，我们可以看看其内部是如何实现的。

该模块只有一个方法 compose，调用方式为 compose([a, b, c, ...])，该方法接受一个中间件的数组作为参数，返回的仍然是一个中间件（函数），可以将这个函数看作是之前加载的全部中间件的功能集合。

代码 5.33　核心方法——compose

```
function compose (middleware) {
    if (!Array.isArray(middleware)) throw new TypeError('Middleware stack must be
an array!')
    for (const fn of middleware) {
        if (typeof fn !== 'function') throw new TypeError('Middleware must be
composed of functions!')
    }
    return function (context, next) {
        // last called middleware
        let index = -1
        return dispatch(0)
        function dispatch(i) {
            if (i <= index)
        return Promise.reject(new Error('next() called multiple times'))
            index = i
            let fn = middleware[i]
            if (i === middleware.length) fn = next
            if (!fn) return Promise.resolve()
            try {
                return Promise.resolve(fn(context, function next() {
                    return dispatch(i + 1)
                }))
            } catch (err) {
                return Promise.reject(err)
            }
        }
    }
}
```

该方法的核心是一个递归调用的 dispatch 函数，为了更好地说明这个函数的工作原理，这里使用一个简单的自定义中间件作为例子来配合说明。

```
const fs = require('fs');
function myMiddleware(context,next){
    process.nextTick(function(){
        console.log('I am a middleware');
    })
    next();
};
module.exports = myMiddleware;
```

可以看出这个中间件除了打印一条消息，然后调用 next 方法之外，没有进行任何操作，我们以该中间件为例，在 Koa 的 app.js 中使用 app.use 方法加载该中间件两次。

```
const Koa = require('Koa');
const myMiddleware = require("./myMiddleware");
app.use(md1);
app.use(dm2);
app.listen(3000);
```

上面我们也提到，app 真正实例化是在调用 listen 方法之后，那么中间件的加载同样位于 listen 方法之后。

那么 compose 方法的实际调用为 compose[myMiddleware,myMiddleware]，在执行 dispatch(0)时，该方法实际可以简化为：

代码 5.34　简化后的 compose 方法

```
function compose (middleware) {
  return function (context, next) {
    try {
     return Promise.resolve(md1(context, function next(){
        return Promise.resolve(md2(context, function next(){

        }))
     }))
    } catch (err) {
     return Promise.reject(err)
    }
  }
}
```

可以看出 compose 的本质仍是嵌套的中间件。

5.8.3　listen()方法

这是 app 启动过程中的最后一步，读者会疑惑：为什么这么一行也要算作单独的步骤，事实上，上面的两步都是为了 app 的启动做准备，整个 Koa 应用的启动是通过 listen 方法来完成的。下面是 application.js 中 listen 方法的定义。

```
listen() {
    debug('listen');
    const server = http.createServer(this.callback());
    return server.listen.apply(server, arguments);
}
```

上面的代码就是 listen 方法的内容，可以看出第 3 行才真正调用了 http.createServer 方法建立了 http 服务器，参数为上节 callback 方法返回的 handleRequest 方法，源码如下所示，该方法做了两件事：

● 封装 request 和 response 对象。
● 调用中间件对 ctx 对象进行处理。

```
const handleRequest = (req, res) => {
    res.statusCode = 404;
    const ctx = this.createContext(req, res);
    const onerror = err => ctx.onerror(err);
    const handleResponse = () => respond(ctx);
    onFinished(res, onerror);
    return fn(ctx).then(handleResponse).catch(onerror);
```

```
};
return handleRequest;
```

5.8.4　next()与 return next()

在上节自定义的中间件 validateCookie 中，最后调用了 return next 方法来调用下一个中间件（router），如果将 return 去掉，再访问 localhost:3000/login 就会显示 not found，同时控制台打印出提示：

```
(node:38586) UnhandledPromiseRejectionWarning: Unhandled promise rejection
(rejection id: 1): Error: Can't set headers after they are sent.
(node:38586) DeprecationWarning: Unhandled promise rejections are deprecated. In
the future, promise rejections that are not handled will terminate the Node.js
process with a non-zero exit code.
```

现在我们就接着这个话题来进行深入研究。

我们前面也提到过，Koa 对中间件调用的实现本质上是嵌套的 promise.resolve 方法，我们可以写一个简单的例子。

代码 5.35　简单的中间件示例

```
var ctx =1;
var md1 = function (ctx,next){
    next();
}
var md2 = function (ctx,next){
    return ++ctx;
}
var p = Promise.resolve(
    md1(ctx,function next(){
        return  Promise.resolve(
            md2(ctx,function next(){
                //更多的中间件...
            })
        )
    })
)
p.then(function(ctx){
    console.log(ctx);
})
```

代码 5.35 在第一行定义的变量 ctx，我们可以将其看作 Koa 中的 ctx 对象，经过中间件的处理后，ctx 的值会发生相应的变化。

我们定义了 md1 和 md2 两个中间件，md1 没有做任何操作，只调用了 next 方法，md2 则是对 ctx 执行加一的操作，那么在最后的 then 方法中，我们期望 ctx 的值为 2。

我们可以尝试运行上面的代码，最后的结果却是 undefined，在 md1 的 next 方法前加上 return 关键字后，就能得到正常的结果了。

在 Koa 的源码 application.js 中，callback 方法的最后一行：

```
return fn(ctx).then(handleResponse).catch(onerror);
```

中的 fn(ctx)相当于代码 5.35 中第 8 行声明的 Promise 对象 p，被中间件方法修改后的 ctx 对象被 then 方法传给 *handleResponse* 方法返回给客户端。

每个中间件方法都会返回一个 Promise 对象，里面包含的是对 ctx 的修改，通过调用 next 方法来调用下一个中间件。

```
fn(context, function next () {
    return dispatch(i + 1)
})
```

再通过 return 关键字将修改后的 ctx 对象作为 resolve 的参数返回。

如果多个中间件同时操作了 ctx 对象，那么就有必要使用 return 关键字将操作的结果返回到上一级调用的中间件里。

经过上面的介绍，现在再回到 validateCookie 方法，读者现在应该明白了为什么需要使用 return next()而不是 next()。事实上，如果读者去读 Koa-router 或者 Koa-static 的源码，也会发现它们都是使用 return next 方法。

5.8.5 关于 Can't set headers after they are sent.

这是使用 Express 或者 Koa 常见的错误之一，值得用一节的篇幅来描述。

其原因如字面意思，对于同一个 HTTP 请求重复发送了 HTTP HEADER。服务器在处理 HTTP 请求时会先发送一个响应头（使用 writeHead 或 setHeader 方法），然后发送主体内容（通过 send 或者 end 方法），如果对一个 HTTP 请求调用了两次 writeHead 方法，就会出现 Can't set headers after they are sent 的错误提示，例如下面的例子：

```
var http = require("http");

http.createServer(function(req,res){
    res.setHeader('Content-Type', 'text/html');
    res.end('ok');

    resend(req,res);//在响应结束后再次发送响应信息

}).listen(5000);

function resend(req,res){
    res.setHeader('Content-Type', 'text/html');
    res.end('error');
}
```

试着访问 localhost:5000 就会得到错误信息，这个例子太过直白了。下面是一个 Express 中的例子，由于中间件可能包含异步操作，因此有时错误的原因比较隐蔽。

```
var express = require('express')
var app = express();

app.use(function(req,res,next){
```

```
    setTimeout(function(){
        res.redirect("/bar");
    },1000);
    next();
});

app.get("/foo",function(req,res){
    res.end("foo");
})

app.get("/bar",function(req,res){
    res.end("bar");
})

app.listen(3000);
```

运行上面的代码，访问 http://localhost:3000/foo 会产生同样的错误，原因也很简单，在请求返回之后，setTimeout 内部的 redirect 会对一个已经发送出去的 response 进行修改，就会出现错误，在实际项目中不会像 setTimeout 这么明显，可能是一个数据库操作或者其他的异步操作，需要特别注意。

5.8.6　Context 对象的实现

关于 ctx 对象是如何得到 request/response 对象中的属性和方法的，可以阅读 context.js 的源码，其核心代码如下所示。此外，delegate 模块还广泛运用在了 Koa 的各种中间件中，后面的内容里会介绍这一点。

代码 5.36　ctx 对象通过委托获得原生方法和属性

```
const delegate = require('delegates');

delegate(proto, 'response')
  .method('attachment')
  .method('redirect')
  .method('remove')
  .method('vary')
  .method('set')
  .method('append')
  .method('flushHeaders')
  .access('status')
  .access('message')
  .access('body')
  .access('length')
  .access('type')
  .access('lastModified')
  .access('etag')
  .getter('headerSent')
  .getter('writable');
```

delegate 是一个 Node 第三方模块，作用是把一个对象中的属性和方法委托到另一个对象上。

读者可以访问该模块的项目地址 https://github.com/tj/node-delegates ，然后就会发现该模块的主要贡献者还是 TJ Holowaychuk。

这个模块的代码同样非常简单，源代码只有 100 多行，我们这里详细介绍一下。

在上面的代码中，我们使用了如下三个方法：

- method：用于委托方法到目标对象上。
- access：综合 getter 和 setter，可以对目标进行读写。
- getter：为目标属性生成一个访问器，可以理解成复制了一个只读属性到目标对象上。

getter 和 setter 这两个方法是用来控制对象的读写属性的，下面是 method 方法与 access 方法的实现。

```
Delegator.prototype.method = function(name){
    var proto = this.proto;
    var target = this.target;
    this.methods.push(name);

    proto[name] = function(){
        return this[target][name].apply(this[target], arguments);
    };

    return this;
};
```

method 方法中使用 apply 方法将原目标的方法绑定到目标对象上。

下面是 access 方法的定义，综合了 getter 方法和 setter 方法。

```
Delegator.prototype.access = function(name){
    return this.getter(name).setter(name);
};

Delegator.prototype.getter = function(name){
    var proto = this.proto;
    var target = this.target;
    this.getters.push(name);

    proto.__defineGetter__(name, function(){
        return this[target][name];
    });

    return this;
};

Delegator.prototype.setter = function(name){
    var proto = this.proto;
    var target = this.target;
    this.setters.push(name);

    proto.__defineSetter__(name, function(val){
```

```
        return this[target][name] = val;
    });

    return this;
};
```

最后是 delegate 的构造函数，该函数接收两个参数，分别是源对象和目标对象。

代码 5.37　delegate 的构造函数

```
function Delegator(proto, target) {
    if (!(this instanceof Delegator)) return new Delegator(proto, target);
    this.proto = proto;
    this.target = target;
    this.methods = [];
    this.getters = [];
    this.setters = [];
    this.fluents = [];
}
```

可以看出 deletgate 对象在内部维持了一些数组，分别表示委托得到的目标对象和方法。

关于动态加载中间件

在某些应用场景中，开发者可能希望能够动态加载中间件，例如当路由接收到某个请求后再去加载对应的中间件，但在 Koa 中这是无法做到的。原因其实已经包含在前面的内容了，Koa 应用唯一一次加载所有中间件是在调用 listen 方法的时候，即使后面再调用 app.use 方法，也不会生效了。

5.8.7　Koa 的优缺点

通过上面的内容，相信读者已经对 Koa 有了大概的认识，和 Express 相比，Koa 的优势在于精简，它剥离了所有的中间件，并且对中间件的执行做了很大的优化。

一个经验丰富的 Express 开发者想要转到 Koa 上并不需要很大的成本，唯一需要注意的就是中间件执行的策略会有差异，这可能会带来一段时间的不适应。

现在我们来说说 Koa 的缺点，剥离中间件虽然是个优点，但也让不同中间件的组合变得麻烦起来，Express 经过数年的沉淀，各种用途的中间件已经很成熟；而 Koa 不同，Koa2.0 推出的时间还很短，适配的中间件也不完善，有时单独使用各种中间件还好，但一旦组合起来，可能出现不能正常工作的情况。

举个例子，如果想同时使用 router 和 views 两个中间件，就要在 render 方法前加上 return 关键字（和 return next()一个道理），对于刚接触 Koa 的开发者可能要花很长时间才能定位问题所在。再例如前面的 koa-session 和 Koa-router，笔者初次接触这两个中间件时也着实花了一些功夫来将他们正确地组合在一块。虽然中间件概念的引入让 Node 开发变得像搭积木一样，但积木之间如果不能很顺利地拼接在一块的话，也会增加开发成本。

5.9 网站部署

经过前面几节的实践,一个较为完善的博客系统已经可以在本地运行起来了,它实现了发布、编辑、展示等功能,我们现在就准备将其发布出去,以便让更多的人看到我们的劳动成果。

目前博客系统运行在本地主机上,通过 http://localhost:3000/ 来访问,如果局域网有其他机器,也可以通过本地 ip:3000 的 URL 来访问我们的网站,但仅限于局域网内部,位于其他局域网中的计算机无法访问到这个网站。

目前有几种解决方式:一种是通过购买云主机和域名的方法来部署在公网上;另一种是将网站部署在本地,然后通过一些第三方工具来实现类似 nat 的功能;再有就是部署在 GitHub 上,但仅限于静态资源。

我们会依次讲述这几种方法。

5.9.1 本地部署

将网站发布到公网上通常要走一些复杂的流程,使用国内的云服务商和域名提供商,还要提供身份信息和备案信息等,对于个人开发者来说,如果嫌这些步骤麻烦,那么建议选择本地部署的方式。

1. 使用 Localtunnel 实现本地部署

笔者有一个同事准备将自己的网站部署在本地机器上,他看到网络上的广告准备选择一家 nat 服务提供商的服务,除了要交钱外,还被告知要手持身份证拍照并上传(这让我想起之前沸沸扬扬的小额贷款负面新闻),出于避免个人信息泄露的考虑我及时阻止了他,告诉他还有更安全和便捷的方法。

localtunnel 是一个有名的 npm 第三方模块,它可以很容易地将你的本地服务器映射到公网上,而且不用修改 DNS 或者防火墙设置。

2. 安装

localtunnel 需要全局安装。

```
npm install -g localtunnel
```

3. 使用

首先我们要先把博客系统在本地运行起来,假设本地端口为 3000,然后打开命令行,输入:

```
lt --port 3000
```

该命令会生成一个随机的域名,开发者可以通过该域名来访问自己的网站,如图 5-18 所示。

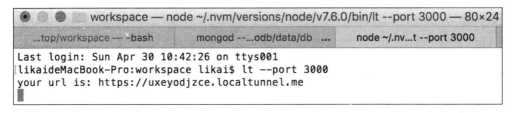

图 5-18

可以看出，localtunnel 生成 URL 的格式为：随机字符串+localtunnel.me。

如果开发者不想使用随机字符串作为二级域名，可以使用 –subdomain 参数，用来指定一个二级域名，如图 5-19 所示。

```
[likaideMacBook-Pro:workspace likai$ lt --subdomain likaiboy --port 3000
your url is: https://likaiboy.localtunnel.me
```

图 5-19

现在就可以使用该域名来访问我们的网站了，不需要任何额外的操作，唯一的缺点可能就是访问比较慢。

通过这种方式部署的网站基本上无法进行 SEO 优化，也没办法支撑高并发，这不仅由开发者的本地机器决定，更是由 localtunnel 这种模式本身的特点决定的。

4. localtunnel 原理

读者可能觉得 localhost 只用一行命令就能实现外网到内网的访问很不可思议。

实际上，所有外网的访问，都要先经过 localtunnel.me 这个网站中转之后，才能到达我们的本地主机上，也就是说 localhost.me 起到了转发作用，可以将 localtunnel 看作是一个反向代理服务器。

Localtunnel.me 会在内部维护一张映射表，记录着每个二级域名和开发者本地主机的信息，当收到某个子域名下的请求时，会先在映射表中进行查找，然后将对应的请求或者响应信息转发出去。

从本质上说，所有的内网到外网的"穿透"，都是借助已经部署在公网上的服务器进行中转的，例如一些 VPN 服务提供商，往往也是通过某台服务器的中转再到达目标网站的。

如果 localtunnel.me 这个网站本身停止了服务，那么开发者本地的 localtunnel 模块也会变得不可用。

这也是为什么这种部署方式很难优化的原因，因为流量不是直接来自用户，而是经过了 localtunnel 服务器的中转，最直观的感受就是网页打开速度非常慢，这让所有的本地优化都失去了意义。但如果是访问量比较小的个人网站，这是比较推荐的方式。

5.9.2　部署在云服务主机上

1. 前提条件

需要一台 Linux 环境的网络主机或者 VPS，这主要是因为我们用到了 Redis，因此不能使用 Windows；如果读者不适应纯命令行的 Linux 环境，使用一些带有图形界面的发行版，例如 Ubuntu 也是不错的选择。

需要一个域名（不是必备）。

首先，要将编写完毕的代码上传到云主机上，使用 FTP 是比较方便的选择，可以自行配置，如果想省事的话直接用网盘甚至邮箱传输也可以。但为了方便版本的管理，还是推荐自行搭建 git server，笔者使用的是 gitblit，读者可以自行安装和配置。

假设云主机的 ip 地址为 123.45.6.7，那么当我们的程序在云主机上开始运行时，本机通过 localhost:3000 来访问应用程序，对于外部请求，访问 http://123.45.6.7:3000 即可看到结果。

事实上，上面已经完成了整个网站的部署，在任何有网络连接的地方，都可以通过上面的地址来访问我们的博客。如果不追求访问的便利性，网站的部署在这一步就可以结束了，但实际上，往往需要一个域名来便于记忆和传播。

Node 本身并没有提供域名相关的 API，需要借助一些第三方技术来实现。

2. Nginx 实现域名的绑定

读者可能不熟悉 Nginx，但没关系，笔者也不熟，因为只需要 Nginx 的部分功能，做好配置之后只需要开启 Nginx 服务就可以了。

Nginx 是一个高性能的 HTTP 及反向代理服务器，主要使用它的反向代理功能。

假设我们的域名是 example.com，并且已经在域名服务商哪里将解析 ip 指向了 123.45.6.7 这个 ip。

那么当有用户访问 example.com 时，域名提供商就会将请求转向 123.45.6.7 的 80 端口，而我们的系统运行在 3000 端口下，并且 Linux 下非 roo 用户无法监听 1024 以下的端口，这时就要 Nginx 登场了。

下载好 Nginx 的 Linux 版本之后，打开 conf 文件夹下面的 nginx.conf，在 http 域里面，第一个 server 域下面添加如下内容：

```
upstream nodejs {
    server 127.0.0.1:3000;
    keepalive 64;
}
server {
    listen 80;
    #xxx 是你自己的域名
    server_name www.xxx.com xxx.com;
    location / {
        proxy_set_header X-Real-IP $remote_addr;
        proxy_set_header X-Forwarded-For $proxy_add_x_forwarded_for;
        proxy_set_header Host $http_host;
        proxy_set_header X-Nginx-Proxy true;
        proxy_set_header Connection "";
        proxy_pass      http://nodejs;
    }
}
```

Nginx 的大概思路就是将来自外部对 80 端口的请求转到 3000 端口，从而实现域名和 Node 应用的绑定。配置完成之后，启动 Nginx 进程，或者将其配置成守护进程。

之后在域名提供商那里将域名绑定到云主机的 ip 上，就能用域名来访问我们的网站了。

5.9.3　通过 GitHub pages 来部署

这项功能一经推出就受到了开发者的热烈欢迎，毕竟不是谁都需要一个带数据库操作，并且支持高并发的网站，大多数的个人项目还是以静态的资源展示为主。

GitHub 的这项功能可以将仓库中的静态文件映射到 GitHub 的一个二级域名下，我们实际操作一下试试看。

首先需要建立一个新的 GitHub 仓库，名字为用户名+github.io，以笔者为例，仓库的名字为 Yuki-Minakami.github.io，在初始化项目时，最好勾选 readme 选项。

仓库建好之后，打开 settings 选项卡，到 GitHub Pages 这一栏，如图 5-20 所示。

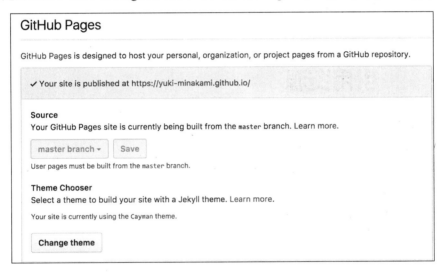

图 5-20

会发现 GitHub 已经帮我们建立了一个二级域名，试着打开这个链接，会发现页面上出现的是 readme 的内容，如图 5-21 所示。

图 5-21

我们的二级域名默认会打开仓库根目录下的 index.html，在通常意义上为项目的首页地址。

对于一个要求不高的博客网站，部署在 GitHub 上算得上是最优解，我们完全可以使用 Git 来实现文件的上传和删改，想要更改分类的索引，也可以通过手动更改 index.html 的内容来实现，不过当文章数量增加的时候可能就不是那么方便了。

5.10 总结

在这一章，我们使用 Koa 框架来初步搭建了一个博客系统，并且实现了文章的上传、浏览、分类等基础功能。

除此之外，还对 Koa 本身的实现做了深入的探究，Koa 充分使用了 ES2015 至今的新特性，无论是架构还是代码比起前身的 Express 都有了很大的改进。

笔者认为，Koa 会逐步地取代 Express 的市场，对于 Koa 本身推广的最大障碍不是其本身，而是大多数开发者还不够了解这一框架这个事实，笔者期望越来越多的开发者开始尝试 Koa，充分享受 ES6 新特性带来的开发效率。

5.11 引用资源

https://github.com/Koajs
https://cnodejs.org/topic/56936889c2289f51658f0926
https://cnodejs.org/topic/573076d5f0bc93db581a6c54
https://redis.io/commands
http://www.redis.cn/topics/data-types.html
https://github.com/koajs/session
http://mongoosejs.com/docs/guide.html
https://github.com/localtunnel/localtunnel
https://docs.mongodb.com/manual/reference/mongo-shell/

第 6 章
◀ 爬虫系统的开发 ▶

爬虫的定义这里不再详细介绍，对于想要批量搜集互联网上某一领域的信息，爬虫是一种很便利的技术。在大数据时代，不少人脑门一拍就准备做大数据，然而没有数据怎么办呢？很多人的目光就投向了爬虫。

据称互联网一半的流量都是爬虫带来的，最常见的爬虫属于搜索引擎，谷歌和百度的爬虫每时每刻都在采集互联网上的信息，网站如果想要提升自己在搜索结果中的排名，SEO 也是一项不可缺少的技术。

对于不想让爬虫获取的内容，可以在网站根目录下定义 robot.txt 来限制爬虫的访问。以 GitHub 为例，其 robots.txt 的部分内容如图 6-1 所示。

```
User-agent: CCBot
Allow: /*/*/tree/master
Allow: /*/*/blob/master
Disallow: /ekansa/Open-Context-Data
Disallow: /ekansa/opencontext-*
Disallow: /*/*/pulse
Disallow: /*/*/tree/*
Disallow: /*/*/blob/*
Disallow: /*/*/wiki/*/*
Disallow: /gist/*/*/*
Disallow: /oembed
Disallow: /*/forks
Disallow: /*/stars
Disallow: /*/download
```

图 6-1

robots.txt 并没有任何技术上的限制，而是默认爬虫会遵循的一种道德协议，但网站开发者通常无法保证所有用户都是带着善意访问网站的，除了搜索引擎外，还有一些以其他目的访问站点的人在，例如商业竞争对手之间互相爬取对方的价格信息（例如电商网站和在线旅游服务总是爬虫泛滥的重灾区）。

当然这些不是我们讨论的内容，爬虫作为一门技术，自然有其生存的土壤，作为一名开发者，我们首先要做的是用好手里的技术。

本章会实现一个相对简单的爬虫系统，但和搜索引擎爬虫有很大区别，页面元素解析和后续操作都不是重点，本章更多的将重点放在异步流程的处理和消息队列上，完整的代码实现可以参考笔者的 GitHub 下名为 PHelper 的项目，它最初是为了爬取某个特定网站被开发出来的，但目前已经剥离了特定网站的逻辑，变成了一个比较通用的爬虫框架。

在吴军的《数学之美》一书中，曾经提到了开发爬虫系统的几个要点：

（1）采用 DFS 还是 BFS。

（2）页面信息的提取，我们用 cheerio 实现。

（3）将已经访问过的地址记录下来。

针对这些要点，我们会在下面的章节中介绍。

6.1 爬虫技术概述

基本上有网络模块的编程语言都可以拿来开发爬虫，例如 Java 和 Python 等，Python 在爬虫领域比较活跃，例如 scrapy 就是一个著名的使用 Python 语言实现的爬虫框架。

要实现一个完整的爬虫系统，除了 Node 本身的核心模块之外，通常还需要一些其他技术栈的辅助。

本章使用的技术栈如下所述。

- request.js：Node 的第三方模块，用于发起 HTTP 请求。
- cheerio：解析爬取的网页数据。
- MongoDB：用于存储爬取的数据。
- Redis：维护一个消息队列，用来存放 URL。

本节实现的系统将会采用循序渐进的方式进行说明，最开始的设计可能并不完美，但通常符合初学者的直觉，然后我们会对其进行一步步优化和改进。

6.2 技术栈简介

爬虫这项技术本身没有任何难点，相比于同步的语言（例如 Python 或者 Java），Node 实现的爬虫会增加一些异步控制的代码。

6.2.1 request.js

首先我们需要发起 HTTP 请求，理论上使用原生的 http 模块就能实现，但第三方模块通常提供了更高层次的封装以及更加简便的调用方法。

社区比较流行的模块有 superagent、phantom.js 和 request.js 等，我们这里选择 request.js，下面是一个使用 request.js 的例子：

代码 6.1　request.js 示例

```
var request = require('request');
request('http://www.google.com', function(error,response,body) {
  console.log('error:', error);
  console.log('statusCode:', response.statusCode);
```

```
    console.log('body:', body);
});
```

request 方法的第一个参数可以是一个 URL，也可以是一个对象，代表了 HTTP header，例如我们构建一个如下的 header：

```
var option = {
    url:"example.com",
    headers: {
        'Accept': 'text/html',
        'Accept-charset': 'utf8',
        'Cache-Control': 'max-age=0',
        'Connection': 'keep-alive',
        'Accept-Language':'zh-CN,zh;q=0.8,en;',
        'User-Agent':'example agent'
    }
};
```

然后就可以调用 request 方法来将 option 对象作为 HTTP 的头部信息发送出去：

```
var request = require('request');

function callback(error, response, body) {
  if (!error && response.statusCode == 200) {
    var info = JSON.parse(body);
    //对结果进行解析
  }
}

request(option, callback);
```

此外，request.js 提供了对 stream 的支持以及良好的错误处理机制：

```
request
 .get('http://google.com ')
 .on('error', function(err) {
   console.log(err)
 })
 .pipe(fs.createWriteStream('doodle.png'))
```

以及上传表单相关的操作：

```
request.post('http://service.com/upload', {form:{key:'value'}})
// or
request.post('http://service.com/upload').form({key:'value'})
```

更多 API 请参考 https://github.com/request/request。

6.2.2　cheerio

cheerio 是一个用于操作 HTML DOM 元素的第三方类库，被广泛使用在 Node 开发的爬虫系统里（另一个曾经流行的类库是 JSDOM）。cheerio 实现了一个类似 jQuery 的子集，可以方便对 HTML 元素进行解析。如果开发者有过 jQuery 的经验，那么很快就能上手。

首先定义一个 HTML 片段：

```
<ul id="fruits">
  <li class="apple">Apple</li>
  <li class="orange">Orange</li>
  <li class="pear">Pear</li>
</ul>
```

接着使用 load 方法来加载 HTML 片段，然后就能像 jQuery 那样操作元素了。

代码 6.2　使用 cheerio 操作 HTML 片段

```
var cheerio = require('cheerio'),
    $ = cheerio.load('<ul id="fruits">...</ul>');

$('.apple', '#fruits').text()
//=> Apple

$('ul .pear').attr('class')
//=> pear

$('li[class=orange]').html()
//=> Orange
```

要使用 cheerio 来解析 HTML，首先要调用 load 方法将一个 HTML 片段传递给它，参数可以是一个完整的 HTML 文件内容，也可以是 HTML 的元素片段。

Cheerio 和 jQuery 的最大区别在于不支持页面事件，即不能通过 cheerio 来触发页面事件。除此之外，无论是调用形式还是 API，都和 jQuery 相同。下面展示了一些常用的例子：

```
$('ul').attr('id')
//=> fruits

$('.apple').attr('id', 'favorite').html()
//=> <li class="apple" id="favorite">Apple</li>
$('.pear').hasClass('pear')
//=> true

$('apple').hasClass('fruit')
//=> false

$('li').hasClass('pear')
//=> true
$('.pear').addClass('fruit').html()
//=> <li class="pear fruit">Pear</li>

$('.apple').addClass('fruit red').html()
//=> <li class="apple fruit red">Apple</li>
const fruits = [];

$('li').each(function(i, elem) {
```

```
  fruits[i] = $(this).text();
});

fruits.join(', ');
//=> Apple, Orange, Pear
$('li').map(function(i, el) {
  // this === el
  return $(this).text();
}).get().join(' ');
//=> "apple orange pear"
```

Cheerio 在项目中的应用

通过上面的介绍，各位读者应该也想到了 cheerio 在项目中的位置。

在 request 返回爬取结果后，在回调方法中调用 cheerio 对返回的 HTML 进行解析，提取出其中的信息并进行下一步操作。

关于 cheerio 更多的 API，可以参照 https://github.com/cheeriojs/cheerio。

6.2.3　消息队列

通常一个爬虫有 BFS（广度优先）和 DFS（深度优先）两种遍历方式，本章主要介绍的是广度优先的爬虫，由于每次请求都是异步任务，为了方便流程管理，我们采用消息队列来管理 URL，这部分的内容将在后面介绍。

6.3　构建脚手架

6.3.1　选择目标网站

现在我们已经掌握了实现一个爬虫的基本技术，就差一个目标网站了，然而出于版权和法律的限制，我们不能在这里选取一个网站，然后开始讲述怎么对其进行爬取，只会介绍一些通用的步骤。

读者可以根据自己的兴趣选择目标网站，但也要注意爬取频率和内容，最好能够按照 robots.txt 的规范进行爬取。

以笔者为例，笔者平时喜欢去 pixiv.net，这是一个插画 SNS 网站，然而对于非付费用户提供的功能非常有限，因此笔者就写了一些爬虫脚本去获取一些评分较高的图片 id，这些都是题外话。

在真正开始写代码前，我们需要对目标网站进行一系列的分析：

● 分析 URL 结构。

● 构造 HTTP 请求。大部分的网站都需要一些额外信息，例如 Cookie 等来展示完整内容。

● 分析 HTML 结构。根据 HTML 结构来获取包含在特定元素中的信息。

前面讲了这么多，我们差不多可以进行一些实际操作了，为了保险起见，我们就选取 GitHub 作为目标，在本章开头 GitHub 的 robots.txt 内容中，可以看到/*/*/tree/master 页面允许爬虫访问。

受 robots.txt 的限制，我们不能爬取个人主页，因此这里先手动将所有的 URL 放到数组里面去，所幸它不是很大，读者可以将其看作是一个消息队列的雏形。

目标即 https://github.com/Yuki-Minakami（笔者本人的 GitHub 主页），下面是所有仓库的 star 数量和描述信息。

6.3.2　分析 URL 结构

这一步骤和网站本身的架构有很大关系，例如一些新闻资讯或者个人网站（就像我们上一章实现的博客网站），其 URL 的最后通常用数字 id 来标识一个页面，这代表我们很容易地就能用代码自动构造出而不用依靠搜索的方式来得到下一个 URL。例如下面示意的 URL 就具有明显的连续性。

```
http://www.xxx.com/id=90881629
http://www.xxx.com/id=90881630
http://www.xxx.com/id=90881631
```

很明显的，这些 URL 之间的唯一区别就是最后的 id 这一字段不同，其格式为 8 位数字，并且这些数字可以看出是连续的，那我们就可以循环生成目标 URL。

对于前面 GitHub 的例子来说，通过分析就能发现，每个仓库的地址都很相似，例如本书示例代码的仓库地址 BookExample，GitHub 对应的地址即为：

```
https://github.com/Yuki-Minakami/BookExample/tree/master
```

所有的地址都是"前缀+仓库名称+分支信息"的格式，那么如果获得了包含全部仓库名称的数组，也能批量构造出 URL 来。

6.3.3　构建 HTTP 请求

作为网站的设计者，通常会加入登录功能，将某些内容的展示限制在登录用户之间，而判断用户是否登录通常通过 Cookie 来判断。

前面的章节也提到过，用户在发起请求时，会把 Cookie 加入 HTTP 请求的头部一起发送出去。如果我们在非登录状态下无法使用完整的网站功能，那么可以在登录后再到控制台中将 Cookie 复制到代码中，或者将 request header 整个复制下来。

我们把构建 HTTP header 的部分单独抽取出来形成一个文件 createHeader.js，其内容如下所示。

代码 6.3　构造 HTTP header

```
function createHeader(url) {
    var option = {
        url: url
        headers: {
```

```
        'Accept':'//.......,
        'Accept-charset': 'utf8',
        'Cache-Control': 'max-age=0',
        'Connection': 'keep-alive',
        'Cookie'://some cookie,
        'Host': 'www.xxx.net',
        'Upgrade-Insecure-Requests': 1,
        'User-Agent': //.......',
    }
  };
  return header;
}
module.exports = createHeader;
```

构建好 HTTP header 之后，就可以调用 request 方法进行爬取了，下面的代码展示了爬取和解析的代码框架。

代码 6.4　爬取的基础方法

```
var fs = require('fs');
var createHeader = require("./requestHeader");
var request = require("request");

function RequestID(id) {
    var header = createHeader(id);
    request(header, function (err, response) {
        if (err) {
            console.log("error");
            return;
        }
        if (response.statusCode == 200) {
            console.log("success,end time:", process.uptime());
            //TODO 使用 cheerio 解析
        } else {
            console.log("Warning:get http response exception ");
        }
    });
}
```

6.3.4　解析页面元素

request 方法返回 HTML 片段之后，我们就要着手分析页面元素，最好用的工具就是 Chrome 控制台，我们可以使用调试功能来查看 dom 元素结构。

首先是 star 数量，如图 6-2 所示。

```
▼<form accept-charset="UTF-8" action="/Yuki-Minakami/Koa2-FormData/star" class="unstarred"
data-remote="true" method="post">
  ▶ <div style="margin:0;padding:0;display:inline">…</div>
  ▶ <button type="submit" class="btn btn-sm btn-with-count js-toggler-target" aria-label=
  "Star this repository" title="Star Yuki-Minakami/Koa2-FormData" data-ga-click="Repository,
  click star button, action:files#disambiguate; text:Star">…</button>
    <a class="social-count js-social-count" href="/Yuki-Minakami/Koa2-FormData/stargazers"
    aria-label="2 users starred this repository">
      2
    </a> == $0
</form>
```

图 6-2

接着是项目描述，如图 6-3 所示。

```
▼<div class="repository-meta-content col-11 mb-1">
    <span class="col-11 text-gray-dark mr-2" itemprop="about">
      一个Koa2和FormData配合使用的小例子
    </span> == $0
  </div>
```

图 6-3

然后是最近一次提交的日期，如图 6-4 所示。

```
▼<span itemprop="dateModified">
    <relative-time datetime="2017-05-31T14:07:07Z"
    title="2017年5月31日 GMT+8 下午10:07">on 31 May
    </relative-time> == $0
  </span>
```

图 6-4

有了这些信息，我们就能用 cheerio 写出用于解析的代码。

在 parse.js 中我们定义了如下方法：

- getStar
- getDescription
- getLastModifiedDate

代码 6.5　parse.js

```
//省略其他代码
getStar:function($){
    var star = $('div.unstarred a').html() | $('div.starred a').html();
    return star;
},
getDescription:function($){
    var description = $('div.repository-meta-content span').html();
    return description;
},
getLastModifiedDate:function($){
    var lastModifiedDate = $('span.dateModified relative-time').attr('datetime');
    return lastModifiedDate;
```

```
}
//省略其他代码
```

6.4　进行批量爬取

本节的核心内容是如何处理数以千万计的异步方法。

在上面的内容中，我们仅仅爬取了几个 URL，这甚至不能被称为爬虫，接下来要做的，就是根据自动构造出的 id 来批量爬取。

在这里以一个虚拟网站 example.com 为例，我们的目标地址为 example.com/id=X，X 的范围是从 1 到 10^9，也就是说我们有 10 亿个链接需要爬取。

穿越回过去

现在假设我们回到了 Node v0.8 的时代，那时 ES2015 还看不到影子，babel 也无人知晓，我们要如何实现上面的目标呢？

根据上文的思路，id 是连续并且自增的，如果是其他同步型的编程语言，很容易就能写出类似下面的代码。

```
for(id = 0;id < 1000000;id++){
    RequestID(id);
}
```

但由于 RequestID 是个异步方法，这样的代码相当于一下子发起了大量的异步调用，在多数情况下这样的做法是不可取的。

我们在之前的章节中详细介绍了 Node 异步流程处理的各种方式，但别忘了我们穿越回了 2012 年，手头能用的只有原生的回调函数和一些第三方流程控制库。

6.4.1　使用递归和定时器

我们可以把这一节的实现看作是 0.1 版本，先不借助任何的第三方模块，只依赖原生的 Node 来实现。这里使用另一种更加"简陋"的方式——使用递归调用+定时器来处理大批量的异步请求。

代码 6.6　递归实现的异步调用

```
var fs = require('fs');
var createHeader = require("./requestHeader");
var request = require("request");

function RequestID(id) {
    //发起 HTTP 请求略去
    var header = createHttpHeader(id);
    request(header,function(err,res){
        //....后续处理的代码
        RequestID(id++);
```

```
    });
}
RequestID(0);
```

上面这段代码，实质上就是嵌套回调函数的另一种写法，在回调中递归调用 RequestID 方法来实现不间断地爬取。

当然这样的写法相当于完全的同步调用，没办法发挥出异步的优势来。

读者可能会想到另一种做法，那就是将 RequestID 方法的调用部分放到回调方法的外面：

```
var fs = require('fs');
var createHeader = require("./requestHeader");
var request = require("request");

function RequestID(id) {
    //发起 HTTP 请求，略去
    var header = createHeader(begin.toString());
    request(header,function(err,res){
        //....后续处理的代码
    });
    RequestID(id++);
}
RequestID(1000000);
```

语法上没问题，但直接运行就会出错，虽然我们可能希望发出请求和回调处理可以分离，但由于 HTTP 请求耗时比较长，很快就会超出调用层数限制的界限从而使进程崩溃，如图 6-5 所示。

```
RangeError: Maximum call stack size exceeded
    at RegExp.get global [as global] (native)
    at RegExp.[Symbol.replace] (native)
    at String.replace (native)
    at Url.format (url.js:628:19)
    at Url.parse (url.js:401:20)
    at Object.urlParse [as parse] (url.js:81:5)
    at Request.init (/Users/likai/Desktop/workspace/Web/PHelper/node_modules/request/request.js:238:20)
    at new Request (/Users/likai/Desktop/workspace/Web/PHelper/node_modules/request/request.js:129:8)
    at request (/Users/likai/Desktop/workspace/Web/PHelper/node_modules/request/index.js:55:10)
    at RequestID (/Users/likai/Desktop/workspace/Web/PHelper/getURL/worker1.js:16:3)
url.js:628
  search = search.replace(/#/g, '%23');
              ^
```

图 6-5

针对上面的问题，我们可以想到如下改进方法：

（1）将连续的请求按一定大小划分块，例如一个请求块只发出十个请求。

（2）使用定时器，在发出一个数量单位的请求之后，进程会暂停一段时间等待结果返回，然后再发出新的请求，例如以 5 秒为单位，每次只爬取 5 个地址的信息。

根据上面的思路，我们写出下面的代码。

代码 6.7　使用定时器进行的改进（一丁点）

```
//省略模块引入和其他代码
var begin = Number(process.argv[2]);
var end = Number(process.argv[3]);


var tmp = begin;
function RequestID(){
    var option = createHeader(begin);
    request(option,function(err,response){
        if(err){return;}
        parseRes.processPage(response)
    });

    begin++;
    while(begin< end){
        if(begin -tmp == 5){
            setTimeout(RequestID, 5000);
            tmp = begin;
        }else{
            RequestID()
        }
    }
}
```

代码 6.7 接受两个进程参数，这是为了后面的多进程架构做的准备，其逻辑也很简单，
begin 和 end 划定了单个进程爬取的范围。

很明显，这种做法唯一的优点是能完成任务，可读性和代码长度都是一团糟，之后会讲
述更加高级和稳定的做法，不过在那之前，还有不得不提的内容。

6.4.2　多进程并行

为了提升爬取的效率，往往会考虑使用多个进程/线程来实现并行爬取。

本章的爬虫系统使用了 child_process 模块来实现一个简单的多进程模块，首先我们把上
一节完成的代码命名为 worker.js，并使用 master 来管理 worker。

代码 6.8　最初版本的 master.js 实现

```
var child_process = require('child_process');
var fs = require('fs');
var tmp = 0;
var process = [];
var status =[];

function start() {
    for (var i = 0; i < 5; i++) {
        process[i] = child_process.fork('worker.js', [tmp, tmp+50000]);
        tmp+=50000;
    }
}
```

```
start();
console.log('master begin');
```

上面的代码中，首先使用 child_process.fork 方法创建了 5 个进程，并且传入了两个参数作为开始和结束的 id，值得注意的是，每个进程只负责爬取 50000 个 url，这种做法基于一种假设：如果内存泄露，无论如何都无法避免的话，那么定时重启进程就好了。

当然，代码 6.8 还很不完善，我们会在下一节讨论如何对其进行优化。

6.5 爬虫架构的改进

6.5.1 异步流程控制

在前面的代码实现中，为了实现持续爬取，采用了递归+定时器的做法，这种做法建立在回调总是会在规定时间内完成的假设上，在实践中这种假设虽然可以被接受，但远不是最佳的写法。上节因为我们穿越回了 2012 年，当时由于没有趁手的框架可用，也没办法写出更优雅的代码来。

因此，这里的改进主要的着眼点还是在异步流程控制上。

6.5.2 回到最初的目标

还记得本章最开始演示的那段代码吗？

```
for(id = 0;id < 10000;id++){
    RequestID(id);
}
```

毫不夸张地说，Node 这些年来的发展，都是围绕着怎么用异步写出上面的代码而展开的，根本问题在于用同步的写法来写异步，我们也能看出来，跟上面所有的代码相比，还是这样的写法最为简洁。

我们有千万级别的异步方法需要执行，因此像 async 这样的第三方模块就不太适合，它们本身的执行需要一个数组，虽然可以使用一些折中的方式，例如分割成一个个的子数组，但这不是我们想要的。

在最开始的代码中，我们没有借助任何第三方模块，纯粹地使用递归+定时器的方式实现了第一个版本，之后又借助 async 等第三方模块来精简代码，最后要介绍的是使用 ES201x 的新语法来对代码进行彻底地改进。

在没有异步流程管理的阶段，开发者的回调通常是嵌套书写的，为了解决这一点，出现了一些第三方的模块，在后来出现了 Promise，最后 async 函数终结了这个问题。

Request 方法的本质还是一个异步操作，我们可以使用一个 Promise 来封装它。此外，爬虫系统的特点是有大量的异步方法需要管理，我们前面也提到了，一次性发出大量的 HTTP request 的做法并不合适。

面对这种情况，原生的 Promise 和 Generator 首先被排除，手动执行这么多的 Promsie 是不现实的，开发者可以选择 generator+co 来进行管理，但 async 函数是更好的选择。

要使用 async 方法，需要将现有的异步操作改造成 Promise 的形式，目前代码里的异步操作只有 request 方法，那么问题就变得简单了。

代码 6.9　将 request 方法改造成 Promise

```
var rp = function(header){
  return new Promise(function(resolve,reject){
      request(header,function(err,response){
          if(err){
              reject(err);
          }
          else{
              resolve(response);
          }
      });
  });
}
```

有了第 4 章的基础，我们很容易就能将 request 方法封装成 Promise 的形式，接下来的代码里，我们就要使用 rp 方法来代替 request 方法。

下面是对该方法的调用。

代码 6.10　改造后的 requestID 方法

```
async function RequestId(id){
    var option = createHeader(id);
    await rp(option).then(function(response){
        if(response.statusCode == 200){
            parseRes.processPage(response);
        }else{
            console.log(begin," warning:http response exception");
        }
    }).catch(function(err){
        console.log("err");
    });
}
```

接下来使用下面代码的形式进行调用，我们就能顺序地进行 id 的爬取了。

```
async function RequestTest() {
    for (let i = 0; i < 10000000; i++) {
        await RequestId(i);
    }
}
RequestTest();
```

此外，request.js 也已经开始支持 Promise 了，但并没有集成在模块内部而是开发了全新的模块，详情请参考 https://github.com/request/request#promises—asyncawait。本章中，为了更好地与前面的内容进行照应，选择了自行实现 Promise，读者也可以使用第三方模块，例如 bluebird 进行转换。

上面的代码已经实现了顺序调用，但问题也很明显，这样的代码变成了完全顺序调用的形式，Node 非阻塞 IO 的优点变得难以发挥；同样可以采用将其请求分片的方式来改善，目前的 await 后面封装的只有一个 Promise 操作，我们可以调用 promise.all 来封装多个 Promise，读者可以自行实现。

6.5.3　多进程模型的缺陷

到此为止，我们的优化都是在单个进程内部的，前面我们将 request 方法封装成了 Promise，但仍然使用 for 循环进行调度，这表示每个进程获得的资源是固定的，不利于对进程架构进行扩展。

回过头来看之前我们如何实现多进程的。

```
function start() {
    for (var i = 0; i < 5; i++) {
        process[i] = child_process.fork('worker.js', [tmp, tmp+50000]);
        tmp+=50000;
    }

}
```

每次看到这段代码，都会觉得没有比这更糟糕的设计了，原因如下：

- 虽然根据 CPU 的数量创建了等量的进程，但每个进程分到的任务数量是固定的（50000 个），在完成了相应的任务后就会退出。
- 不能保证每个进程同时完成任务，可能会出现一个进程完成了 50000 个任务而其他进程还在继续爬取的情况，需要对每一个进程监听 exit 事件，这不利于进程的统一管理。

上面问题的主要原因在于每个进程都被赋予了固定数量的任务，任务的管理也是依靠子进程完成的，一种更好的做法是使用一个统一的进程来调度任务，其他进程只需要负责爬取就可以了。

6.6　进程架构的改进

6.6.1　生产/消费模型

经过初步的考量，我们决定使用生产消费模型改进系统架构。

该模型可以让进程获得更好的分工，除此之外，将获取 URL 和爬取链接的过程分离也有利于系统的扩展。

改进后的系统架构示意图如图 6-6 所示。

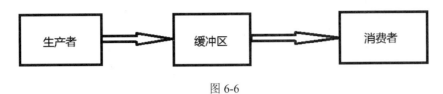

图 6-6

在这个系统中，生产者负责生产爬取的目标 URL，源源不断地将其塞到缓冲区中。

消费者就是负责爬取的各个子进程，从缓冲区获取生产者生产的 URL，然后进行下一步操作。

这就牵扯到一个问题：多个子进程如何从缓冲区拿到数据，即资源竞争与分配的问题。

生产/消费模型本质上是一个消息队列，目前市面上有很多成熟的产品，例如 rabbitmq 和 activemq 等，但我们这里还是选择 Redis 来实现。此外，本节的实现仍然是基于前面提到的 example.com，由于该网站的 id 是自增的，因此我们可能很容易地利用循环构建出 URL，在实际的系统中，通常要根据实际情况来定制生产者，我们这里仅做一个示范。

6.6.2　生产者的实现

我们首先来实现一个生产者，这个生产者会不停地向缓冲区里塞入待爬取的 URL 信息，并且定义以下事件：

- begin：开始运行时触发。
- pause：如果消费者的速度跟不上生产者的速度，为了不一下子向缓存区存入过多数据，引入了暂停事件，通常使用内存来做缓冲需要考虑这一点，关于暂停一个重要的细节是要保存暂停时的状态，以便恢复时能继续暂停前的状态进行处理。
- resume：从暂停中恢复，需要读取保存的暂停前状态。

代码框架如下：

代码 6.11　生产者的代码框架

```
var redis = require("redis");
var client = redis.createClient('6379', '127.0.0.1');
client.on("error", function(error) {
    console.log(error);
});
client.on("ready",function(){
    console.log("ready");
})

class Producer extends EventEmitter{
    constructor(){
        super();
        this.status ="ready";
        //ID 即为生产者生产的资源
        this.id = 40000000;
```

```
    }
}
var producer = new Producer();

producer.on("pause",function(){
});

producer.on("resume",function(){
});

producer.on("begin",function(){
});
```

我们定义了一个 producer 类，由于我们需要事件处理机制，因此继承了 EventEmitter 类，然后我们为其注册了三个事件。Producer 类还有两个属性，status 用于标识生产者的状态，我们一共定义 ready、begin、pause 三种状态（resume 事件对应的是 begin 状态），id 即生产者生产的资源，producer 类会源源不断地将 id 写入缓冲区，当遇到 pause 事件时会暂停运行。

为了暂停生产者的执行，我们还需要一个方法用于获取目前缓冲区的大小，当大于设定的阈值时暂停生产者的执行。

代码 6.12 获取缓冲区长度

```
async function getListLength(){
    var length  = await client.LLenAsync("mqTest");
    //当积累的数量到达 10000 时, 暂停生产
    if(length > 10000){
        producer.emit("pause");
    }
    return length;
}
```

阈值的设定要根据生产者和消费者的相对速度来确定，在爬虫系统中，生产者的速度很快，而消费者虽然以多进程运行，但毕竟网络 IO 耗时远大于生产耗时，所以阈值要设置大一些，通常需要不断试验来确定。

代码 6.13 完整的生产者代码

```
//producer.js
var redis = require("redis");
var bluebird = require("bluebird");
var EventEmitter = require("events");

var client  = redis.createClient('6379', '127.0.0.1');
//使用 bluebird 将 redis 的 API 转换为 Promise 形式
bluebird.promisifyAll(redis.RedisClient.prototype);
bluebird.promisifyAll(redis.Multi.prototype);
//..........

class Producer extends EventEmitter{
//.......
```

```
producer.on("pause",function(){
    if(this.status === "begin"){
        console.log("Producer will pause,current id",this.id);
        this.status = "pause";
    }
});

producer.on("resume",() => {
    if(this.status === "pause"){
        this.status = "begin";
        this.emit("begin");
    }
});

producer.on("begin",async function(){
    this.status = "begin";
    while(true){
        //如果当前状态变为pause，停止生产
        if(this.status === "pause"){
            break;
        }
        var msg = this.id;
        //写入redis
        await client.lpushAsync("mqTest",msg);
        ++this.id;
    }
});

async function getListLength(){
//.......
}
producer.emit("begin");

setInterval(getListLength,10000);//每隔10s检查一次
```

上面的代码有如下两个要点：

● 将 Redis 提供的 API 转换为 Promise，这避免了回调函数和潜在的嵌套调用。
● 生产者每隔 10 秒就会检查缓冲区的状态，如果超过了设定上限，就会暂停生产。我们现在还没有定义消费者，直接运行上面的代码，生产者在生产数量到达阈值后会直接暂停。

6.6.3　消费者的实现

关于消费者，我们可能会有一些担忧，当面对多个消费者从 Redis 读取数据时，会不会发生一致性问题，简单来说，会不会有两个并行的消费者拿到了同样的值？

答案是不必担心，Redis 提供的基础命令全部都是原子操作，不会发生多进程之间的同步问题。

我们想要让多个消费者来并行使用缓冲区的内容，为此还要使用到 child_process 或者

Cluster 模块，先来看单个的消费者实现。

代码 6.14　消费者的实现

```javascript
class Consumer extends EventEmitter{
    constructor(){
        super();
        this.status = "ready";
    }
}

var consumer = new Consumer();

consumer.on("pause",function(){
    console.log("Consumer will pause");
    this.status = "pause";
});

consumer.on("resume",() => {
    if(this.status === "pause"){
        this.status = "begin";
        this.emit("begin");
    }
});

consumer.on('begin',async function(){
    this.status ="begin";
    while(true)
    {
        var value = await client.lpopAsync("mqTest");
        //调用封装好的 request 方法
        await request(value);
        if(this.status === "pause" ){
            break;
        }
    }
})

async function getListLength(){
    //获取缓冲区大小
    var length  = await client.llenAsync("mqTest");
    if(length == 0 && consumer.status ==="begin"){
        consumer.emit("pause");
    }else if(this.status ==="pause" && length >1000){
        //设置当缓冲区大于 1000 时才启动消费者，避免在临界值附近反复切换状态
        consumer.emit("resume");
    }
    console.log("current length ",length);
}
setInterval(getListLength,30000);//每隔 30s 检查一次缓冲区
```

消费者的代码结构和生产者基本相似，不同之处在于消费者调用了 Redis 的 lpop 命令，

该命令会从 Redis 的 list 中弹出一个元素，并且使 list 长度减一。我们上面也提到了，Redis 的命令都是原子操作，不用担心多个消费者同时执行 lpop 会出现不一致的问题。

消费者集群

实现了单个消费者之后，要实现消费者的集群就很简单了，使用 fork 来同时运行多个 consumer 进程即可。

代码 6.15　多进程架构的消费者

```
const child_process = require('child_process');
const numCPUs = require('os').cpus().length;

for(let i=0;i<numCPUs;i++){
    child_process.fork("consumer.js");
}
```

6.7　反爬虫处理

6.7.1　爬虫的危害

从本章开头我们就一直在讲述爬虫的原理和实现，作为一名开发者，我们希望通过爬虫来获取一些有用的信息，这是无可厚非的，因为这和搜索引擎采用的方式也是一样的，无论是百度还是谷歌，其后台在任何时刻都有大量的爬虫在爬取互联网上的内容。

但对于网站的维护者来说，有时爬虫就不是什么让人高兴的东西了，尤其是对一些资源类网站，如果大家都用爬虫去批量采集信息，这家网站就会损失很多访问量（广告收入）。另一方面，爬虫也会浪费目标服务器的资源，有很多刚入门的开发者不懂得控制爬取频率，上来就是每秒上百个请求再加上 24 小时不间断地爬取，会浪费目标服务器的大量资源。

反爬虫

既然已经知道了有些爬虫需要预防，那么反爬虫技术也就相应而生，就像矛与盾的关系一样，爬虫技术和反爬虫技术总是在不断的较量中往前发展。

反爬虫需要做的事大致分为两个步骤：

（1）分辨出哪些爬虫需要放行，哪些爬虫需要处理？
（2）如何处理"有害"的爬虫？

第一个步骤很好理解，因为网站也需要搜索引擎的爬虫来为自己争得流量，因此需要做一个判定的动作。而第二个步骤是反爬虫技术主要应用的战场。

6.7.2　识别一个爬虫

关于这一点，其实并没有特别准确的方式，毕竟爬虫模拟的是浏览器的操作，但和普通的用户访问之间还是有不少区别之处，一般可以通过下面方法识别。

1. 通过访问频率判断

一个用户从不会以一个较固定的频率（可能是一秒一次）一直访问某个站点，我们可以统计一个 ip 地址访问的频率来判断一个 HTTP 请求是否来自一个爬虫。

2. 爬虫陷阱

以我们第 5 章开发的博客系统为例，其网页的 id 都是连续的，爬虫就可以利用这一点构建出一系列的 URL。但如果我们反其道而行之，在连续的 id 中间设置一些浏览器用户不可能访问到的地址，例如设置/blog/id=11111，这个 URL 无法被任何页面元素链接到，如果服务器接收到了指向该地址的请求，那么就几乎可以肯定是一个来自爬虫的请求。

3. 针对 HTTP header 的判断

常见的判断方式是根据 hostname 来进行判定，但这种方法通常不是很有效，因为 HTTP header 完全可以被伪造。

6.7.3 针对爬虫的处理

爬虫的处理分为两个方向，首先是利用技术手段防患于未然（例如禁止过于频繁的访问或者没有 Cookie 的访问等），然后是识别出一个爬虫之后，再采取的措施。

假设我们通过上一节的一些方法来识别出了一个爬虫，那么接下来怎么处理这些爬虫呢？

下面列出了一些反爬虫做法，其中有的是专门为爬虫设计的，例如 ip 黑名单和蜜罐战术，有的则被普遍应用于 Web 上的用户验证，例如验证码。

在知乎上有个问题讨论的就是反爬虫机制，读者可以在那里看到更多有趣的反爬虫手段，地址 https://www.zhihu.com/question/58342241。

1. 限制不带 Cookie 的请求

这种做法应该是最常见，对于一些资源类网站来说是必备的。

这里以图片为例，假设一个开发者通过爬虫获得了一些图片的 URL，通常情况下，由于 img 标签是可以跨站点的，直接在浏览器中打开 URL 就能看到对应的图片。

这种做法其实是一种盗链行为，用户没有访问原始的资源网站就能获取上面的资源，这会对原始网站造成损失（通常是广告收入方面的，也有其他商业上的考量）。

以国内的某知名问答网站为例，目前还没看到其对图片盗链采取的反制措施，试着复制一个链接地址，你可以发现在任何地方都可以打开它，哪怕是你自己的个人网站，因此是爬虫泛滥的重灾区。

Pixiv.net 在这点上似乎做得不错，因为直接打开一个图片链接会返回一个 403 Forbidden，如图 6-7 所示。

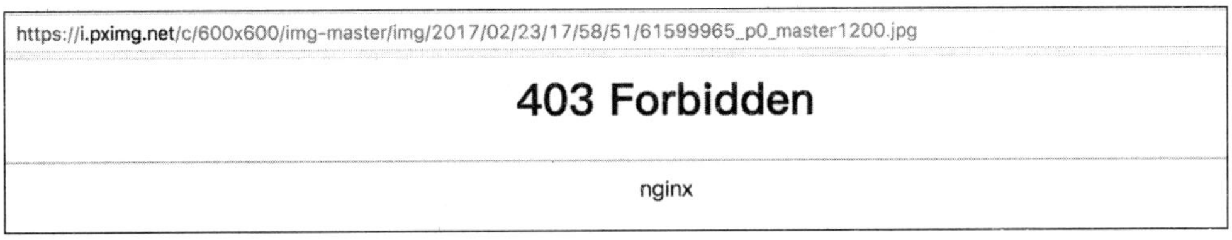

图 6-7

这表明 pixiv 对单纯的浏览器访问图片地址做了针对处理,毕竟图片是整个网站的核心资源,做这些工作也是理所当然;但这不代表无法通过任何技术手段获得图片,因为最坏的可能性也只是打开浏览器,然后一张张地保存而已。

这种方式的局限性也很明显的,通常只要在请求时带 Cookie 信息就能绕过限制。因为对于一个初次打开页面的用户来说,Cookie 是唯一可能的验证信息。

2. ip 黑名单

这是最常见的做法了,通过将爬虫的 ip 加入黑名单,然后拒绝它们的访问就好了。这种做法只能针对一些比较低级的爬虫,现在稍微高级点的爬虫都开始使用 ip 池来进行爬取了。此外,这种做法的误伤概率很高。

3. 验证码机制

验证码机制更多地是为了避免用户频繁提交数据而不是为了反爬虫而存在的,不过用在反爬虫上确实有效果。早先的验证码都是一些图片,用户需要输入里面的字符就能通过验证,但随着机器学习技术的发展,图片验证码可以自动识别了。因此衍生出了一些变种的验证码,例如拖动滑块完成拼图(但这对机器学习来说依旧不是问题)。

4. 异步加载

这种方式也很常见,微信公众号平台和网易云音乐都使用这样的技术,具体做法是将一部分的数据放在 iframe 中进行异步加载,这样爬虫在爬取时只能获得 iframe 的 HTML 代码而拿不到异步加载的数据,但还是可以使用 selenium 之类的框架来拿到。

5. 蜜罐战术

这种做法是前面爬虫陷阱的一种延伸,爬虫以及背后的开发者都有一个特点,那就是不会轻易放弃,即使采用黑名单来封禁 ip 也不能杜绝爬虫,因为在没拿到数据之前,背后的开发者是不会停止的,如果不断升级反爬虫措施会耗费很大精力。

那么不如换一种思路来处理,在发现一个爬虫之后,只要给爬虫返回一些错误的信息就好了。这种做法虽然浪费了一点服务器资源,但避免了反复的拉锯战,而且爬虫背后的开发者也得不到任何好处。

关于具体的处理方法,一种是随机生成一些不存在 URL,然后将爬虫引导至对应的页面中来让爬虫进入死循环即可;另一种是直接构造一些错误信息的页面,让爬虫得不到正确的结果,开发者通常也很难分辨哪些信息是正确的。

对于一个网站来说,如果想要应对本章设计的爬虫,首先可以采用陷阱来判别出一个爬虫 ip，然后针对该 ip 的所有访问都会随机生成一些垃圾信息，例如在对应的 dom 元素中放一个错误的 URL，这样虽然能爬到信息，也仍然是毫无价值。

6.8 总结

开发一个爬虫系统，最重要的是什么？

首先明确你的目标，搞清楚目标网站的运转流程、目标信息在页面中的位置，以及目标网站采取了什么样的反爬虫措施。

然后是选择实现爬虫的技术，本章介绍了使用 Node 来开发一个功能完备的爬虫的步骤，当然，只要是具备网络通信功能的编程语言，理论上都能开发出功能相同的爬虫系统来，无论是 Node、Python，还是 Java、Ruby 等。

拥有基本功能的爬虫几乎人人会写，但如何能将其完善却不是那么容易。当然，"完善"也只是对比而言，例如本书实现的爬虫并没有实现 IP 池之类的技术，这是由目标网站的特性来决定的。对于一个反爬虫机制不完善的网站，也没必要采用过分完整的技术栈，爬虫系统往往随着目标网站的升级而升级。

6.9 引用资源

https://redis.io/topics/transactions
https://github.com/cheeriojs/cheerio
https://github.com/request/request
https://www.zhihu.com/question/58342241

第 7 章

◀ 测试与调试 ▶

无数人已经不厌其烦地阐述过了编写测试的重要性，但在大多数时间里我们都没有将其当一回事。

编写测试对于不同项目的不同阶段有着不同意义，在项目的开始阶段，开发者肯定不希望自己在测试上花的时间比编写业务代码花的时间还要多。因为初创阶段的项目，编写测试远不如抓紧时间发布新特性重要。

关于什么时候才需要编写测试代码要针对不同的业务场景具体分析，本章的主要内容着眼于如何编写测试代码上。

1. 为什么需要强调测试

有一点需要承认，那就是 Node 本身的容错性并不是很强。作为动态语言，无法在静态编译阶段提前发现错误。如果有代码抛出异常而没有相应的处理方法，那么整个 Node 进程都会崩溃。

另一方面，即使在代码编写中没有问题，也难以发现回调中潜在的异常。Node 的早期版本中，曾经提供 Domain 模块（现在也依然保留）来处理这个问题，但遗憾的是似乎并没有达到预想的目标，而且至今社区也没能给出一个更好的方案。

上面之所以提到 Node 错误处理的不完善之处，就是要提醒读者意识到编写良好测试，尤其是单元测试对 Node 应用的重要性。

2. 常见的概念

经过数十年的实践，业界目前流行的测试方法只有黑盒和白盒两种，至于测试手段则分为下面几种：

● 单元测试
● 基准测试
● 集成测试
● 压力测试

这些测试方法都是基于不同的维度对代码进行考量。

3. 代码覆盖率

代码覆盖率是单元测试的一个重要指标，我们通常从下面几个维度来考察代码覆盖率：

● 行覆盖率：考察是否每一行代码都被执行。

- 函数覆盖率：确保覆盖每个函数调用。
- 分支覆盖率：确保覆盖每个条件分支代码都被覆盖。
- 语句覆盖率：考察是否每个语句都被执行了。

4. 测试驱动开发（TDD）

测试驱动开发（Test-driven development，缩写为 TDD）是一种软件开发过程中的应用方法，由其倡导先写测试程序，然后编码实现其功能得名。测试驱动开发始于 20 世纪 90 年代。测试驱动开发的目的是取得快速反馈并使用"illustrate the main line"方法来构建程序。

测试驱动开发的优点很明显，首先是开发阶段，编写了测试用例之后，能够确保之后编写的功能代码可用。

其次是在重构阶段，很多时候重构过程会十分痛苦，原因就在于程序经常会在修改代码后变得不可用，如果一次性改了太多地方，一步步定位错误代码将是一场噩梦，如果有了测试用例的辅助，这个过程会轻松很多。

本章会为我们前面实现的应用编写测试用例，主要是第 5 章的博客系统和第 6 章的爬虫系统。

7.1 单元测试

7.1.1 使用 Assert 模块

Assert（断言）是一种一阶逻辑表达式，这代表它的值只能为 true 或者 false，当断言的值为 false 时，多数语言会抛出一个错误。

断言作为一种编程概念已经存在很长一段时间了，对断言的支持通常是语言本身的一部分，例如在 C 语言标准库中就已经包含了 assert.h。

Node 也提供了 Assert 模块，该模块可以用来做一些简单的断言测试。当你想验证某段代码的返回值，又不想花时间阅读第三方框架冗长的说明时，该模块还是很有用的。

Assert 模块提供的方法如下所示，它们都比较简单，我们这里不做详细介绍。

```
assert(value[, message])//判断单个值，如果 value 为 false 或者 0 时抛出错误
assert.deepEqual(actual, expected[, message])//相当于"=="，不比较原型
assert.deepStrictEqual(actual, expected[, message])//相当于"==="，同时比较原型
assert.doesNotThrow(block[, error][, message])//假设某个代码块不抛出异常
assert.equal(actual, expected[, message])//假设两个值相等
assert.fail(actual, expected, message, operator)//抛出一个 AssertionError
assert.ifError(value)
assert.notDeepEqual(actual, expected[, message])//见 assert.deepEqual
assert.notDeepStrictEqual(actual, expected[, message])//见
assert.deepStrictEqual
assert.notEqual(actual, expected[, message])// 见 assert.equal
assert.ok(value[, message])//判断给定的值是否为 True
```

```
assert.strictEqual(actual, expected[, message])
assert.throws(block[, error][, message])//假设某个代码块抛出异常
```

但在实际项目中 Assert 的地位往往比较尴尬，其通常被功能更加完善的测试框架所替代，因为不管怎么看 Assert 模块提供的方法都过于简单了些，满足不了大型应用的要求，下面介绍的，就是使用于大型应用的测试框架。

7.1.2 Jasmine

Jasmine 是一个广为使用的第三方测试框架，这类测试工具通常被称为一个测试脚手架。

官网将其描述成一个行为驱动的测试框架，Jasmine 不仅可以用在 Node 上，也可以对前端 JavaScript 进行测试，这里我们只介绍其在 Node 中的应用。

1. 安装

推荐进行全局安装：

```
npm install -g jasmine
```

安装完成后在命令行输入 jasmine -v 命令，如果有类似如图 7-1 所示的输出，则表示安装成功。

```
[likaideMacBook-Pro:chapter6 likai$ jasmine -v
jasmine v2.5.3
jasmine-core v2.5.2
```

图 7-1

2. 使用

在项目根目录下运行 jasmine init ，该命令会初始化一个用来存放测试代码的文件夹，如图 7-2 所示。

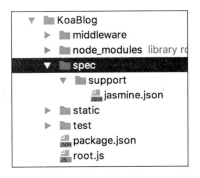

图 7-2

jasmine.json 是 Jasmine 的配置文件，我们来看文件内容：

代码 7.1 jasmine.json 的内容

```
{
  "spec_dir": "spec",
```

```
"spec_files": [
  "**/*[sS]pec.js"
],
"helpers": [
  "helpers/**/*.js"
],
"stopSpecOnExpectationFailure": false,
"random": false
}
```

其中各项配置的含义如下：

- spec_dir：指定扫描测试文件的根目录。
- spec_files：匹配测试文件的表达式，上面的配置会匹配所有后缀为.spec.js 的文件。
- helpers：Helper 文件会在所有的 spec 之前预先执行。
- stopSpecOnExpectationFailure：当有错误出现时是否终止所有测试。
- random：是否打乱测试顺序。

在默认配置下，测试用的文件应该放在 spec 目录下面，我们新建一个 test.spec.js 文件，然后写一个最简单的测试用例。

代码 7.2　一个简单的测试用例

```
describe("A suite", function() {
    it("contains spec with an expectation", function() {
        expect(true).toBe(true);
    });
});
```

代码编写完成后，在项目根目录下运行 Jasmine 命令，测试成功的方法会显示一个绿点（印刷出来是个黑点），若测试失败则会出现相应的错误提示，如图 7-3 所示。

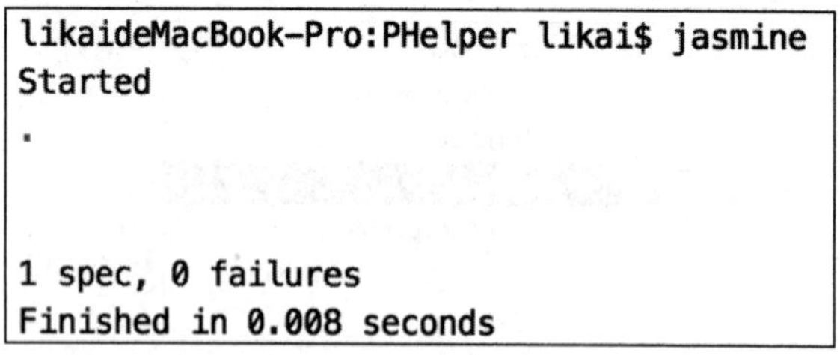

```
likaideMacBook-Pro:PHelper likai$ jasmine
Started

.


1 spec, 0 failures
Finished in 0.008 seconds
```

图 7-3

下面我们来介绍 Jasmine 中的各种方法：

（1）describe

describe 函数是 Jasmine 中的全局方法，在具体的使用中，通常用 describe 来表示一组功能或者业务场景相近的测试方法的集合，例如测试一个登录过程，通常包括了输入验证、网络传输和消息解析等一些方法，describe 方法接收两个参数，第一个参数表示用例组的名字，第二个参数是一个包含着具体测试用例的匿名方法。

（2）spec

在 Jasmine 中，spec 表示测试最小粒度，一个 spec 代表一个具体的测试用例，在代码中表现为一个 it 函数，it 函数同样接收两个参数，分别是测试用例的名字和具体的测试方法。

（3）expect

expect 方法是进行测试方法调用的主体，expect 方法的参数通常为要进行测试的值或者方法，expect 后面紧跟的即为用于测试的各种方法。

3. 断言方法

就像上面 Assert 模块提供的方法一样，Jasmine 提供了丰富的值比较的接口。

```
toEqual
toBeGreaterThan
toBeLessThan
toContain
toBeFalsy
toBeTruthy
toBeUndefined
toBeDefined
toBeNull
toMatch
toBe
```

下面的代码例子同样来自官网，示范了断言 API 的各种使用方法。

代码 7.3　Jasmine 的断言 API

```
describe("The 'toBe' matcher compares with ===", function() {
    it("and has a positive case", function() {
        expect(true).toBe(true);
    });
    it("works for simple literals and variables", function() {
        var a = 12;
        expect(a).toEqual(12);
    });
    it("The `toBeUndefined` matcher compares against undefined", function() {
        var a = {
            foo: "foo"
        };
        expect(a.foo).not.toBeUndefined();
        expect(a.bar).toBeUndefined();
    });
    it("works for finding an item in an Array", function() {
        var a = ["foo", "bar", "baz"];
        expect(a).toContain("bar");
        expect(a).not.toContain("quux");
    });
    it("also works for finding a substring", function() {
        var a = "foo bar baz";
        expect(a).toContain("bar");
```

```
        expect(a).not.toContain("quux");
    });
    it("The toBeLessThan matcher is for mathematical comparisons", function(){
        var pi = 3.1415926,
            e = 2.78;
        expect(e).toBeLessThan(pi);
        expect(pi).not.toBeLessThan(e);
    });
});
```

4. 测试函数调用

除了值比较外，开发者常常需要追踪一个方法的完整调用过程，Jasmine 同样对此提供了良好的支持，它使用 spy 方法来跟踪函数的调用。

下面的代码定义了一个 getRequest 方法，用于向某个网址发送 HTTP 请求。

代码7.4　定义一个简单的目标方法

```
var http = require("http");
var foo = {
    getRequest:function(url){
        http.get(url, function (data) {
            console.log(data.statusCode);
        })
    }
}
module.exports = foo;
```

代码7.5　测试方法的调用

```
var foo = require("../src/getRequest.js");
describe("A spy, when configured to fake a series of return values", function()
{
    beforeEach(function() {
        spyOn(foo,"getRequest")
    });
    it("tracks that the spy was called", function() {
        foo.getRequest("http://baidu.com");
        expect(foo.getRequest).toHaveBeenCalled();
    });
});
```

上面的代码中，定义了一个蜘蛛(spy)用来跟踪方法的调用，这是一个很形象的比喻，因为真正的方法调用就像蜘蛛网一样错综复杂。

通常使用 spyOn 来声明哪个方法需要跟踪，当一个入口函数有很多子方法时，可以用来测试这些子方法是否被调用。

测试方法的调用通常使用下面的两个方法：

```
spyOn().and.callThrough()
expect().toHaveBeenCalled()
```

222

这两个方法搭配使用可以覆盖大多数场景。使用 toHaveBeenCalled() 只能测试方法是否被调用，并不关心内部的执行状态和返回结果。如果我们测试的最小粒度是方法的调用，这相当于做了如下的假设：如果底层的关键方法被调用，表示整个系统运行没有出现逻辑上的错误，也就是是我们只能提高函数覆盖率。

代码 7.5 的例子过于简单了。下面是一个类似于聊天室的例子，room 类中声明了 update 和 create 两个方法，其中 create 方法调用了 update，我们想要测试 update 方法有没有被正确地调用。

代码 7.6　测试类方法调用

```
// room.js
var Room= function(){
};
Room.prototype.updateRoom = function(){
    console.log('update');
};

Room.prototype.createRoom = function(name){
    var r = new Room(name);
    r.updateRoom();
}

module.exports = Room;
```

代码 7.7　通过 spy 来追踪方法调用

```
var Room = require('./room.js');
    describe("A suite of basic functions", function() {
        beforeEach(function(){
            var r = new Room();
            spyOn(Room.prototype,'updateRoom').and.callThrough();
            r.createRoom(jasmine.any(Object),jasmine.any(Function));
        });

        it('test update',function(){
            expect(Room.prototype.updateRoom).toHaveBeenCalled();
        })
    });
```

5. spyOn().and.callFake()

顾名思义，callFake 方法用于返回一个虚假的函数调用，callFake 方法的参数也是一个函数，当 spy 检测的方法被调用时，会执行这个 fake 函数。

```
describe("CallFake",function(){
    beforeEach(function(){
        spyOn(foo,"getRequest").and.callFake(function(){
            return "FakeValue";
        })
        fetchedBar = foo.getRequest("http://localhost:3000");
```

```
    });

    it("test callFake",function(){
      expect(fetchedBar).toBe("FakeValue");
    })

})
```

本来 getRequest 方法是一个异步方法，不会有任何返回值，我们使用 callFake 方法将其绑定到了另一个方法上，使它返回了一个字符串。

6. 测试异步方法

代码 7.5 的测试用例还没办法测试异步方法，也就是说我们我们仅仅测试了 getRequest 方法是否被调用，而没办法测试返回的状态码是不是 200。

之前我们测试的都是同步的方法，spyon 方法无法跟踪异步方法的执行。另一方面，如果我们期望测试返回的数据——以 getRequest 为例，spyon 只能检测 getRequest 方法是否被调用，而对内部的逻辑就无法顾及到了。

以第 5 章开发的博客系统为例，假设该系统运行在本地，如果向 localhost:3000 发起一个 get 请求，那么如果该请求未经验证，应该会被重定向至登录页面，也就是说应该得到一个 302 的状态码。

下面就是对应的测试用例：

```
describe("async func test", function() {
    it("tracks that the spy was called", function(done) {
      foo.getRequest("http://localhost:3000",function(data){
        expect(data.statusCode).toBe(302);
        done();
      });
    });
});
```

Jasmine 使用 done 方法来标志一个异步方法的结束，开发者需要在回调函数的末尾手动调用该方法。

7. Jasmine 使用总结

Jasmine 是一个功能完善的测试框架，直到现在也被广泛地用在各种 Web 项目中。

从上面的例子可以看出来，Jasmine 的使用有些过于复杂了，即使是一个简单的方法，也要写不少相当于配置的代码。

对于初学者来说，Jasmine 的复杂结构可能会成为一种负担。

7.1.3 Ava.js——面向未来

Ava 的自我定位是一个面向未来的测试框架，跟 Jasmine 或者跟 mocha 相比，ava 确实很年轻——2014 年底才出现，真正进入大众视野中应该是 2016 年以后了，可以将 ava 看作是 mocha 的替代品，它有几个特点：

● 支持 ES6 的语法，这在诸多测试框架中算是比较醒目。
● 支持并发运行测试用例。

1. Ava 简介

虽然 JavaScript 是单线程运行的，但 Node 由于其异步的特性因此可以支持并发 IO，Ava 则是充分利用了这一点。测试文件也可以在不同的进程中运行，让每个测试文件得到更好的性能和独立的环境。例如，Pageres 项目中从 Mocha 切换到 Ava 后，测试时间从 31 秒下降到 11 秒。测试并发执行强制你编写原子测试，意味着测试不需要依赖全局状态或者其他测试的状态，这是一件非常好的事情。

——摘自 Ava 官网

2. 安装

和 Jasmine 一样，推荐使用全局安装，这里略去安装过程。

安装完成后，要想在项目中应用 ava，需要修改 package.json 的内容。

增加如下配置：

```
"scripts": {
    "test": "ava"
}
```

然后在根目录下面新建 test 目录，我们编写的测试文件都会放在这个目录中。

新建 test.js，内容如下：

```
import test from 'ava';
test('foo', t => {
    t.pass();
});
test('bar', async t => {
    const bar = Promise.resolve('bar');
    t.is(await bar, 'bar');
});
```

这是两个简单的测试用例，没有依赖任何源文件。然后在根目录下运行 npm test，输出结果如图 7-4 所示。

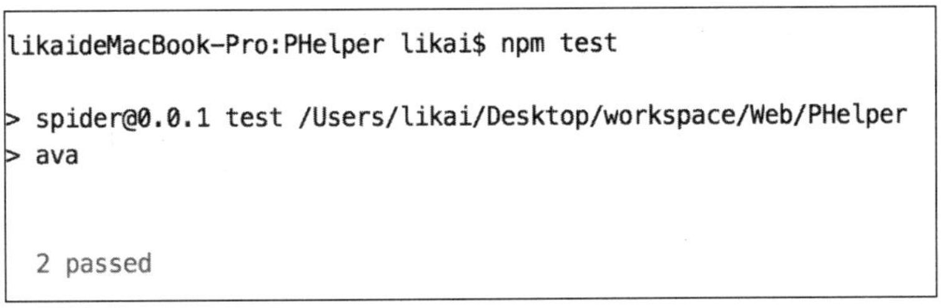

```
likaideMacBook-Pro:PHelper likai$ npm test

> spider@0.0.1 test /Users/likai/Desktop/workspace/Web/PHelper
> ava

  2 passed
```

图 7-4

表示测试用例运行成功。

3. 测试一个异步方法

```
import test from 'ava';

test.cb('#readFile()', t => {
    // readFile 的参数需要写绝对路径
    require("fs").readFile(__filename,function(err,data){
        t.true(data.length>10)
        t.end();
    });
});
```

上面的代码我们一共调用了两个 ava 提供的方法：test.cb()和 test.end()。

从名字上也能看出来，cb 是 callback 的缩写，负责调用一个异步操作，而 end 表示异步操作的结束，和 Jasmine 中的 done 方法类似，end 方法只有在 cb 方法内调用才会生效。

4. 流程控制

ava 提供了对 promise、generator 以及 async 函数的测试功能。

（1）测试 Promise

```
test(t => {
    return somePromise().then(result => {
        t.is(result, 'unicorn');
    });
});
```

（2）测试 Generator

```
test(function * (t) {
    const value = yield generatorFn();
    t.true(value);
});
```

（3）测试 async 函数

```
test(async function (t) {
    const value = await promiseFn();
    t.true(value);
});

// async arrow function
test(async t => {
    const value = await promiseFn();
    t.true(value);
});
```

5. 代码覆盖率

JavaScript 一个常用的测试代码覆盖率的工具为 istanbul.js，然而该项目已经停止更新，官方推荐使用 nyc 来进行替代。

nyc 可以看作是 istanbul 的命令行版本，它的最大的优点在于可以和其他测试框架（例如

mocha 和 ava）很方便地组合在一起使用。

我们以 PHelper 为例，首先安装 nyc：

```
npm install nyc --save-dev
```

然后修改 package.json 的内容：

```
"scripts": {
  "test": "nyc ava",
  "start": "node cluster/master.js"
}
```

完成之后，我们试着在项目根目录下运行 npm test，如图 7-5 所示

```
[likaideMacBook-Pro:PHelper likai$ npm test

> spider@0.0.1 test /Users/likai/Desktop/workspace/Web/PHelper
> nyc ava


  3 passed

--------------|----------|----------|----------|----------|-----------------|
File          | % Stmts  | % Branch | % Funcs  | % Lines  |Uncovered Lines  |
--------------|----------|----------|----------|----------|-----------------|
All files     |  66.67   |  45.45   |  54.55   |  66.67   |                 |
 header.js    |    100   |    100   |    100   |    100   |                 |
 parseRes.js  |  81.48   |  58.33   |    100   |  81.48   | 25,33,34,42,55  |
 util.js      |  83.33   |     50   |    100   |  83.33   |              6  |
 worker.js    |  33.33   |      0   |      0   |  33.33   |... 34,35,37,38  |
--------------|----------|----------|----------|----------|-----------------|
```

图 7-5

nyc 就会打印出当前代码的覆盖率，我们看到覆盖率最低的是 worker.js，这可以督促我们去增加对应的测试用例。

7.2　测试现有代码

我们已经介绍了基本的测试技术和框架，现在要将这些技术运用在我们已有的系统上（以爬虫系统为例）。

要测试爬虫应用，首先需要规范测试场景：

（1）对于单个的 HTTP 请求需要测试。

（2）对于页面元素的解析，测试当前的 xpath 表达式是否正确。

（3）异步流程控制是否正确运行。

（4）数据库有没有正常运作。

我们挑一些例子进行说明。

1. 测试单个 HTTP 请求

这个用例的目的是确保目前 HTTP header 以及请求方法可以正常返回。

```
import test from 'ava';

var createOption = require("../getURL/requestHeader");
var request = require("request");

test.cb("http request test",function(t){
    var option = createOption("46718715");
    request(option,function(err,response){
        if(err){
            console.log("error");
        }
        t.true(response.statusCode == 200);
        t.end();
    });
})
```

2. 页面元素的解析

主要测试的是 parse 方法能不能得到正确的 URL。

```
test.cb("http request test",function(t){
    var option = createOption("46718715");
    request(option,function(err,response){
        if(err){
            console.log("error");
        }
        var result = parse.processPage("46718715",response);
        //console.log(result);

        t.regex(result.url,new RegExp('[\s\S]*jpg'));
        t.end();
    });
});
```

7.3 更高维度的测试

7.3.1 基准测试

基准测试（benchmarking）是用来测量和评估软件性能的测试手段。所谓的"基准"，就是指在某个时间点通过测试用例记录下代码的性能指标，然后在系统的软硬件环境变化后再次运行测试用例来观察变化带来的性能影响。例如我们准备写个字符串替换或者循环遍历的方法，就可以通过基准测试来找出那种写法是效率最高的。

Node 中常用的基准测试工具是 benchmark.js。

7.3.2　集成测试

集成测试是在单元测试的基础上进行的测试，是一种更高维度的测试方法，主要来测试模块与模块组合起来能否正常工作。

软件开发就像搭积木一样，单元测试能够保证每个积木块不出问题，却不能保证多个积木块之间能否正确地组合起来，例如前后端的通信，后端与数据库的交互等。实践表明，即使这些模块能够单独运作，组合起来也往往会出问题。

集成测试更像是一种逻辑上的扩展，集成测试的用例和单元测试的用例看起来并没有太大的区别，不同之处在于集成测试通常会在逻辑的顶端来调用代码。

以第 6 章的爬虫为例，我们要如何设计集成测试的用例呢？初步可想到以下几点：

（1）Node 与 Redis 的交互。

（2）请求成功后对解析模块的调用。

（3）拿到数据后的持久化操作。

具体的代码这里不再涉及。

集成测试的前提是你已经完成了单元测试的编写，如果单元测试存在缺陷或者遗漏了某些模块，那么集成测试的意义就会降低。

7.3.3　持续集成

持续集成（Continuous integration，简称 CI）是开发中的重要一环，CI 不是指在项目发布前再进行继承，Continuous 表示只要有新的代码提交到仓库中，就应该进行集成，在实际操作中通常会自动触发。CI 的目的是持续地交付功能可用的软件，在企业中常用的 CI 工具是 jenkins，不过我们这里准备介绍点别的。

Travis 介绍

Travis 是一个常用的进行集成测试的工具，支持十几种常用语言的集成，包括常用的 Java、C++、Python、JavaScript 等。

它最早是在 GitHub 上流行开来的，和 jenkins 不同，它不需要开发者自己搭建集成测试的环境，而是提供了一个开放的平台来运行开发者的项目，使得开发者可以向别人展示自己的项目状态。

我们在浏览 GitHub 项目时，常常能看到下面这样的标签（如图 7-6 所示），以第 6 章的爬虫项目为例。

PHelper

build passing　licence MIT

图 7-6

上面有两个徽章，build passing 代表项目已经通过了 travis 的集成测试。

徽章能够在一定程度上反映出项目的完善程度和作者的态度，假设有两个第三方模块摆在面前，一个有一排徽章，表明已经经过了完善的集成测试，一个则是光秃秃的，相信大多数人都会选择前者。

要使用 travis，需要在 travis-ci.org 上注册一个账户并将其关联到个人的 GitHub 账号后，可以在页面中配置哪些仓库需要进行 CI 了，如图 7-7 所示

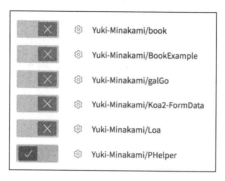

图 7-7

配置好 travis 需要跟踪的仓库之后，还要在 GitHub 的根目录下新建一个 .trvis.yml 文件，如图 7-8 所示。

📁 cluster	fix bug in getURL,some out put is wrong
📁 download	fix bug in getURL,some out put is wrong
📁 getURL	fix bug in getURL,some out put is wrong
📁 node_shrinkwrap	0529 use shrinkpack and docker
📁 test	add test case
📄 .gitignore	ignore html file
📄 .travis.yml	travis first try
📄 Dockerfile	0529 use shrinkpack and docker

图 7-8

对于第 6 章的爬虫项目来说，该文件内容很简单：

```
language: node_js //目标项目的语言
node_js: '7' //Node 版本
script: //继承测试的命令
 -npm test
```

配置完成后，下次提交代码的时候就会触发 build 操作，即运行 npm test。再次打开 travis-ci.org，就会显示上次集成的状态，如图 7-9 所示。

图 7-9

单击上图中间的 build passing 按钮，会弹出一个链接，将该链接复制到 GitHub 项目的 readme 中，就显示项目状态的结果了，如图 7-10 所示。

Status Image

BRANCH

master

Image URL

https://travis-ci.org/Yuki-Minakami/PHelper.svg?branch=master

图 7-10

需要明确的是，build passing 不是万能药，它的含金量取决于你是否正确并且完整编写了集成测试的用例。

Travis 只对开源项目提供免费支持，如果是自己的私有项目想要使用 travis，那么就不得不每月掏出 29 美元来使用，这也是 travis 运营的高明之处，如果开发者想要将其用在私有项目但又不想掏这笔钱，还是建议使用 jenkins。

7.4 调试 Node 应用

不管是使用何种语言进行开发，调试现有代码总是避不开的，刚刚开发完毕的项目突然出现了未知的错误，面对数万行分布在数百个不同文件的代码，如何定位错误的位置和错误原因是软件工程绕不过的难题。

在各种工具还不齐全的远古时代，C 语言程序员使用 GDB 工具进行调试，查看汇编代码无疑是让人痛苦的；后来微软的 Visual Studio 面世，"宇宙第一"的 IDE 集成了强大的调试功能；再到后面的 Eclipse，又或者是 JetBrains 的 IntelliJ 和 WebStorm，调试功能都是必不可少的一部分。

强调调试的原因，是因为这部分的内容经常被开发者，尤其是刚入门的开发者忽略，刚入门的时候，开发者往往满足于能够实现相应的功能，意识强一些的会写一些测试代码，而调试通常只在代码出错的时候才会用到。

那么问题来了，只有在程序出错的时候才需要调试吗？

当然不是，例如你想要优化一个程序的性能，最妥当的方法就是使用各种各样的调试工具，例如看看代码的跳转逻辑、内存占用、关键步骤的执行时间等。

此外，对于刚刚接手现有项目的程序员来说，使用调试来一步步运行代码也是熟悉项目结构和功能的最佳方法之一。

7.4.1 语言和 IDE

调试并不是 IDE 独有的，大多数语言本身也会增加一些调试的功能，例如 C 语言的 assert 库，虽然经常将其归于测试的范畴，但在程序的调试过程中也经常需要依赖该模块来判断程序是否取得了预期的结果。

对 JavaScript 来说，最常见的调试方式应该是 console.log，这样最简单，缺点就是很有可能忘记删除，结果最后程序运行的控制台总是打印出一堆无关的信息。

JavaScript 中的 debugger 关键字提供了对调试语言层面的支持，当 JavaScript 代码运行中遇到了 debugger 关键字，就会在该处形成一个断点，可以在 Chrome 控制台中进行断点的运行和跳转。

Node 同样支持 debugger 关键字，区别在于只有在运行时加上(--)debug 参数，Node 才会在加入 debugger 关键字的地方中断。

以下面的代码为例：

```
var fs= require("fs");
debugger;
var data = fs.readFileSync("txt1.txt",{encoding:"UTF-8"});
console.log(data);
```

使用 node debug readFile.js 的命令运行，如图 7-11 所示。

```
likaideMacBook-Pro:fs likai$ node debug readFileSync.js
< Debugger listening on port 5858
debug> . ok
break in readFileSync.js:4
  2  * Created by likai on 17/2/18.
  3  */
> 4 var fs= require("fs");
  5 debugger;
  6 var data = fs.readFileSync("txt1.txt",{encoding:"UTF-8"});
debug>
```

图 7-11

可以看出代码停在了 debugger 前面。

要使代码继续向下运行，可以在命令行中输入 next，那么表示断点的箭头就会移到下一行代码前面，其他的一些命令如下所示：

```
cont/c - Continue execution
next/ n - Step next
step/ s - Step in
out/o - Step out
pause - Pause running code (like pause button in Developer Tools)
```

Node 自带的 debug 模式虽然也提供了基本的调试功能，但每次都要手动输入命令才能进行调试，这很不方便。

v8.0.0 之后的版本中，Node 不再支持使用 debug 参数进行调试，控制台会打印出如下提示，因此建议使用 inspect 参数进行调试，使用 inspect 调试无须在代码中加入 debugger 关键字，这是一种更好的做法。

```
(node:1596) [DEP0062] DeprecationWarning: `node --debug` and `node --debug-brk`
are invalid. Please use `node --inspect` or `node --inspect-brk` instead.
```

7.4.2 使用 node-inspector

node-inspector 是一个著名的第三方模块，它的优点在于可以让程序员在 Chrome 控制台中调试 Node 代码。

不过自从 Node 在 6.3 版本中集成 v8-inspector 后，node-inspector 的地位也变得尴尬起来，这是其在 GitHub 主页上的声明：

```
Since version 6.3, Node.js provides a buit-in DevTools-based debugger which mostly
deprecates Node Inspector, see e.g. this blog post to get started. The built-in
debugger is developed directly by the V8/Chromium team and provides certain advanced
features (e.g. long/async stack traces) that are too difficult to implement in Node
Inspector.
```

因此这里只会简略地进行介绍。

1. 安装

node-inspector 需要全局安装：

```
npm install -g node-inspector
```

2. 使用

要使用 node-inspector 进行调试首先要开启一个 node-inspector 服务，使用命令：

```
node-inspector &
```

控制台输出如图 7-12 所示。

```
likaideMacBook-Pro:KoaBlog likai$ node-inspector &
[1] 10291
likaideMacBook-Pro:KoaBlog likai$ Node Inspector v1.1.1
Visit http://127.0.0.1:8080/?port=5858 to start debugging.
```

图 7-12

然后在启动 Node 应用时加上—debug 参数，以第 4 章的 root.js 为例，使用命令：

```
node --debug root.js
```

启动应用，控制台输出如图 7-13 所示。

```
likaideMacBook-Pro:KoaBlog likai$ node --debug root.js
Debugger listening on 127.0.0.1:5858
Listening on 3000
```

图 7-13

接下来就可以打开 http://127.0.0.1:3000/debug?port=5858 进行调试了，如图 7-14 所示。

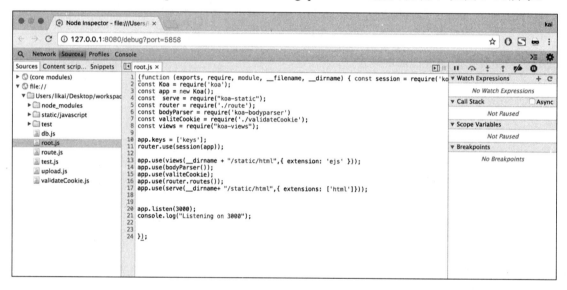

图 7-14

如果读者曾经使用 Chrome 控制台调试过 JavaScript 代码，那么对这个界面应该再熟悉不过了，在这个页面上，可以在代码的左边栏打断点，并使用 F8、F10 等快捷键进行代码的运行。

7.4.3 使用 v8-inspector

不知道是不是委员会从 node-inspector 取得了灵感，从 Node v6.3.0 之后，Node 中新增了 v8-inspector 这一内置模块用于调试，直到现在，这个方法目前还处在试验状态，这代表在将来的版本中可能会有变动，不过这对于一个调试工具来说无足轻重。

从命名就可以看出来，和 node-inspector 模块不同的是，该调试器直接提供了 V8 层面的支持，因此我们可以认为其相比 Node-inspector 而言可以提供更贴近底层的功能。

使用方法也很简单，直接在运行 Node 程序时加上--inspector 参数就可以了，使用这种方法调试无须在代码中增加 debugger 关键字。

我们以第 5 章的 Blog 应用为例来说明。

运行：

```
node --inspect root.js
```

控制台输出如图 7-15 所示。

```
Terminal
+  likaideMacBook-Pro:KoaBlog likai$ node —inspect root.js
X  Debugger listening on port 9229.
   Warning: This is an experimental feature and could change at any time.
   To start debugging, open the following URL in Chrome:
       chrome-devtools://devtools/bundled/inspector.html?experiments=true&v8only=true&ws=127.0.0.1:9229/eb07695f-d84f-48a3-91f9-e86df90196ed
   Listening on 3000
```

图 7-15

我们得到了：

```
chrome-devtools://devtools/bundled/inspector.html?experiments=true&v8only=true
&ws=127.0.0.1:9229/eb07695f-d84f-48a3-91f9-e86df90196ed
```

这样的一个 URL，在 Chrome 中打开后会得到如图 7-16 所示的窗口，和使用 node-inspector 得到的窗口基本相同。

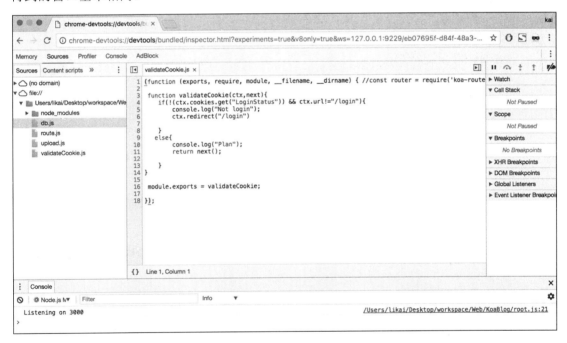

图 7-16

同样地，这个特性在 8.0.0 之后有了变化，使用--inspect 参数运行后不会直接得到一个 Chrome 控制台的地址，例如下面启动 root.js，如图 7-17 所示。

```
likaideMacBook-Pro:KoaBlog likai$ node --inspect root.js
Debugger listening on ws://127.0.0.1:9229/8b5d3ee7-b7d5-4abb-a2cc-bab5caeabe32
For help see https://nodejs.org/en/docs/inspector
Listening on 3001
```

图 7-17

要得到控制台的地址，首先在 Chrome 中打开 chrome://inspect，浏览器就会显示出目前正在以调试模式运行的应用，如图 7-18 所示。

图 7-18

随后单击最下面的 inspect，就能得到和之前一样的调试窗口了。

7.4.4　使用 IDE 进行调试

现代的开发者往往需要一个集成的开发环境，使用纯粹的文本编辑器来编写代码已经不值得推荐，不否认有些开发者喜欢使用 Vim 或者 EMACS，它们也能带来高效率但对新手并不友好。笔者更推荐使用现代的集成开发环境进行日常开发，虽然有些软件仍然宣称自己是一个编辑器，但当一个文本编辑器集成了一系列的编译、运行以及调试功能时，你就很难说它是一个纯粹的编辑器了。

以笔者的开发环境为例，笔者主要使用 WebStorm 和 Visual Studio Code 进行开发，它们分别来自 JetBrain 公司和微软。毫无疑问地，它们内部都集成了调试功能，以 WebStorm 为例，在代码中打上断点之后，直接右键选择 debug，就可以进入调试模式，如图 7-19 所示。

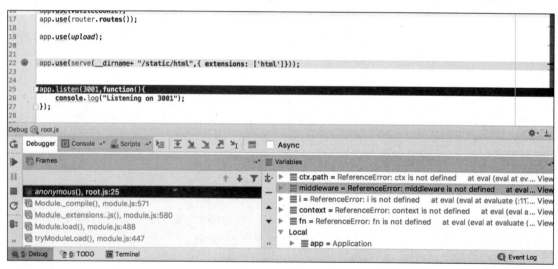

图 7-19

7.4.5　cpu profiling

cpu profiling 是一种性能分析的手段，它主要分析 CPU 在执行 Node 代码的状态来进行优化，其功能也是直接集成到 V8 内部的，基本原理是每隔一段时间进行采样，最后汇总产生分集结果。

我们以第 6 章的爬虫系统为例，进入项目的根目录，执行命令时带上--prof 参数：

```
node --prof master.js
```

代码开始运行之后，会在当前目录下生成名为 isolate-0xxxxxxx-v8.log（x 表示不固定的数字）的文件，打开一看，里面全是一些难以看懂的内容，如图 7-20 所示。

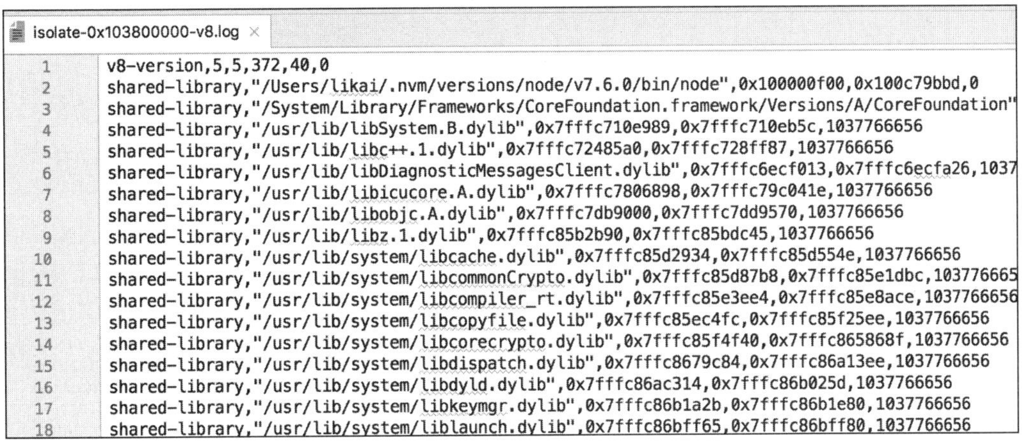
```
isolate-0x103800000-v8.log
v8-version,5,5,372,40,0
shared-library,"/Users/likai/.nvm/versions/node/v7.6.0/bin/node",0x100000f00,0x100c79bbd,0
shared-library,"/System/Library/Frameworks/CoreFoundation.framework/Versions/A/CoreFoundation"
shared-library,"/usr/lib/libSystem.B.dylib",0x7fffc710e989,0x7fffc710eb5c,1037766656
shared-library,"/usr/lib/libc++.1.dylib",0x7fffc72485a0,0x7fffc728ff87,1037766656
shared-library,"/usr/lib/libDiagnosticMessagesClient.dylib",0x7fffc6ecf013,0x7fffc6ecfa26,1037
shared-library,"/usr/lib/libicucore.A.dylib",0x7fffc7806898,0x7fffc79c041e,1037766656
shared-library,"/usr/lib/libobjc.A.dylib",0x7fffc7db9000,0x7fffc7dd9570,1037766656
shared-library,"/usr/lib/libz.1.dylib",0x7fffc85b2b90,0x7fffc85bdc45,1037766656
shared-library,"/usr/lib/system/libcache.dylib",0x7fffc85d2934,0x7fffc85d554e,1037766656
shared-library,"/usr/lib/system/libcommonCrypto.dylib",0x7fffc85d87b8,0x7fffc85e1dbc,103776665
shared-library,"/usr/lib/system/libcompiler_rt.dylib",0x7fffc85e3ee4,0x7fffc85e8ace,1037766656
shared-library,"/usr/lib/system/libcopyfile.dylib",0x7fffc85ec4fc,0x7fffc85f25ee,1037766656
shared-library,"/usr/lib/system/libcorecrypto.dylib",0x7fffc85f4f40,0x7fffc865868f,1037766656
shared-library,"/usr/lib/system/libdispatch.dylib",0x7fffc8679c84,0x7fffc86a13ee,1037766656
shared-library,"/usr/lib/system/libdyld.dylib",0x7fffc86ac314,0x7fffc86b025d,1037766656
shared-library,"/usr/lib/system/libkeymgr.dylib",0x7fffc86b1a2b,0x7fffc86b1e80,1037766656
shared-library,"/usr/lib/system/liblaunch.dylib",0x7fffc86bff65,0x7fffc86bff80,1037766656
```

图 7-20

上面的 log 文件是 CPU 在运行 Node 进程时产生的调用信息，随着 Node 进程运行，该文件的内容会不断增加。

我们需要将其转化为可以阅读的文本，使用命令：

```
node --prof-process isolate-0x103001200-v8.log > analysis.log
```

使用--prof-process 来转换生成的 log 文件，由于转换后的 log 默认是显示在控制台里的，我们将其重定向到新的文件里。该文件主要包括三个方面的内容，分别是系统调用、JavaScript 调用和 C++调用。

1. 系统调用

系统调用如图 7-21 所示。

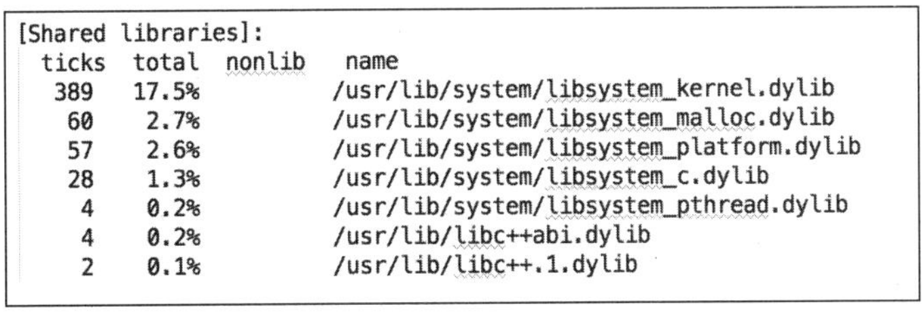
```
[Shared libraries]:
  ticks  total  nonlib   name
   389   17.5%           /usr/lib/system/libsystem_kernel.dylib
    60    2.7%           /usr/lib/system/libsystem_malloc.dylib
    57    2.6%           /usr/lib/system/libsystem_platform.dylib
    28    1.3%           /usr/lib/system/libsystem_c.dylib
     4    0.2%           /usr/lib/system/libsystem_pthread.dylib
     4    0.2%           /usr/lib/libc++abi.dylib
     2    0.1%           /usr/lib/libc++.1.dylib
```

图 7-21

2. JavaScript 调用

JavaScript 调用如图 7-22 所示。

```
[JavaScript]:
  ticks  total  nonlib  name
    14    0.6%    0.8%  LazyCompile: *Tokenizer._parse /Users/likai/Desktop/workspace/Web,
     9    0.4%    0.5%  Stub: SubStringStub
     9    0.4%    0.5%  Builtin: StringEqual
     7    0.3%    0.4%  Builtin: CallFunction_ReceiverIsNotNullOrUndefined
     6    0.3%    0.4%  Stub: StringAddStub
     5    0.2%    0.3%  KeyedStoreIC: A keyed store IC from the snapshot
     5    0.2%    0.3%  KeyedLoadIC: A keyed load IC from the snapshot
     4    0.2%    0.2%  Stub: BinaryOpWithAllocationSiteStub
     4    0.2%    0.2%  RegExp: this\\s*\\.\\s*\\S+\\s*=
     4    0.2%    0.2%  LazyCompile: ~resolve path.js:1131:28
     4    0.2%    0.2%  Builtin: RegExpPrototypeExec
```

图 7-22

3. C++调用

C++调用如图 7-23 所示。

```
[C++]:
  ticks  total  nonlib  name
   261   11.7%   15.5%  node::ContextifyScript::New(v8::FunctionCallbackInfo<v8::Value> const&)
   135    6.1%    8.0%  node::Read(v8::FunctionCallbackInfo<v8::Value> const&)
    21    0.9%    1.2%  node::InternalModuleReadFile(v8::FunctionCallbackInfo<v8::Value> const&)
    20    0.9%    1.2%  v8::internal::Scanner::Scan()
    19    0.9%    1.1%  v8::internal::StringTable::LookupKey(v8::internal::Isolate*, v8::internal::Has
    18    0.8%    1.1%  v8::internal::Heap::AllocateFixedArrayWithFiller(int, v8::internal::PretenureF
    15    0.7%    0.9%  node::crypto::SecureContext::AddRootCerts(v8::FunctionCallbackInfo<v8::Value>
    13    0.6%    0.8%  void v8::internal::String::WriteToFlat<unsigned short>(v8::internal::String*,
    13    0.6%    0.8%  v8::internal::String::CalculateLineEnds(v8::internal::Handle<v8::internal::Str
    13    0.6%    0.8%  v8::internal::Accessors::FunctionLengthGetter(v8::Local<v8::Name>, v8::Propert
    12    0.5%    0.7%  v8::internal::DescriptorArray::SetDescriptor(int, v8::internal::Descriptor*)
```

图 7-23

log 文件主要有三个字段，其含义如下：

- Ticks：时间片。
- total：当前操作执行的耗时占比。
- nonlib：当前非 System library 执行耗时占比。

我们根据这些信息找出哪些操作耗时最多，然后可以进行相应的优化。

以系统调用为例，PHelper 的主要操作是 HTTP 请求以及进程和 Redis 的交互，因此主要的系统都是 libsystem 相关的。

JavaScript 的耗时操作在第一位的是 V8 的 lazy compile，这个我们也不管，排在第二位是 SubStringStub 操作，这部分就是我们在代码中使用 cheerio 进行字符串匹配相关的操作。

C++调用在非系统调用中耗时占比最多。可以看出主要时间花在 FunctionCallbackInfo 上了，这也是合理的。

上面只是一个浅显的分析，读者可以结合自己的实际项目来进行分析。需要重点关注的是耗时比例异常的条目。

7.5　总结

本章主要讲述了测试与调试两方面的内容，篇幅都不长。

对于动态语言来说测试的重要性甚至超过静态语言，因为动态语言没有编译器来帮你发现潜在错误。Jasmine 是目前主流的测试脚手架之一，我们还介绍了 ava，它是一个比较新的测试框架，测试 ES6 代码时会带来更好的体验。

调试方面着墨不多，如果深入下去可以占一整本书的篇幅，目前 Node 的调试以自带的 inspector 为主，CPU profiling 属于相对高级的技巧，要看懂 log 文件需要长时间的积累和经验。

7.6　引用资源

https://github.com/nodejs/node/pull/6792

https://github.com/avajs/ava

https://jasmine.github.io/

https://github.com/ElemeFE/node-interview/blob/master/sections/zh-cn/error.md

第 8 章
◀ Node中的错误处理 ▶

确实和其他语言特性相比，错误处理往往是最容易被忽略的，在翻阅技术书籍的时候，错误处理也往往是被快速翻过去的篇幅。因为大多数人都知道，错误处理的方法无非就那么几种，try/catch 每一门语言的入门书籍都会提到，throw 抛出异常的方式更是不新鲜了。

为什么错误处理需要单独地拿出一整章的篇幅来叙述？

因为在 Node 之前，大多数开发者可能还没有机会接触到异步过程中的错误处理。

前端 JavaScript 开发者可能有过一些经验，随便打开一个网站，然后查看控制台的输出，都可能会发现一堆红色的 error。但浏览器是"宽容"的，一方面它的代码只运行在客户端，另一方面就算 JavaScript 代码中出现了错误，整个应用程序也不会退出，甚至有时根本就不影响页面的访问，最多是某些页面元素失去了响应而已。

而 Node 则是需要"严肃"错误处理的语言，Node 服务器为成千上万的客户端提供服务，再加上它是单线程的，而且还是一门动态语言，这意味着任何微小的错误都可能会导致 Node 进程退出，这也是 Node 长时间被人诟病的缺点之一。

此外，除了开发者自己写的代码之外，Node 程序通常还会引入一些第三方模块，打开 node_modules 查看，里面可能有几千个文件、上万行代码，关于代码行数和 bug 数量有一个 CMMI 衡量标准，如图 8-1 所示。

CMMI级别	BUG率
CMM1级	11.95‰
CMM2级	5.52‰
CMM3级	2.39‰
CMM4级	0.92‰
CMM5级	0.32‰

图 8-1

能达到 CMM5 的企业屈指可数，对于水平良莠不齐的开源社区来说，如果认为其处于 CMM3 和 CMM4 之间，粗略地估算一下，那些第三方模块中也至少存在着数 10 个 bug。

为了应付潜在的错误，比较常用的做法是在全局的范围内监听 error 事件，使用类似下面代码的方式来防止进程退出，还会使用 forever/pm2 等可以重启进程的工具来加上双重保险。

代码 8.1 最简单的错误处理

```
process.on("uncaughtException",function(err){
    console.log(err)
})
```

但使用代码 8.1 的处理方式要慎重，很多人将其当成万能的处理方式而忽略了其他地方的错误处理。此外，假设是在 Web 服务中出现了错误，使用 uncaughtException 捕获异常就会丢失错误发生时的上下文，不利于定位错误代码。

因此在实践中，监听 uncaughtException 事件是错误处理的最后防线而不是唯一的制胜法宝，社区也有提议将该事件从 Node 中直接移除。

8.1　Error 模块

Error 类定义了 Node 常见的错误类型，其同样属于固有类型，不需要 require 引入。

Class:Error

一个 error 对象包含一个堆栈轨迹来描述 Error 是在哪里产生的，并且有时会包含一些具体的描述信息，一般会定位到某一行代码中。

Node 程序产生的所有 Error 都是 Error 类的示例或继承自 Error 类，我们可以通过 Error 的构造方法来自定义一个 Error 对象，并使用 throw 关键字将其抛出，例如：

```
var fs = require("fs")
fs.readFile("some file",function(err,data){
    if(err){
        throw new Error("Error Message.....");
    }
})
```

下面是 Node 定义的几种错误类型：

```
<EvalError> : thrown when a call to eval() fails.
<SyntaxError> : thrown in response to improper JavaScript language syntax.
<RangeError> : thrown when a value is not within an expected range
<ReferenceError> : thrown when using undefined variables
<TypeError> : thrown when passing arguments of the wrong type
<URIError> : thrown when a global URI handling function is misused.
```

8.2　错误处理的几种方式

比较常见的错误处理方式有三种，分别是 try/catch、callback 和 EventEmitter（下面仍简称 event）。try/catch 的思想很简单，只适用于同步调用的情况，callback 则是通过定义回调的参数来解决，如果参数 err 的值不为空就表示出现错误。

event 的情况比较特殊一些，还记得 stream 吗？我们在第 2 章花了一些篇幅来介绍它，其中 createReadStream 方法虽然是一个同步操作，但我们却没办法用 try/catch 来捕获异常，而且同步操作也没有 callback 可以用，这是因为该方法返回了 event 对象，只能用事件处理的方式来处理异常。

下面我们分别来介绍这几种方式。

1. try/catch

在其他编程语言，例如 Java、C#通常使用 try/catch 方法，再配合 throw 语句来抛出及捕获异常，在 Node 中也是如此，但仅限于同步调用的情境下。

代码 8.2　使用 try/catch 捕获异常

```
try{
    throw new Error("I am an Error");
    console.log("continue…"); //throw 之后的代码不会执行
} catch(e){
    console.log(e.message);
}
```

但是 try/catch 无法捕获异步回调函数中出现的异常，原因是异步调用返回时，代码的上下文已经切换，回调函数已经脱离了 try/catch 的范围。

```
try{
  setTimeout(function(){throw new Error("Error occurred")},100)
} catch(e){
    console.log(e.message);//无法捕获
}
```

同步过程中的回调则不受影响，例如：

```
try{
    [1,2,3].map(function(value){
        throw new Error("error");
    })
}
catch(e){
    console.log(e);// 可以捕获
}
```

2. callback

为了处理异步过程的错误，Node 回调函数通常接受两个参数：err 和 result，这两个值必然有一个非空。

代码 8.3　在回调中处理错误

```
fs.readFile("foo.txt",function(err,result){
  if(err){
    console.log(err);
    return;
  }
  console.log(result);
});
```

上面的代码中，如果 foo.txt 不存在，就会出现下面类似的错误，该错误作为回调函数的

第一个参数返回。这种风格被称为 error-first callback，最早就是在 Node 中被应用的，然后随着 Node 的流行变成了一种约定的标准。

```
{ Error: ENOENT: no such file or directory, open \foo.txt'
   at Error (native)
 errno: -4058,
 code: 'ENOENT',
 syscall: 'open',
 path: \foo.txt' }
```

3. 基于 Event 的错误处理

Event 的情况比较特殊一些，例如 fs.createReadStream 方法虽然是一个同步操作，但我们却没办法用 try/catch 来捕获异常，例如下面的例子，在 foo.txt 不存在的时候，try/catch 依旧无法捕获到异常。

```
var fs = require("fs");
try {
    var stream = fs.createReadStream("foo.txt");
}catch(e){
    console.log(e);
}
```

对于 stream 来说，需要通过监听 error 事件的方式来处理错误。

```
var fs = require("fs");
var stream = fs.createReadStream("foo.txt");
stream.on("error",function (err) {
    console.log(err)
})
```

8.3　被抛弃的 Domain

Domain 和上节提到的几种方法不在一个层次，它试图在一个更高的维度将三种错误处理的方法合而为一，但以现在的目光来观察 Domain，就会发现这种努力实际上失败了。

8.3.1　Domain 模块简介

为了一劳永逸地解决 Node 的错误处理问题，Node 在 v0.8 中增加了 Domain 模块，但后来发现该模块并不能很好地解决所有问题，因此该模块已经不被鼓励使用了，但我们还是有必要了解一下，以便我们能更好地理解 Node 中错误处理的思想。

下面是 Node 官方文档对 Domain 这一模块的描述：

Domains provide a way to handle multiple different IO operations as a single group.
If any of the event emitters or callbacks registered to a domain emit an 'error'
event, or throw an error, then the domain object will be notified, rather than losing
the context of the error in the process.on('uncaughtException') handler, or causing
the program to exit immediately with an error code.

我们可以看出，Domain 的出发点是将不同的错误处理方式统一到一个模块里，即 domian 对象可以捕获 callback 和 event 中的异常。

首先来看 callback，当我们试图访问一个不存在的文件时，由回调函数抛出的异常可以被 Domain 捕获：

```js
var fs = require('fs');
var domain = require('domain');
var d = domain.create();

d.run(function () {
    fs.readFile('foo.txt', function (err, data) {
        if(err){ throw new Error("Error occurred during read file. ") }
        console.log("data is",data);
    });

});

d.on('error', function (err) {
    console.log("Domain catch err",err);
});
```

Domain 也可以拿来处理 stream 中的异常：

```js
var fs = require('fs');
var domain = require('domain');

var d = domain.create();

d.run(function () {
    fs.createReadStream("foo.txt");
});

d.on('error', function (err) {
    console.log("Domain catch err",err);
});
```

从上面的代码我们可以看出 Domain 的使用方式，首先使用 create 方法新建一个 Domain 对象，然后监听该对象的 error 事件，并且定义好对应的处理逻辑，最后调用 run 方法来启动整个 Domain，run 方法的内容即为我们准备监听的代码块。

Domain 还可以通过 add 方法手动把一个对象加到监听列表中，例如用来处理 Web 服务器中的错误。

```js
var http = require("http");
var fs = require("fs");
var domain = require("domain");
```

```
var app = http.createServer(function(req,res) {

    var d = domain.create();
    d.on('error', function (err) {
        console.log(err);
        res.statusCode = 500;
        res.end('fails...............');
    })
    d.add(req);
    d.add(res);
    d.run(function(){
        handleRequest(req,res);
    });
});

app.listen(3000);

function handleRequest(req, res) {
    switch (req.url) {
        case '/error':
            // 下面的代码会抛出一个错误
            setTimeout(() => {
                throw new Error("Error occurred");
            });
            break;
        default:
            res.end('ok');
    }
}
```

可以看出，Domain 其实是将需要管理的对象包裹了起来（通过 add 和 run 方法来实现）。在上面的代码中，访问 localhost:3000/error，会得到一个错误信息。

值得注意的是，Domain 只是提供了捕获错误的方式，如果你把它当作像 unexpectedException 那样的万金油就不对了，以 Web 服务为例，为了避免程序退出，开发者可能会考虑将全部代码的运行逻辑放在 run 方法内来确保进程可以持续运行，但这种做法可能会造成更严重的内存泄露。

代码 8.4　Domain 的错误使用

```
const fs = require('fs');
const d = require('domain').create();
d.on('error', function(err) {
    //虽然这个错误不会导致进程退出，但会造成严重的内存泄露，
    console.log('error, but oh well ',err.message);
});
d.run(function(){
    require('http').createServer((req, res) => {
        throw new Error("error")
    }).listen(3000);
});
```

上面的代码是官网的一个例子，我们可以自己写一段代码来测试一下。

```
var http = require("http");
for(var i=0;i<10000;i++){
    http.get("http://localhost:3000",function(err,result){

    });
}
```

构造 10000 个 get 请求（先不考虑这种做法是否有问题），可以在进程管理器内检测到明显的内存上升。

对于 Domain 在 Web 服务器上的应用，比较推荐的做法是配合 Cluster 模块进行多进程管理理。

代码 8.5　Domain 与 Cluster 的配合使用

```
//省略模块引入
if (cluster.isMaster) {
    //新建两个worker进程
    cluster.fork();
    cluster.fork();
    //当http访问出错时，会有一个worker退出，再新建一个worker进程
    cluster.on('disconnect', (worker) => {
        console.error('disconnect!');
        cluster.fork();
    });
} else {
    const server = http.createServer((req, res) => {
        const d = domain.create();
        d.on('error', (er) => {
            console.error(`error ${er.stack}`);
            //停止接收新的请求
            server.close();
            //触发cluster的disconnect事件
            cluster.worker.disconnect();

            res.statusCode = 500;
            res.setHeader('content-type', 'text/plain');
            res.end('Oops, there was a problem!\n');
        process.exit(1);
        });
        d.add(req);
        d.add(res);
        d.run(() => {
            handleRequest(req, res);
        });
    });
    server.listen(3000);
}

function handleRequest(req, res) {
```

```
switch (req.url) {
    case '/error':
        // 下面的代码会抛出一个错误
        setTimeout(() => {
            throw new Error ("Error Occurred")
        });
        break;
    default:
        res.end('ok');
}
}
```

当用户访问 http://localhost:3000/error 时，异步调用会直接抛出一个错误，Domain 捕获后将 worker 与 Cluster 断开连接，返回客户端一个 500 错误码及相应信息，接着进程退出。

8.3.2　Domain 原理

Domain 模块的源码只有三百多行，还是在包含了很多注释的情况下，我们可以深入到源码层面，看看 Domain 是如何实现的，源码位于 lib/domain.js。

首先是 Domain 的事件机制。

```
//省略其他代码……….
inherits(Domain, EventEmitter);
function Domain() {
  EventEmitter.call(this);
  this.members = [];
}
Domain.prototype.members = undefined;
```

首先，可以看出 Domain 继承自 EventEmitter 类。

此外，Domain 构造方法还定义了 member 这一属性，从名称就可以大概猜出来，这个属性是用来维护 Domain 目前监听的对象，而且应该是由 add 方法进行操作的。

代码 8.6　add 方法的实现

```
// note: this works for timers as well.
Domain.prototype.add = function(ee) {
    // If the domain is disposed or already added, then nothing left to do.
    if (this._disposed || ee.domain === this)
        return;

    // has a domain already - remove it first.
    if (ee.domain)
        ee.domain.remove(ee);

    // check for circular Domain->Domain links.
    // This causes bad insanity!
    //
    // For example:
    // var d = domain.create();
```

```
// var e = domain.create();
// d.add(e);
// e.add(d);
// e.emit('error', er); // RangeError, stack overflow!
if (this.domain && (ee instanceof Domain)) {
    for (var d = this.domain; d; d = d.domain) {
        if (ee === d) return;
    }
}
ee.domain = this;
this.members.push(ee);
};
```

Domain 的原理

关于 Domain 的原理，我们只需要主要关注三个问题：

- Domain 是如何监听一个对象的？
- Domain 监听的错误是如何触发的？
- Domain 是如何将不同类型的错误处理机制整合到一起的？

第一个问题，Domain 通过 add 方法将一个对象加到自己的监听列表中。

第二个问题，使用 Domain 之前，如果代码抛出了错误，那么通过监听 process.uncaughtException 可以捕获对应的错误。如果代码被 domian 包裹住了，那么就会触发 Domain 的 error 事件。

关于第三个问题，由于我们只需要考虑异步的情况（同步直接使用 try/catch 就行了）。我们可以先思考一下，在 Node 中，如何创建一个异步操作？

只有有限的几种方式：

（1）Process.nextTrick()，将代码的执行放到下一个事件循环中。

（2）Event 监听的消息，使用 event.emit 和 event.on 来实现异步。

（3）定时器中的回调，使用 setTimeout 等实现一个异步方法。

Node 中的异步，大都是基于上面三种方式来实现的，只要在上面三处定义代码的地方加入 Domain 相关的内容即可，以 event 模块为例，其 EventEmitter.init 方法的定义如下：

```
EventEmitter.init = function() {
    this.domain = null;
    if (EventEmitter.usingDomains) {
        // if there is an active domain, then attach to it.
        domain = domain || require('domain');
        if (domain.active && !(this instanceof domain.Domain)) {
            this.domain = domain.active;
        }
    }
    //..........
    //省略其他部分
    //..........
};
```

其他的两者也都是类似,如果代码中声明了 Domain,在创建异步操作时,都会带上 Domain 对象,这就是 Domain 能够将不同的错误处理机制统一到一个对象中的原因。

8.3.3　Domain 中间件

如果开发者使用 Express 或者 Koa 框架开发网站,可以使用 domain-middleware 这一中间件来使用 Domain 处理异常。

代码 8.7　Domain 中间件

```
var http = require('http');
var connect = require('connect');
var domainMiddleware = require('domain-middleware');

var server = http.createServer();
var app = connect()
.use(domainMiddleware({
  server: server,
  killTimeout: 30000,
}))
.use(function(req, res){
  if (Math.random() > 0.5) {
    foo.bar();
  }
  setTimeout(function() {
    if (Math.random() > 0.5) {
      throw new Error('Asynchronous error from timeout');
    } else {
      res.end('Hello from Connect!');
    }
  }, 100);
  setTimeout(function() {
    if (Math.random() > 0.5) {
      throw new Error('Mock second error');
    }
  }, 200);
})
.use(function(err, req, res, next) {
  res.end(err.message);
});

server.on('request', app);
server.listen(1984);
```

8.3.4　Domain 的缺陷

上面的内容大致讲述了 Domain 的工作方式和原理,但 Domain 一定存在某些方面的缺陷,否则也不会被标记为 Deprecated 。关于 Domain 的讨论可以参考 https://github.com/nodejs/node

/issues/66。

Domain 缺陷在于必须要通过手动调用 add 的方式来把需要检测的对象加到列表中，这个过程是痛苦的，因为经常（对于复杂的应用，可以说是必然）会有对象会被漏掉，还需要回过头来排查漏掉的原因，这会浪费很多时间。

开发者想要的是一个稳定并且足够简单的错误处理机制，而不是一个本身就会出问题的处理方法。

此外，我们有时还会碰到嵌套的 Domain，最终会让业务逻辑和 Domain 处理的代码全都混杂在一块。

8.4 ES6 中的错误处理

这一节的内容在第 3 章已经有所提及，这里做一个简单的归纳。

在 ES6 落地之后，错误处理确实变得比原来轻松一些了，一个重要原因就是异步处理的重心从回调转移到了 Promise 上。

8.4.1 Promise

ES6 的一个重要趋势就是使用 Promise 来取代回调，Promise 提供了 catch 方法来捕获异常，我们在之前的章节中也已经提到了，例如：

```
var promise = new Promise(function(resolve, reject) {
  throw new Error('test');
});
promise.catch(function(error) {
  console.log(error);
});
// Error: test
```

如果 Promise 执行过程中出现了错误，就可以被 catch 方法捕获。

8.4.2 Generator

可以直接使用 try/catch 语句来捕获 yield 语句中的异常。

```
function* generator() {
  try{
    yield someAsyncFunc();
  }catch(e){
    console.log(e)
  }
  return "end";
};
```

上面的代码中，如果 yield 后面的异步操作出现错误，可以被 try 语句捕获。

8.4.3　async 函数

async 相当于加了执行器的 Generator，同样可以使用 try/catch 进行处理，在 async 方法内部如果有 await 操作出错，那么后续的代码将不会被执行，比较妥当的做法是将所有的 await 操作都用 try/catch 包裹起来。

```
async function func(path){
    try{
        await someAsyncFunc(path);
    }catch(e){
        console.log(e);
    }

}
```

8.5　Web 服务中的错误处理

8.5.1　针对每个请求的错误处理

在 Node 作为 Web 服务器的场景中，我们希望能够对每一个用户的请求都有类似的错误处理机制，当用户的访问出现错误时进行对应的处理，例如返回一个 500 的状态码。

如果通过监听 process 对象的 uncaughtException 事件来实现，开发者就无法知道是哪一个 HTTP 请求出现了错误，出现错误的请求会失去响应，等待超时后再由浏览器提示错误，这样对用户不够友好。

下面给出了一个简单的例子。

代码 8.8　针对每个请求的错误处理

```
var http = require('http');
var fs = require('fs');
var app = http.createServer(function(req,res){

fs.readFile(req.url,function(err,result){
    if(err){
      dealHttpError(req,res);
      return;
    }
    res.end(result);
  })
});
function dealHttpError(req,res){
  res.statusCode = 500;
  res.end("fail .....");
}
```

```
app.listen(3000);
console.log('listening on 3000');
```

上面的代码里，如果用户访问了不存在的文件，就会立刻返回一个 500 的状态码，然后显示请求失败。

8.5.2　Express 中的错误处理

我们之前已经介绍过了 Express 的错误处理中间件。

```
var express = require('express');
var app = express();

app.use(function(req,res,next) {
    throw new Error("error");
    next();
});

// Error handling middle-ware

app.use(function(err,req,res,next) {
    console.log("Error happens",err.stack);
});

app.listen(3000);
```

错误中间件常常作为最后一个中间件被加载，意在捕获之前的所有中间件可能出现的错误。

8.5.3　Koa 中的错误处理

回到最初的问题上，如果一个 HTTP 请求在处理的过程中出了错误，如何能最快地返回一个错误响应？

由于 Koa2 使用了 async 方法，那么只要使用 try/catch 就可以捕获异常（是的，绕了一大圈最后回到 try/catch 上），至于进一步的处理，例如返回一个错误消息，可以通过中间件的方式来实现。

```
app.use(async (ctx, next) => {
    try {
        await next();
    } catch (err) {
        ctx.status = err.status || 500;
        ctx.body = err.message;
    }
});
```

上面的代码定义了一个中间件，如果 try 语句块中的代码，例如 next 方法出现了错误，那么通过后面的 catch 就可以捕获这个错误，并且立刻返回错误消息。由于中间件的调用是嵌套的，所以上面的代码实际上可以捕获后面所有中间件中出现的错误，前提是它们都是 async 方法。

8.6　防御式编程与 Let it crash

当我们进行程序设计时，不能期望用户总是按照我们的设想使用程序，尤其是针对一些边界条件和错误输入。有个很出名的关于 QA 的笑话：

一个程序员开了一间酒吧
一个测试工程师走进酒吧，要了一杯啤酒
一个测试工程师走进酒吧，要了一杯咖啡
一个测试工程师走进酒吧，要了 0.7 杯啤酒
一个测试工程师走进酒吧，要了-1 杯啤酒
一个测试工程师走进酒吧，要了 2^32 杯啤酒
一个测试工程师走进酒吧，要了一杯蜥蜴
一个测试工程师走进酒吧，要了一份 asdfQwer@24dg!&*(@
一个测试工程师走进酒吧，什么也没要
一个测试工程师走进酒吧，要了 NaN 杯 Null
一个测试工程师把酒吧拆了
一个测试工程师化装成老板走进酒吧，要了 500 杯啤酒并且不付钱
一个测试工程师走进酒吧，要了一杯啤酒';DROP TABLE 酒吧

这个笑话很形象地向我们表明了为什么我们需要防御式编程，测试工程师模拟的就是用户的行为。

在实际操作中，用户的输入和操作是不可预测的，程序员有必要对其进行约束，保证用户的行为不会对程序功能造成负面影响。

防御式编程不仅仅对外，对于内部可能有多重结果的操作，例如一个 IO 操作，也要做好相应的处理。

举个简单的例子，Java 中为了避免代码执行出现错误，例如新建一个 thread，通常使用 try/catch 将相关代码包裹起来，或者在调用该操作的方法上抛出一个 exception。

下面我们给出一段 Java 代码，这是一个发起 HTTP 请求并解析结果的例子：

代码 8.9　Java 发起一个 HTTP request

```java
package newHttp;
import java.io.*;
import java.net.*;
import java.util.*;

/*a simple java class to raise a http get request like Node.js
 * */
public class HttpGet {
    public static String httpGet(String url){
        String result = "";
        BufferedReader in =null;
        try {
            URLConnection connection = new URL(url).openConnection();
            connection.connect();
            Map<String,List<String>> header = connection.getHeaderFields();
            for(String key : header.keySet()){
```

```
                System.out.println(key + "---"+header.get(key));
            }
            in = new BufferedReader(new InputStreamReader(
                connection.getInputStream()));
            String line;
            while((line = in.readLine()) != null){
                result += line;
            }
        } catch (Exception e) {
            // TODO Auto-generated catch block
            e.printStackTrace();
        }
        finally{
            try {
                in.close();
            } catch (IOException e) {
                // TODO Auto-generated catch block
                e.printStackTrace();
            }
        }
        return result;
    }
    public static void main(String[] args){
        String s = HttpGet.httpGet("http://localhost:3000");
        System.out.println(s);
    }
}
```

代码 8.9 只做了一件事，向 http://localhost:3000 发起一个 get 请求，然后将响应头和内容体打印出来。在代码 8.9 中，我们不得不为各种各样潜在的异常做准备，通常情况下，开发者需要为每一处可能出现异常的地方增加 try/catch 语句。

然而大多数程序员都会在编写 try/catch 时偷懒，就像代码 8.9 一样，使用 try 语句将整个执行过程包裹起来，这就注定了外层的 Exception 只能是最顶层的 Exception 类，当代码块中包含了多层函数调用时，这种写法对确认异常的来源和种类几乎毫无帮助。

当项目的规模增加到上万行代码时，代码中可能已经潜伏了一些 bug，我们有时没办法在运行之前找到它们，如果采取防御式编程，最有可能的是 exception 在经过传递后，变得更加难以定位和调试。

Let it crash

这是另一种错误处理的思想，一个知名的实现就是 Erlang，Erlang 是一门专门为开发并行程序而被设计编程语言，也就是说即使一个 Erlang 进程崩溃了，也不会影响其他进程的运行。

Let it crash 的核心思想是：

程序应该在正确运行和直接停止之间选择一个。

当你遇到一个预期之外而不知道如何处理的异常时，Let it crash 是一种稳妥的做法。

这当然不是指来自用户的外部输入，我们只需要舍弃不合规则的输入即可，let it crash 主要针对程序的内部状态。

开发者应当知晓他们程序中可能会出现的所有异常，但这通常难以做到。对于未知的异常要如何处理，开发者有两种选择：要么使用顶层的 exception 将其捕获，接着返回一个错误消息或者什么也不做，程序得以继续运行下去；要么就直接让其崩溃，随后重启进程。

比起小心翼翼地到处提防可能出现的错误，倒不如直接让它暴露出来。就算开发者手动捕获了某个严重的错误使得程序能够苟延残喘地运行下去，但很可能已经得不到预期的结果了。

使用 Let it crash 有两个前提条件需要满足：

- 重启需要的时间短，或者不会频繁重启。
- 进程退出前的代码上下文可以恢复，或者至少关键的上下文可以恢复。

通过重启就能解决问题，这听起来很蠢，但无数成功的实践已经证明了这确实是一种行之有效的做法。

举个实际的例子，我现在任职的花旗集团使用 VDI（Virtual Desktop Infrastructure，即虚拟桌面基础架构，可以认为是一种远程桌面，本地电脑只相当于一个连接用的客户端）来进行日常办公。由于使用人数众多，经常会遇到各种各样的问题，例如单击启动图标没有响应，或者干脆因为未知的原因无法启动，我们最常用的方法是打电话给 support，support 的操作通常就是重启 VDI，并且在绝大多数情况下都能解决问题（除了每次都要等 15 分钟之外）。

假设 VDI 进程在运行过程中出现了错误，就算它仍然继续运行，也不能得到用户期望的结果了，即使用户多次请求，也只会得到重复的错误信息，那么不如最开始处理用户请求出现错误的时候就 Let it crash，如果自动重启能够解决问题，用户也省去了每次打电话给 support 的步骤。

重启之后，它运行的上下文丢失了一些（之前打开的应用程序和未保存的代码都被重置），但这种丢失也在容忍范围内，因为最重要的数据仍存储在磁盘上。

Let it crash 的标准做法是通过快速重启来解决预料外的错误，这和 Erlang 本身的设计是分不开的。在 Erlang 中，重启所需要的时间非常短（1 毫秒左右），因此即使重启也不会有明显延时。但如果这个错误频繁发生导致多次重启，那么就要对代码本身进行排查了。

Node 启动一个进程需要至少需要数 10 毫秒，频繁重启会造成明显的延迟。

哪些需要防御式编程，哪些需要 Let it crash 需要加以区分，我们不希望程序以错误的状态继续运行下去，也不希望程序因为用户的简单错误输入而退出。

一般来说如果我们能够预知错误类型，都可以使用防御性编程来实现；如果程序运行的上下文难以恢复，也要慎重使用 Let it crash。

8.7 总结

本章主要介绍一些常见的错误处理方式，Node 中进行错误处理大致有几种思路：

（1）在回调中进行处理。

（2）使用事件来处理。

（3）通过 try/catch 进行处理。

try/catch 是符合大多数程序员思维的方式，但在 Node 中由于异步回调的原因，很长一段时间内得不到全面的应用，好在现在 ES6 以及更新的标准已经落地，可以预见后面多数的错误处理还是要回到 try/catch 上来。

此外还介绍了防御式编程和 Let it crash 的思想。希望读者通过本章能对 Node 中的错误处理有一个整体上的认识。

8.8 引用资源

http://fredkschott.com/post/2014/03/understanding-error-first-callbacks-in-node-js/

http://wiki.c2.com/?LetItCrash

https://www.joyent.com/node-js/production/design/errors

https://nodejs.org/api/domain.html#domain_explicit_binding

https://cnodejs.org/topic/516b64596d38277306407936

附录 A
◀ 进程、线程、协程 ▶

A.1 从操作系统说起

计算机诞生的初期，CPU 的功能十分弱，但是当时的任务也很简单，通常是一个任务跑完了之后再跑另一个任务，程序员使用打孔纸带进行编程，一个任务就是一盘纸带，只能等放进去的纸带跑完了，再放进去一盘新的纸带。

后来计算机 CPU 速度提升，内存也比当初大了许多，但要处理的任务也明显变多了，计算机资源还是不够用，那么这时要怎么办呢，当时的程序员就想让计算机能够同时处理多个任务，但 CPU 只有一个，那么就先执行任务一一段时间，然后切换到任务二执行，这样在程序员看来，两个任务就能几乎同时完成了。

但这样也带来了问题，CPU 可以切换任务，内存却不能在不同任务间切换，一旦内存被任务一使用了，如果任务二再使用相同的内存地址，要么读到错误的数据，要么任务一的内存被任务二覆盖。

为了解决这个问题，程序员们又想了一个办法，对每个任务增加标记（刚开始主要是内存地址），有了这些标记，CPU（其实是操作系统）就知道哪些内存正在被其他任务使用，就会使用其他的内存地址，这样就算切换任务也不会有影响。

读者可能注意到了，这其实就是进程原始的形态。

1. 操作系统的执行策略

当操作系统发现一个正在运行的进程正在进行某项耗时操作时，通常会将 CPU 的执行权交给另一个进程，虽然现代操作系统通常采用时间分片的策略，但仍然存在这种切换，总之，进程的调度不是由用户而是由操作系统进行管理的。

对于同一个进程，可能会有多种操作，例如读取磁盘文件、发起网络请求等，在这段空闲时间里，操作系统通常会把 CPU 使用权交给别的进程，但这样会造成大量的时间都花在进程间切换上了。

为了解决这个问题，开发者们又想出一个新方法，就是在进程的基础上再抽象出一层（线程的雏形）不就可以了嘛。线程跟进程的关系与进程和操作系统的关系类似。

一个进程可以派生多个线程，它们共享进程的逻辑资源。

线程的执行需要开发者自行进行控制，如果执行不当，线程的执行也可能造成混乱（这种混乱仅限于进程内部），例如对线程同步不当造成了计算错误。

2. 协程

协程，或者被称为协同程序，提供了一种协作式的多线程，每个协程都可以看作一个线程，区别是协程是彼此交错运行的，这表示一个时间点只能有一个协程在运行。

协程也可以理解为当前执行代码+上下文，上下文可以是寄存器的值、当前使用的内存地址等。从这个角度看，协程也不过是一种逻辑概念，大到操作系统切换进程（需要保存进程当前状态），小到块级作用域的切换，本质上都是协程的一种体现。

协程的作用也是在不同任务间进行切换，这和操作系统的调度很相似。对于 CPU 来说，一个 CPU 在一个时刻只能运行一个进程，协程也是同理，一个时间点只能运行一个协程，这和线程有显著区别，因为一个时间点可以有多个线程在同时运行。

协程和操作系统调度的一个区别在于现代操作系统的执行策略大都是抢占式的，并且受到操作系统的调度控制，而协程的任务的调度交给其自身来完成。

A.2 Node 中的协程

Node 中能够体现协程概念的是 Generator，但由于 Node 代码运行在单线程环境中，因此和真正的协程还是有些区别。

在多线程环境下，一个协程执行到中途中断（通常是发起一个耗时的系统调用之后），然后将控制权交给另一个协程，等待系统调用返回之后，再由另一个协程将控制权返还。这个过程在本质上是异步的，但可以用同步的方式来书写代码。

Node 因为是单线程的，因此协程中断后只能在原地等待，等到系统调用返回后再继续向下，当面对多个异步操作时，就变成了完全的同步调用了。这虽然解决了长期以来的回调管理问题，但也有可能变成新的历史包袱。

例如 TJ 就认为 Node 中最终会引入像 Go 语言中那样的协程，而 async/await 会在未来变成新的负担。

◀ Lua语言简介 ▶

Lua 是一门小巧的脚本语言，由巴西里约热内卢天主教大学的 Roberto Ierusalimschy、Waldemar Celes 和 Luiz Henrique de Figueiredo 于 1993 年开发。在开发之初 Lua 只是作为一种内部语言为两个特定的项目提供服务，虽然他们没有详细说明这两个项目是什么，但我们可以大致猜测到 Lua 在这中间发挥了怎样的作用。

在现代企业开发中，Lua 通常被作为胶水语言，在游戏领域的应用尤为频繁。

B.1 Lua 中的数据类型

Lua 中定义了下面几种数据类型：

1. Nil

nil 是一个特殊的类型，它只有一个值，就是 nil，它的作用就是为了区别其他的值。

2. Boolean

和其他语言相同，布尔值只有 true 和 false 两个值。

3. Number

用来表示实数的类型，包含了整数和浮点数，Lua 中的 number 类型可以表示所有 32 位整数。

4. String

string 类型用来表示一个字符串，Lua 中的字符串是不可变类型。此外，Lua 也存在数字和字符串之间的隐式转换，例如：

```
print("10"+1) //11
```

5. table

table 类型实现了一种特殊的数组，特殊之处在于该数组的索引方式，传统的数组索引是通过数字下标来实现的，而 table 不仅能以整数来索引，还可以使用字符串和其他类型的值来进行索引。

table 没有固定的大小，可以在里面放入任意数量的元素，下面的例子简单展示了 table 的用法。

```
a = {} //声明一个table
a[1] = 10
a["name"] = "Lear"

print(a[1])//10
print(a["name"])//Lear
```

B.2 定义一个函数

Lua 没有使用大括号来规定函数的作用域,而是使用 end 关键字来作为结束的标记。

一个 Lua 函数的例子:

```
function add(a)
    local sum = 0
    for i, v in ipairs(a) do
        sum = sum + v
    end
    return sum
end
```

ES2015 中关于函数的新特性和 Lua 中的函数有一些相似之处:

● 多重返回值

● 变长参数

一个 Lua 函数可以返回多个值,只需要在 return 后面列出需要返回的值即可,用逗号隔开。

例如:

```
function foo()
    return "a","b"
end
```

尝试使用 print 语句来打印 foo 函数的执行结果,会输出"a","b"。

如果使用表达式的形式来调用 foo 函数,会依照解构赋值的原则来赋值。

```
x = foo() //x = "a","b"被丢弃
x,y = foo() //x = "a", y = "b"
x,y,z = foo() //x = "a", y = "b",z= nil
```

可变参数,这个特性即为 ES2015 中的 spread 运算符,函数可以接收任意长度的参数。

```
function add(...)
local s = 0
    for i,v in ipairs{...} do
        s = s+v
    end
return s
```

```
end
print(add(3,4,10,25,12)) //54
```

B.3 Lua 中的协程

Lua 从设计之初就提供了对协程的支持，跟同时期的其他编程语言相比无疑是超前的。

Lua 将所有协程相关的函数放在一个名为 coroutine 的 table 中，一个协程其实就是一个特殊的线程，它可以由用户控制状态的切换。

1. coroutine.create()

创建一个 coroutine 并返回，参数是一个函数。

例如：

```
function log (i)
    print(i);
  end

co = coroutine.create(log)
```

我们声明了一个 log 方法，并用其作为参数创建了一个协程，这代表 print 方法的执行可以被用户中断或恢复。

2. coroutine.resume()

重启 coroutine，和 create 配合使用。

上面的代码新建了一个协程之后并不会直接运行，而是要靠 resume 方法来启动。

```
coroutine.resume(co, 1)   -- 1
```

3. coroutine.yield()

将 coroutine 设置为挂起状态，可以由 resume 来恢复执行。

```
function log(i)
   for i=1,10 do
      print(i)
      coroutine.yield()
   end
end

co = coroutine.create(log)

coroutine.resume(co)  //1
coroutine.resume(co)  //2
coroutine.resume(co)  //3
print(coroutine.status(co)) //suspended
print(coroutine.running()) //thread: 0x7fd637c02940  true
```

coroutine.status()为查看 coroutine 的状态。

一个协程可以有三种不同的状态：

- suspended
- running
- dead

当创建一个协程后，协程默认处于 suspended 状态，使用 yield 挂起后状态同样转换为 suspended。

4. coroutine.running()

返回当前协程的线程号。

附录 C
◀ 从零开发一个Node Web框架 ▶

了解了 Connect、Express 以及 Koa 后，相信有的读者已经手痒，想要实现一个自己的 Web 框架了，这当然是一个很棒的想法。

本节的内容就是笔者灵光一闪的想法，只用了一个晚上就实现出来了，这表示还有很多不完善的地方。关于接下来要开发的 Web 框架，虽然读者可能已经有了 Express 或者 Koa 的经验，但笔者希望读者能够抛开脑海中的固定观念，因为并没有规定 Web 框架一定是某个样子的。

下面的内容就是一个简单的例子，实现了一个简单的 Web 框架，它保留了一些从 Connect 以来的约定做法，也增加一些新的特性，例如：

（1）使用 use 方法加载中间件。

（2）中间件的执行顺序为 use 加载的顺序。

（3）仍然使用 req 和 res 对象，不会像 koa 那样封装在一个 ctx 对象里。

（4）没有使用 next 方法来调用下一个中间件，而是通过 res.end() 来结束调用链。

定下上面的目标后，我们现在就准备动手，首先给它起个名字，就叫 Loa 了。

C.1　框架的雏形

首先新建一个 application.js，主要的方法都会声明在这里，我们可以先把大致的代码框架写出来。

代码 C.1　Loa 的骨架

```
const Emitter = require('events');
const http = require("http");

module.exports = class Loa extends Emitter{
    constructor(){
        super();
        this.middleware= [];
    }

    use(fn){
    }
```

```
//middle 是一个中间件的例子
   middle(req,res){
      res.end("I am Loa")
   }
   listen(port){
      var server = http.createServer((req,res)=>{
         this.middle(req,res);
      })
      return server.listen(port);
   }
}
```

在 Loa 这个类里，我们声明了一个 use 和一个 listen 方法，use 目前还处于等待完善的阶段，listen 方法则是调用 HTTP 模块的 createServer 方法新建了一个 HTTP 服务器。

然后就是 middle 方法，这是一个中间件的示例，我们之后会将其移除，代码 C.1 已经有了一个 Web 框架的基本元素，通过下面的代码我们就能将其运行起来。

```
const app = new Loa()
app.listen(8000);
```

访问 localhost:8000 就能得到 I am Loa 的返回结果。

C.2 框架的完善

首先是中间件的加载，通过 app.use 方法，我们将用到的中间件加载到数组中，随后每一个 HTTP 请求都会逐个经过这个中间件数组。

在 Koa 中数组里的中间件都是嵌套关系，在 Loa 中我们不搞这么复杂，直接是按照数组中的顺序来执行，这也要求全部的方法都应该是 async 方法（对于一些没有被别的中间件依赖的中间件可以不用 async）。

假设每一个方法都会对 req 和 res 对象进行加工，修改后的 req 和 res 对象会作为参数传入下一个中间件。Web 的本质是字符串的传递，无论是 req 还是 res 都是字符串对象，我们的任务就是在服务器返回前修改这两个字符串数组。

有了基本的思路后，我们就可以着手进行改进了，我们首先新建一个 Context 类，由这个类来统一操作 request 和 response 对象。

```
module.exports = class Context{
   constructor(req,res){
      this.req = req;
      this.res = res;
   }
   print(){
      console.log(this.req);
      console.log(this.res);
   }
```

```
end(){
    this.res.end("End");
    }
}
```

这个类的方法很简单，除了构造函数外就只有 print 和 end 两个方法。

在我们的设计中，中间件由于会对 context 对象进行修改，所以应该是 Context 的类方法。

但是在实际开发中，中间件是调用 use 方法动态增加的，同样的，这也难不倒我们。

我们可以通过修改 Context 的 prototype 对象的方式来动态给 Context 添加方法。为此我们需要一个循环来遍历中间件数组，此外，还需要一个额外的数组用来存放中间件的名字。

修改后的 application.js 构造函数和 use 方法：

```
//.........
constructor(){
    super();
    this.middleware= [];
    this.nameList=[];
}

use(fn,name){
    this.middleware.push(fn);
    this.nameList.push(name);
}
//.......
```

在数组 middleware 和 namelist 中，中间件的名字和方法体的引用是按照顺序对应的，同时 use 的方法调用要变成这种形式：

```
app.use(middleWare1,"middleware1");
```

除了函数的引用外，还需要一个字符串作为参数来描述这个方法，它们的名字应该是相同的，如果觉得这样很烦，可以在 use 内部做一个隐式的映射。

接着使用循环将中间件挂载在 Context 的 prototype 对象上：

```
var con = new Context(req,res);
for(let i =0 ;i<this.middleware.length;i++){
    Context.prototype[this.nameList[i]] = this.middleware[i];
}
```

1. 调用中间件

既然我们已经把所有的中间件按照加载顺序都挂在了 Context 对象上，那么只要按照顺序调用这些方法就好了。这个操作同样可以放在循环中完成：

```
for(let i =0 ;i<this.middleware.length;i++){
    con[this.nameList[i]](req,res);
}
```

2. 处理 HTTP 请求

在 Node 中，一个完整的 HTTP 请求是以调用 res.end 方法结束的，在 Loa 中，中间件调用链的结束也是以 end 方法的调用为基准的。

例如下面两个中间件的调用，最终页面上返回"I am Middleware 1. "。

```
var Loa = require("../application");
var app = new Loa();

var middleWare1 =function (req,res) {
    res.end("I am Middleware1");
}

var middleWare2 =function (req,res) {
    res.end("I am Middleware2");
}

app.use(middleWare1,"middleware1");

app.use(middleWare2,"middleware2");

app.listen(8000);
```

在任何情况下，我们都只会调用一次 end 方法，那么按照 Loa 的逻辑，页面返回的总是最后面加载的中间件结果，这种思路是合情合理的。

假设中间件一是一个记录日志的中间件，那么它就不需要修改 res 对象，其后面调用的中间件二负责对 res 对象进行处理，例如一个路由动作或者静态文件服务等。

但有的时候，我们希望在中间件二中得到中间件一操作的结果，这就有些麻烦了。

在 Koa 中，是通过嵌套 Promise 的方式来解决的，即内部调用 Promise 的结果会作为 resolve 的参数传递出去，在 Loa 中我们使用的是数组形式的顺序调用，因此这个方式行不通。

这里采用一种迂回的方式，如果一个中间件想将某个中间结果传给下一个调用的中间件，那么可以将这个中间结果作为一个属性挂在 res 对象上。

例如下面的例子：

```
var middleWare1 =function (req,res) {
    res.middleware1 = true;
}

var middleWare2 =function (req,res) {
    console.log(res.middleware1);
    res.end("I am Middleware2");
}
```

上面的代码，中间件一往 res 对象上增加了一个名为"middleware1"的属性，那么在 middleware2 中就可以访问到这个结果。

由于随意向 res 对象中增加属性很容易造成混淆，在 Loa 中我们约定挂载的属性名就是中间件的名字，或者统一建立一个命名空间，就像 Koa 中的 ctx.state 属性那样。

此外，当该属性不再使用时，应及时将其删除。

3. 顺序调用中间件

到这里为止，我们使用的中间件都是同步方法，当我们发起 HTTP 请求时，自然而然会顺序地经过各个中间件，不过当中间件本身就是一个异步方法时就有些麻烦了。

之前也提到了，在某些场景下我们希望能够顺序调用中间件，那么就要做一些额外的工作。

一种方案是改写源代码中的调用方式，主要是下面这部分：

```
for(let i =0 ;i<this.middleware.length;i++){
    con[this.nameList[i]](req,res);
}
```

要么使用一些第三方库例如 Q 或者 Async 来管理中间件的调用，要么就使用 Promise 来进行修改。不过最好的方案还是使用 async。

另一种方案就比较简单了，直接将方法的调用顺序交给用户就可以了。既然 Node 已经开始原生支持 async 这样的特性，那么让用户来决定是否要顺序调用就可以了。

```
async function timeout(ms) {
    await new Promise((resolve) => {
        setTimeout(resolve, ms);
        console.log("I am Middleware1");
    });
}

var middleWare1 = async function (req,res) {
    await timeout(1000);
}

var middleWare2 =function (req,res) {
    console.log("I am Middleware2");
    res.end();
}
```

不管采用哪种做法，我们都要把中间件的调用方法改成 async 方法。对应的文件是 application.js 中的内容。

```
async compose(req,res){
    var con = new Context(req,res);

    //下面两个 for 循环完全可以合并为一个，但为了逻辑上的清晰，将它分开了
    for(let i =0 ;i<this.middleware.length;i++){
        Context.prototype[this.nameList[i]] = this.middleware[i];
    }

    for(let i =0 ;i<this.middleware.length;i++){
        await con[this.nameList[i]](req,res);
    }

}
```

到此为止，我们的 Web 框架已经有了初步的样子了，在本节的内容里，我们只实现了作为核心的中间件系统，还有不少地方需要完善。

C.3 总结

稍微看一下就发现 Loa 和 Koa 的区别，二者的主要不同之处在于中间件是如何执行的。

我们已经知道了中间件的本质其实就是对 response 对象进行修改，然后将修改后的结果传给下一个中间件，对于这个传递过程来说，Koa 使用嵌套的 Promise，而 Loa 则设置了一个全局属性，每个中间件都可以对它进行修改，然后将最终的结果返回给用户。

如 果 读 者 有 兴 趣，也 可 以 参 与 到 协 同 开 发 上 来，项 目 地 址 https://github.com/Yuki-Minakami/Loa。

附录 D
◀ MongoDB和Redis简介 ▶

D.1 NoSQL

NoSQL（NoSQL = Not Only SQL），意即"不仅仅是 SQL"，是一项全新的数据库革命性运动，发展至 2009 年趋势越发高涨。NoSQL 的拥护者们提倡运用非关系型的数据存储，相对于铺天盖地的关系型数据库运用，这一概念无疑是一种全新的思维的注入。

NoSQL 数据库在以下几种情况下比较适用：

（1）数据模型比较简单。
（2）需要灵活性更强的 IT 系统。
（3）对数据库性能要求较高。
（4）不需要高度的数据一致性。
（5）对于给定 key，比较容易映射复杂值的环境。

D.2 MongoDB 简介

MongoDB 是由 C++语言编写的，是一个基于分布式文件存储的开源数据库系统。在高负载的情况下，添加更多的节点，可以保证服务器性能。

MongoDB 旨在为 Web 应用提供可扩展的高性能数据存储解决方案。MongoDB 将数据存储为一个文档，数据结构由键值(key=>value)对组成。MongoDB 文档类似于 JSON 对象。字段值可以包含其他文档、数组及文档数组。

MongoDB 天生就和 Node 有很好的相似性，在本书需要使用数据库的地方，大都是用它实现的。

1. 安装与启动

首先从官网下载 MongoDB 安装程序，解压出来通常是一个文件夹。

使用命令：

```
mongod -dbpath [mongodb path]/data/db
```

来启动 mongod。

mongod 启动成功之后会有如图 D-1 所示的输出。

```
likaideMacBook-Pro:workspace likai$ mongod --dbpath ~/Downloads/mongodb/data/db
2017-04-16T09:29:03.347+0800 I JOURNAL  [initandlisten] journal dir=/Users/likai/Downloads/mongodb/data/db/jo
urnal
2017-04-16T09:29:03.348+0800 I JOURNAL  [initandlisten] recover : no journal files present, no recovery neede
d
2017-04-16T09:29:03.363+0800 I JOURNAL  [durability] Durability thread started
2017-04-16T09:29:03.363+0800 I JOURNAL  [journal writer] Journal writer thread started
2017-04-16T09:29:03.363+0800 I CONTROL  [initandlisten] MongoDB starting : pid=45351 port=27017 dbpath=/Users
/likai/Downloads/mongodb/data/db 64-bit host=likaideMacBook-Pro.local
2017-04-16T09:29:03.363+0800 I CONTROL  [initandlisten] db version v3.0.6
2017-04-16T09:29:03.363+0800 I CONTROL  [initandlisten] git version: 1ef45a23a4c5e3480ac919b28afcba3c615488f2
2017-04-16T09:29:03.363+0800 I CONTROL  [initandlisten] build info: Darwin mci-osx108-7.build.10gen.cc 12.5.0
 Darwin Kernel Version 12.5.0: Sun Sep 29 13:33:47 PDT 2013; root:xnu-2050.48.12~1/RELEASE_X86_64 x86_64 BOOS
T_LIB_VERSION=1_49
2017-04-16T09:29:03.363+0800 I CONTROL  [initandlisten] allocator: system
2017-04-16T09:29:03.364+0800 I CONTROL  [initandlisten] options: { storage: { dbPath: "/Users/likai/Downloads
/mongodb/data/db" } }
2017-04-16T09:29:03.442+0800 I NETWORK  [initandlisten] waiting for connections on port 27017
2017-04-16T09:29:03.506+0800 I NETWORK  [initandlisten] connection accepted from 127.0.0.1:62216 #1 (1 connec
tion now open)
```

图 D-1

mongod 启动成功之后，再打开一个命令行窗口，输入 mongo，就可以进入 MongoDB 的命令行界面了。如图 D-2 所示。

```
[likaideMacBook-Pro:workspace likai$ mongo
MongoDB shell version: 3.0.6
connecting to: test
Server has startup warnings:
2017-06-21T08:10:49.108+0800 I CONTROL  [initandlisten]
2017-06-21T08:10:49.109+0800 I CONTROL  [initandlisten] ** WARNING: soft rlimits
 too low. Number of files is 256, should be at least 1000
>
```

图 D-2

2. 常用命令

下面列出了一些常用的 MongoDB 命令。

（1）数据库相关操作

- use [DBName]：切换数据库，如果是一个不存在的数据库，那么将会创建一个新的 DB。
- show dbs：显示所有的数据库。
- db / db.getName()：显示当前使用的数据库。
- db.dropDatabase()：删除当前数据库。

（2）Collection 相关操作

collection 可以理解为相似数据的集合，和关系型数据库中 table 的概念相似。

- show collections 显示当前数据库中的所有 collection。
- db.createCollection(name) 创建新的 collection。

（3）查询

db.[collectionName].find(option) 显示 collection 中的所有数据。

option 表示筛选条件，例如对于一个名为 login 的 collection：

- db.login.find("username"): 选出所有的 username 一列的数据。
- db.login.find({"username": "Tom"}): 选出 username 为 Tom 的记录。

find 方法和 SQL 中的 select 语句功能类似，更多的用法请参照官网文档。

（4）curd 操作

- db.[collection].insert(option): 向 collection 插入新数据。
- db.[collection].save(option): 向 collection 插入新数据。
- db.[collection].update(option): 更新 collection 中的数据。
- db.[collection].remove(option): 删除 collection 中的数据。

Insert 和 save 都用来向指定集合插入数据，它们之间的主要区别在于如果试图插入一条主键相同的记录，那么 save 会更新原有的记录，insert 则会直接忽略，并打印一条主键已经存在的错误提示。

D.3　Redis 简介

Redis 是一个开源（BSD 许可）的，内存中的数据结构存储系统，它可以用作数据库、缓存和消息中间件。它支持多种类型的数据结构，比如字符串（strings）、散列（hashes）、列表（lists）、集合（sets）、有序集合（sorted sets）、范围查询、bitmaps、hyperloglogs 和地理空间（geospatial）索引半径查询。Redis 内置了复制（replication）、LUA 脚本（Lua scripting）、LRU 驱动事件（LRU eviction）、事务（transactions）和不同级别的磁盘持久化（persistence），并通过 Redis 哨兵（Sentinel）和自动分区（Cluster）提供高可用性（high availability）。

Redis 有如下特点：

- 和 mongodb 相同，属于非关系型数据库。
- 和大多数将数据存储在磁盘的数据库不同，Redis 属于内存数据库。
- 常用于缓存和中间件。

Redis 本身由 C 语言实现，它并不是一个完整的数据库系统，和 mongodb 不同，并没有 schema 的概念，常常被用作缓存系统。

1. 下载与安装

从官网下载安装包并解压后，进入文件夹，使用 root 账号运行"make install"即可完成安装，值得注意的是，redis 至今没有 Windows 的官方版本，仅对 mac OSX 及 Linux 的各种发行版提供支持。

安装完成之后，继续在当前目录下运行：

```
make test
```

来运行测试代码，检测安装是否全部完成。

确认安装完成后，在任意目录下运行：

```
redis-server
```

即可启动 redis。

结果如图 D-3 所示，我们启动了一个 redis server。

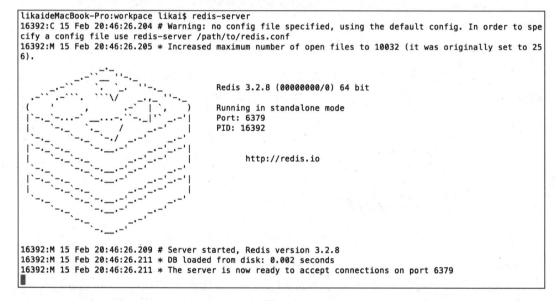

图 D-3

要访问数据库，打开新的命令行窗口，输入：

```
redis-cli
```

启动一个 redis 客户端，类似于 MongoDB，用户可以在里面执行一些 redis 命令。

完整的命令列表请参照官方文档 https://redis.io/commands。

2. redis 中的数据类型

下面介绍 redis 中的数据类型：

（1）字符串（Strings）

字符串是一种最基本的 Redis 值类型。Redis 字符串是二进制安全的，这意味着一个 Redis 字符串能包含任意类型的数据，例如：一张 JPEG 格式的图片或者一个序列化的 Ruby 对象。

一个字符串类型的值最多能存储 512MB 字节的内容。

（2）列表（Lists）

Redis 列表是简单的字符串列表，按照插入顺序排序。你可以添加一个元素到列表的头部（左边）或者尾部（右边）。

LPUSH 命令插入一个新元素到列表头部，而 RPUSH 命令插入一个新元素到列表的尾部。当对一个空 key 执行其中某个命令时，将会创建一个新表。类似的，如果一个操作要清空列表，那么 key 会从对应的 key 空间删除。这是个非常便利的语义，因为如果使用一个不存在的 key 作为参数，所有的列表命令都会像在对一个空表操作一样。

一些列表操作及其结果：

LPUSH mylist a   # now the list is "a"

LPUSH mylist b   # now the list is "b","a"

RPUSH mylist c   # now the list is "b","a","c"

一个列表最多可以包含 2^{32}-1 个元素（4294967295，每个表超过 40 亿个元素）。

从时间复杂度的角度来看，Redis 列表主要的特性就是支持时间常数的插入和靠近头尾部元素的删除，即使是需要插入上百万的条目。 访问列表两端的元素是非常快的，但如果你试着访问一个非常大的列表的中间元素仍然是十分慢的，因为那是一个时间复杂度为 $O(N)$ 的操作。

（3）集合（Sets）

Redis 集合是一个无序的字符串合集。你可以以 O(1) 的时间复杂度（无论集合中有多少元素时间复杂度都为常量）完成添加、删除以及测试元素是否存在的操作。

一个集合最多可以包含 2^{32}-1 个元素（4294967295，每个集合超过 40 亿个元素）。

（4）哈希（Hashes）

Redis Hashes 是字符串字段和字符串值之间的映射，所以它们完美地表示对象的数据类型。一个 hash 最多可以包含 2^{32}-1 个 key-value 键值对（超过 40 亿）。

（5）有序集合（Sorted sets）

Redis 有序集合和 Redis 集合类似，是不包含相同字符串的合集。它们的差别是，每个有序集合 的成员都关联着一个评分，这个评分用于把有序集合中的成员按最低分到最高分排列。

使用有序集合，你可以非常快地（$O(\log(N))$）完成添加、删除和更新元素的操作。 因为元素是在插入时就排好序的，所以很快地通过评分（score）或者位次（position）获得一个范围的元素。

有序集合通常用来索引存储在 Redis 中的数据。例如：如果你有很多的 hash 来表示用户，那么你可以使用一个有序集合，这个集合的年龄字段用来当作评分，用户 ID 当作值。用 ZRANGEBYSCORE 可以简单快速地检索到给定年龄段的所有用户。

附录 E
◀ 使用Docker来实现虚拟化 ▶

笔者曾经的一份实习工作是参与一个企业级聊天系统中的 Node 服务开发,这个项目后端使用 Java,前端是通用的 HTML+JavaScript 开发,中间使用 Node 来处理一些不是特别核心的业务逻辑。

我们使用了一个 Ubuntu 的发行版镜像作为开发环境,初次接触这个项目的我首先要配置开发环境,然后把现有的代码在本地运行起来。

然而这个项目的依赖比较复杂,我花了好长时间仍然不能把依赖正确地配置好,不是这里提示少安装了一个包,就是那边的服务启动不了,最后没有办法,组长只好将他正在使用的 Ubuntu 环境直接导出成镜像文件,然后再发给了我(一共 4GB),我又花了一个小时,终于完成了安装。

在开发团队中保持开发环境的统一是很重要的,在上面的例子里,我们采用了相当原始的方法来完成这一工作。

下面我们会介绍如何通过 Docker 来快速配置运行环境。

Docker 是一个开源的应用容器引擎,开发者可以打包项目的依赖到一个可移植的容器中,Docker 最初只支持 Linux,后面增加了对 Mac OS X 和 Windows 10 的支持。

还是用上面的例子,假设我们的 Node 项目依赖于一个本地的数据库环境,端口为 3306,那么我们完全可以将数据库服务抽象成一台新的机器,并且开放了 3306 端口,这是一种"端口即服务"的思想。

E.1 Docker 的一些常用命令

下面是 Docker 的一些常用命令:

查看活跃的 Docker 镜像
```
docker ps
```

查看 container 运行时环境变量
```
docker inspect <containerid>
```

查看 container 控制台输出
```
docker logs <containerid>
```

```
docker stop <containerid>
```

导出镜像
```
docker export furious_bell > /home/myubuntu-export-1204.tar
```

导入镜像
```
docker import - /home/myubuntu-export-1204.tar
```

对于 PHelper 这个项目，我们需要两个镜像，一个用于运行 Node 服务，另一个用来运行 Redis 服务，要使用 Docker，首要需要一个名为 DockerFile 的配置文件。

Node 服务的 Dockerfile：

```
FROM node:7.10

RUN mkdir -p /usr/src/app
WORKDIR /usr/src/app
COPY . /app
RUN npm install
CMD ["npm", "start"]
```

然后使用下面的命令打包镜像：

```
docker build -t phelperimg .
```

最后会产生一个名为 phelperimg 的镜像。

运行：

```
sudo docker run -d --net="host"  a1044f6c9274
--net = "host"表示使用宿主机器的网段
```

E.2　Redis 服务

Redis 的运行是独立于 Node 的，因此可以直接使用现成的版本，可以直接从 Docker Hub 上 pull 一个下来。

```
docker pull  redis:3.2
```

为了使用持久化配置，需要在当前目录下建一个 data 文件夹。

使用命令：

```
docker run -p 6379:6379 -v $PWD/data:/data  -d redis:3.2 redis-server --appendonly
yes
//各项参数的含义：
//-p 6379:6379 :将容器的 6379 端口映射到主机的 6379 端口
//-v $PWD/data:/data :将主机中当前目录下的 data 挂载到容器的/data
//redis-server --appendonly yes :在容器执行 redis-server 命令，并打开 Redis 持久化配置
```

两个 Docker 服务都运行起来后，就可以使用 docker logs 命令来查看 Node 进程的输出，和直接在控制台运行的结果相同。

通过观察，发现无论是 Redis 生产者写入的速度还是消费者爬取链接的速度都不如直接部署在机器上的速度，这也是 Docker 的缺点之一。

附录 F
◀ npm 与包管理 ▶

F.1   package.json 常用字段

package.json 常用字段：

- Name：项目的名字。
- Version：项目的版本号。
- scripts：项目不同阶段的命令。

例如：

```
"scripts": {
    "test": "node test.js",
    "start" :"node cluster/master.js"
}
```

如果运行 npm test，相当于运行 node test.js，start 命令同理。

也可以将多个命令组合到一起 例如 npm test && npm start。

dependencies 项目依赖的第三方模块，格式为 name:version。

例如：

```
"dependencies": {
    "bluebird": "^3.3.4"
  }
```

下面是关于 version 字段的说明：

- version：完全匹配。
- >version：大于这个版本。
- >=version：大于或等于这个版本。
- ~version：非常接近这个版本。
- ^version：与当前版本兼容。
- 1.2.x：符合 1.2.X 的版本，x 代表任意数字。
- * 或者""：任何版本都可以。

● version1 - version2：版本在 version1 和 version2 之间（包括 version1 和 version2）。

Install 命令默认会从 npmjs.com 上下载模块，如果出现了 formidable 非最新版的模块，也可以指定从 GitHub 上下载，例如可以通过如下的命令直接下载 GitHub 上的最新代码：

```
npm install felixge/node-formidable
```

F.2 依赖版本的管理

在实际应用中，我们通常会指定依赖包的版本，例如

```
"bluebird": "3.3.4",
```

这主要是为了避免包升级引入新的 bug 或者兼容性问题，此外，如果 bluebird 还引用了别的第三方模块，那么只限制 bluebird 的版本号是没用的。

使用 package.json 管理的包每次都要从 npm.js 下载，虽然概率很小，但也要考虑 npm 不可用的情况（例如被黑客攻陷），我们要考虑更好的方式来安装依赖。

最简单的方法就是将 node_modules 文件夹提交到代码库。

但一方面该文件夹的体积可能非常大，此外，将陌生的代码加到版本控制中也不妥当，如果新增加了模块依赖，就要提交很多代码上去。

还有一种解决方案，就是使用 npm shrinkwrap 命令来打包依赖。

npm 提供了 shrinkwrap 命令，用来解决第三方模块的版本依赖问题。

在当前目录下运行 npm shrinkwrap，会生成名为 npm-shrinkwrap.json 的文件，其格式如下：

```
{
    "name": "spider",
    "version": "0.0.1",
    "dependencies": {
        "@ava/babel-plugin-throws-helper": {
            "version": "2.0.0",
            "from": "@ava/babel-plugin-throws-helper@>=2.0.0 <3.0.0",
            "resolved": "./node_shrinkwrap/@ava-babel-plugin-throws-helper-2.0.0.tar"
        },
```

此时如果使用 npm install 命令，就会默认从 npm-shrinkwrap.json 文件配置中的 resolve 字段定义的地址下载，目前的地址是 npm.js 中的路径，而可以将其换成一个本地的文件路径，将所有的压缩包先下载到本地，然后再修改对应的文件路径，可以自己编写代码来实现，也可以使用 shrinkpack 模块来完成这项工作。

安装 npm install -g shrinkpack。

使用 shrinkpack 的前提是当前目录下已经生成了 npm-shrinkwrap.json。

在项目根目录下运行 shrinkpack。

控制台输出：

```
[likaideMacBook-Pro:KoaBlog likai$ shrinkpack .
+ buffer-shims-1.0.0.tar
+ co-4.6.0.tar
+ bytes-2.4.0.tar
+ accepts-1.3.3.tar
+ co-body-5.1.1.tar
+ any-promise-1.3.0.tar
+ consolidate-0.14.5.tar
+ content-type-1.0.2.tar
+ content-disposition-0.5.2.tar
+ core-util-is-1.0.2.tar
```

　　所有的模块都会以压缩包的形式下载到根目录中名为 node_shrinkpack 的目录下，如果此时再使用 npm install 来安装依赖，就会直接从 node_shrinkpack 中解压而不是通过 HTTP 下载。